Amerikanische Heizungs- und Lüftungspraxis

Von

Ing. Karl R. Rybka

Mit 139 Abbildungen im Text
und auf einer Tafel

Berlin
Verlag von Julius Springer
1932

ISBN-13: 978-3-642-90331-1 e-ISBN-13: 978-3-642-92188-9
DOI: 10.1007/ 978-3-642-92188-9

Reprint of the original edition 1932

Vorwort.

Dieses Buch entsprang der Anregung mir befreundeter europäischer Fachleute. Es enthält die Verarbeitung in Amerika gewonnener praktischer Erfahrungen und erhebt nicht den Anspruch eines vollständigen Handbuches.

Bei seiner Bearbeitung habe ich eine Reihe von schon früher in Angriff genommenen Aufsätzen benutzt, die ich nur zum kleinen Teil veröffentlicht habe. (An zwei Stellen habe ich Auszüge aus Arbeiten im „Gesundheitsingenieur" bzw. in der „Haustechnischen Rundschau" aufgenommen, den darin behandelten Stoff aber neu bearbeitet bzw. ergänzt.)

Die Reihenfolge der einzelnen Abschnitte mag manchem ungewohnt erscheinen, ist aber auf Grund reiflicher Überlegung gewählt. Ebenso werden einzelne Stoffgebiete als zu knapp, andere als zu eingehend bearbeitet erscheinen. Diese Art der Behandlung ist aber nicht zufällig, sondern auf die Eigentümlichkeiten des betreffenden Stoffes zurückzuführen.

Mein Buch befaßt sich vorwiegend mit der Praxis. Die Theorie, die mit der deutschen Auffassung in vielen Punkten übereinstimmt, habe ich auf ein Mindestmaß beschränkt. Die von mir aufgenommenen Erklärungen ermöglichen eine theoretische Nachprüfung, wobei ich besonders auf den Rietschel-Gröberschen Leitfaden verweise.

In einzelnen Punkten bin ich absichtlich von den amerikanischen Anschauungen und Ergebnissen abgewichen, um sie dem europäischen Fachmann näher zu bringen. Mit voller Absicht bin ich hin und wieder auf Einzelheiten sehr ausführlich eingegangen, wenn es sich um Fragen handelte, die aus dem Rahmen der gewohnten Fachanschauungen herausfallen. Auch habe ich gelegentlich auf Unstimmigkeiten zwischen der deutschen und amerikanischen Anschauung unter Verweis auf die Literaturquellen besonders aufmerksam gemacht, um das Interesse für diese zu wecken.

Den Firmen, die mir während meiner Tätigkeit in Amerika helfend beistanden, danke ich an dieser Stelle, in erster Linie auch Herrn Walter J. Armstrong, einem der führenden Beratenden Ingenieure Canadas, der mir jahrelang hilfsbereit zur Seite stand.

Ich würde es als einen Erfolg ansehen, wenn diese Arbeit dazu beiträge, daß die darin behandelten Fragen auch in Europa näher untersucht und die in ihr angeführten Methoden auf ihre Anwendbarkeit geprüft würden.

Montreal, im Februar 1932.

Karl R. Rybka.

Inhaltsverzeichnis.

A. Heizungsanlagen.

1. Die Wärmeverlustberechnung[1].

a) Allgemeines.

Trotzdem die Grundlagen der Wärmeverlustberechnung für Deutschland und die angrenzenden Gebiete Europas einheitlich durch die „Normen des Verbandes der Zentralheizungs-Industrie“ festgelegt worden sind, so dürften doch einzelne Abweichungen von diesen Normen, wie sie von der amerikanischen Fachwelt empfohlen und bei der Berechnung verwendet werden, von Interesse sein. Dies um so mehr, als die lebhafte Diskussion der vor wenigen Jahren neu bearbeiteten „Regeln des V. d. C. I.“ zeigt, daß eine nicht unbedeutende Minderheitsgruppe der Fachwelt sogar diese letzten Ergebnisse der Forschung nicht als abschließende Werte ansieht. Eine Durchsicht der amerikanischen Abweichungen könnte da vielleicht in einzelnen Fällen Mittel und Wege zeigen, unvollkommene Angaben zu vervollständigen oder zweifelhafte Punkte zu klären.

Geht man von der allgemein als Grundlage der Wärmeverlustberechnung angewandten, vereinfachten Pécletschen (Rietschelschen) Gleichung

$$W = F \cdot k \cdot (t - t_1) \tag{1}$$

aus, in der W die stündlich durch eine Wand hindurchtretende Wärmemenge in WE, F die Fläche der Wand in Quadratmetern, t die Temperatur des wärmeabgebenden Mittels in ^{0} C, t_1 die Temperatur des wärmeaufnehmenden Mittels in ^{0} C und k einen Beiwert darstellt, der den stündlichen Wärmedurchgang in WE durch einen Quadratmeter der Wand für 1^0 C Temperaturunterschied und sonst unveränderte Verhältnisse angibt, so ersieht man, daß der Wärmedurchgang durch die gegebene Wandfläche von den Temperaturen t und t_1 und dem

[1] Natürlich sind die Grundlagen der Heizungspraxis durch Normen festgelegt, und gewisse Teile der vorliegenden Arbeit wie „die Wärmeverlustberechnung“, „die Lüftungsgröße“ u. a. m. mußten in Anlehnung an diese („Code of Minimum Requirements for the Heating and Ventilation of Buildings“, — A. S. H. V. E. — 1929 und „A. S. H. V. E. Guide“ — jährlich neubearbeitet) behandelt werden.

Beiwerte k abhängig ist. Für die Wärmeverlustberechnung eines Gebäudes oder Raumes nimmt diese Gleichung die Form an

$$W = \Sigma F \cdot k\,(t - t_1); \qquad (1a)$$

hierin ist t die willkürlich angenommene Innentemperatur in ^{0}C und t_1 die Außentemperatur in ^{0}C, die nach Jahreszeit, Witterung usw. veränderlich ist. Diese Werte für die Praxis sollen derart festgelegt werden, daß die auf Grund dieser Werte erstellte Anlage bei beliebigen Witterungsverhältnissen ein Höchstmaß von Behaglichkeit bei höchster Wirtschaftlichkeit sichert.

b) Die Raumtemperaturen.

Im allgemeinen weichen die amerikanischen Erfahrungswerte der günstigsten Raumtemperaturen für verschiedene Arten von Aufenthaltsräumen nur unwesentlich von den in Deutschland gebräuchlichen Werten ab. In der Zahlentafel 1 sind die von der „Amerikanischen Gesellschaft der Heizungs- und Lüftungs-Ingenieure" (American Society of Heating and Ventilating Engineers — abgekürzt: A. S. H. V. E.) als Norm betrachteten Raumtemperaturen angeführt; die Tafel zeichnet sich durch ihre Vollständigkeit aus: die Werte verstehen sich als „Wintertemperaturen" in der Atemzone, die als horizontale Ebene im Raume 1,5 m über Fußboden definiert wird. Der Meßbereich schließt aber einen etwa 1 m weiten Streifen entlang der Außenwände aus. (Auf den Unterschied zwischen Sommer- und Wintertemperaturen soll im Abschnitte über „den Aufbau von Lüftungsanlagen" zurückgekommen werden.)

Zahlentafel 1. Empfohlene Raumtemperaturen.

Raum	Temperatur	Raum	Temperatur
Warmluftbäder	49° C	Turnhallen	13°—18° C
Dampfbäder	43° C	Fabrikräume	18° C
Operationssäle	30° C	Geschäftsräume	18° C
Badezimmer	30° C	Maschinenwerkstätten und -hallen	10°—18° C
Lackierwerkstätten	27° C	Gießereien, Kesselschmieden usw.	10°—16° C
Krankenzimmer	20°—25° C	Glas- und Gewächshäuser	siehe Zahlentafel 16
Wohnräume	21° C		
Schulzimmer	21° C		

Die Untersuchungen Kißkalts über die Wärmeabgabe von Menschen in Räumen mit ungenügend vorgewärmten Wandungen haben eine 8—10 vH höhere Wärmeabgabe ergeben und sind in gewisser Hinsicht auch durch die Versuche Prof. Willards betreffend die behagliche Temperatur in Atemzone im Winter unter Berücksichtigung von Windanfall bestätigt worden[1]. Prof. Willard ist einer der ameri-

[1] Willard u. Kratz: Wall Surface Temperatures (Wandoberflächentemperaturen). Transactions A. S. H. V. E., 1930.

kanischen Verfechter der Raumtemperaturbestimmung in Kniehöhe und er vertritt auf Grund seiner Versuche die Ansicht, daß man wenigstens eine so hohe Atemzonentemperatur anstreben solle, daß in den unteren Luftschichten des Raumes eine behagliche Temperatur gesichert werde. Wird beispielsweise für eine Außentemperatur von 21° C eine Raumtemperatur von 21° C behaglich empfunden, so entspricht der Atemzonentemperatur auch eine Kniehöhentemperatur von 21° C bei ruhender Luft, da weder kalte Luft in den Raum, noch warme Luft aus dem Raume strömen wird. Sinkt aber die Außentemperatur, so wird, falls die Atemzonentemperatur von 21° C beibehalten wird, nach der Lehre von der neutralen Zone kältere Luft durch Öffnungen im Bauwerk über dem Fußboden einströmen und wärmere Luft an der Decke ausströmen, und da der Körper sich in einer niedrigeren mittleren Lufttemperatur als 21° C befindet, wird ein Gefühl geringerer Raumtemperatur folgen müssen. Gesellt sich hierzu noch Windanfall, so wird dieses Gefühl unzulänglicher Raumtemperatur bei sonst unveränderten Verhältnissen durch den größeren Überdruck und größeren Luftwechsel erhöht und es ist gezeigt worden, daß bei — 20° C Außentemperatur und etwa 24 km/st Windgeschwindigkeit erst etwa 26° C Atemzonentemperatur dasselbe Gefühl auslöste, wie 21° C Raum- und Außentemperatur bei ruhender Luft.

Die Wärmeverlustberechnung der Wandung wird aber nur dann auf den Werten der Zahlentafel 1 aufgebaut, wenn die horizontale Mittellinie der Wände nahe der Atemzone fällt, d. h. für etwa 3 m hohe lotrechte Wände, während für wärmeabgebende Flächen größerer Höhe, Fußböden u. a. m. entsprechende Temperaturberichtigungen empfohlen werden. So wird die Raumtemperatur zur Berechnung des Wärmeverlustes durch Fußböden, die über ungeheizten Räumen oder dem Erdreich liegen, um 3° C tiefer angesetzt als die Temperatur in der Atemzone. Für hohe Wände, Fenster und für wärmeabgebende Decken wird die Raumtemperatur so angenommen, daß man die Atemzonentemperatur für jeden angefangenen Fuß (3 dm) Höhenunterschied zwischen Atemzone und der horizontalen Mittellinie der Fläche um 2 vH (in Grad Fahrenheit ausgedrückt) erhöht, was im metrischen System einen Raumtemperaturzuschlag

$$\varDelta t = 0{,}0037\,(32 + 1{,}8t) \cdot h \tag{2}$$

ergibt, worin

$\varDelta t$ den Berichtigungszuschlag in ° C,

t die Atemzonentemperatur in ° C und

h den Höhenunterschied zwischen Atemzone und Wandmittel in Dezimeter bedeutet. Der Höchstwert dieses Zuschlages ist mit 25 vH des Unterschiedes zwischen Raum- und Außentemperatur festgelegt. (Für eine 4,5 m hohe Wand ergibt sich beispielsweise bei 20° C

Atemzonentemperatur ein Zuschlag von $\varDelta t = 0{,}0037(32 + 1{,}8 \cdot 20) \cdot 7{,}5 = 1{,}88^0\,C$)[1].

Allerdings hat man in vielen Ingenieurbureaus von dieser umständlichen Berechnung abgesehen und verwendet „Höhenzuschläge“; diese Methode ist auch in einem Teile der Literatur eingeführt.

Die Zahlentafel 1 ist für eine relative Feuchtigkeit von 50—60 vH Sättigung der Raumluft aufgestellt. Für andere Feuchtigkeitsgrade sollte eine entsprechende Temperaturberichtigung vorgenommen werden und es beträgt die nötige Temperaturzunahme bei einer Abnahme der relativen Feuchtigkeit um 10 vH etwa 0,6° C, welcher Wert vernachlässigt werden kann (siehe auch Abschnitt über „die wirksame Raumtemperatur“ in „Lüftungsanlagen“).

c) Die Außentemperatur.

Das Auffallendste bei der Wärmeverlustberechnung ist der Mangel einer bestimmten, der Berechnung zugrunde zu legenden Außentemperatur. Dieser Mangel entspringt aber nicht der ungenügenden Kenntnis der klimatischen Verhältnisse des Landes oder einer Unterschätzung der Bedeutung einer einheitlichen Berechnungsgrundlage, sondern vielmehr wirtschaftlichen und technischen Erwägungen. Die verschiedenen Fachverbände wollen den Projektanten einer Anlage nicht daran hindern, in Berücksichtigung der klimatischen Verhältnisse und der Gesamtwirtschaftlichkeit der Anlage der Berechnung die günstigste, mit Sicherheit auch bei unerwartet strenger Kälte ausreichende Berechnungsgrundlage zu wählen. Diese Stellungnahme ist besonders gerechtfertigt, weil der Projektant größerer Anlagen an keinem Wettbewerbskampf beteiligt ist, da er nicht „ausführt“, sondern lediglich in „beratender“ Rolle auftritt[2]. Und mit Rücksicht auf seinen Ruf wird er stets Sicherheit der Berechnung und Wirtschaftlichkeit im Auge behalten.

In kleineren Gebieten sind zwar die anzunehmenden tiefsten Außentemperaturen oft durch Gruppenverbände festgelegt worden, die Temperaturkarte (Abb. 1) zeigt aber wohl die Schwierigkeit eines derartigen Unternehmens, wenn es auf den ganzen nordamerikanischen Kontinent erweitert werden sollte. Die einzige Einschränkung bei der Wahl der Außentemperatur ist die Empfehlung, diese nicht höher zu wählen als etwa 8° C über der in letztem Jahrzehnt verzeichneten tiefsten Ortstemperatur. Eine ausführliche Tafel solcher niedrigsten Ortstempera-

---

[1] Gelegentlich rechnet man auch mit der Beziehungsgleichung $\varDelta t = \sigma \cdot h$, worin σ einen Erfahrungswert darstellt, der je nach der Art der Abkühlungsfläche etwa 0,15 bis 0,3 gewählt wird. (Steam Heating siehe Note 2 S. 62.)

[2] Ohmes, Arthur K.: Heizungs-, Lüftungs- und Dampfkraftanlagen in den V. S. A. — Oldenbourg, R. 1912, S. 15 u. f.

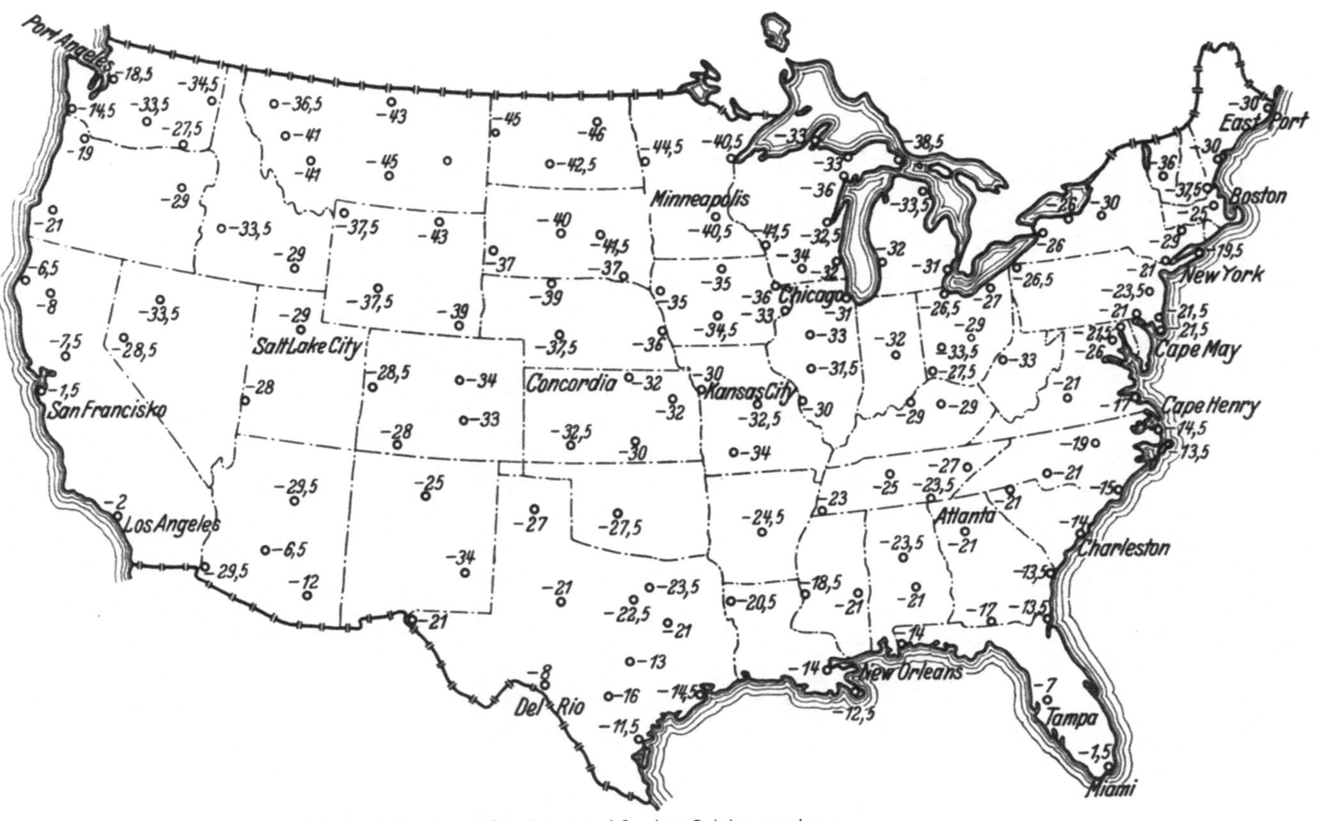

Abb. 1. Karte der niedrigsten verzeichneten Ortstemperaturen.

turen wurde vom Staatsamt für Meteorologie in Washington (U. S. Weather Bureau) aufgestellt und enthält außerdem Angaben über mittlere Wintertemperaturen, mittlere Windgeschwindigkeiten und Windrichtungen.

In diesem Zusammenhange wäre noch zu erwähnen, daß sich die A. S. H. V. E. entschieden gegen die vielseitig verfochtene Praxis wendet, die Außentemperatur mit Rücksicht auf Windanfall oder aus Furcht, daß die gewählten Durchgangszahlen nicht ausreichend den Verhältnissen Rechnung tragen, herabzusetzen, da dies Ungenauigkeiten in die Berechnung bringt. Eine derartige Praxis erschwert nicht nur den Vergleich der Normen mit den Ergebnissen der Ausführung, sondern vereitelt diesen Vergleich meist vollkommen. Es kann ganz allgemein bei dem heutigen Stande der Fachwissenschaft verlangt werden, die Normen und Berechnungsgrundlagen so nahe wie möglich den tatsächlich zu erwartenden Verhältnissen anzupassen[1]. Windanfall oder Eigentümlichkeiten der Konstruktion oder gar Konstruktionsfehler haben nichts mit der Außentemperatur gemein und gehören in die Ermittlung der Wärmedurchgangszahlen, oder sie sind, falls nicht anders möglich, durch Zuschläge zur Wärmeverlustberechnung zu berücksichtigen.

d) Wärmedurchgangszahlen.

Die amerikanischen Wärmedurchgangszahlen dürften für europäische Verhältnisse wenig von Belang sein, da sie auf vollkommen verschiedenen Konstruktionsgrundsätzen aufgebaut sind und überdies die deutschen Verbandsnormen dauernd ergänzt und berichtigt werden. Die üblichen Tafelwerte der Durchgangszahlen sind allerdings

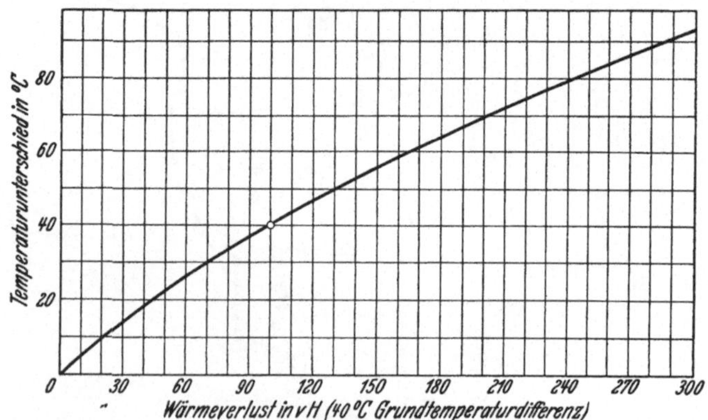

Abb. 2. Abhängigkeit der Wärmeverluste von Wandungen vom Temperaturunterschied. (Webster: Steam Heating.)

[1] Verfasser hat diesen Standpunkt bereits vor längerer Zeit in etlichen Aufsätzen vertreten. Siehe Gesundheits-Ing. **1928**, 428ff.

für den verbreitetsten Fall der Wärmeverlustberechnung aufgestellt worden, das ist für eine Raumtemperatur von + 20° C und eine Außentemperatur von — 20° C. Für andere Temperaturgrenzen wären die ermittelten Wärmeverluste mit einem Beiwert x zu multiplizieren, welcher der in Abb. 2 dargestellten Kurve entnommen werden kann. Eine Berücksichtigung dieser unbedeutenden Korrektur findet allerdings nur selten statt (Berechnung der Heiz- und Kühlanlagen von Lagerhäusern, Speichern u. a. m.).

e) Zuschläge zur Wärmeverlustberechnung.

Die Zuschläge zu den nach Gl. (1) berechneten Werten für Anheizen, Windanfall, Himmelsrichtung und die Größe des von einzelnen Verfassern empfohlenen Zuschlages für übermäßige Raumhöhe sind in Zahlentafel 2 zusammengefaßt worden, und es erübrigt sich eine weitere Besprechung.

Zahlentafel 2. Zuschläge zur Wärmeverlustberechnung[1].

a) Windanfall[2].

Empfohlen für den größeren Teil der nördlichen Halbkugel, falls nicht anders durch Erfahrung feststellbar.

Nord	35 vH	Süd	0 vH
Nordost	25 vH	Südwest	12,5 vH
Ost	15 vH	West	25 vH
Südost	7,5 vH	Nordwest	30 vH

b) Natürliche Lüftung[2].

α) Empfohlen für spekulative, billige Bauten, Handels-, Büro- und Fabriksgebäude:

Gute Ausführung der Mauern, dichte Fensterfugen und -rahmen	50 vH
Mäßig gute Ausführung, schwache Fensterrahmen	60—70 vH
Gebäude mit nach außen öffnenden Einfach-Fenstern ohne Sturmleiste	60 vH
Fabriken mit großem Fensteranteil-, Metallfensterrahmen	70—80 vH
Eintrittshallen und Stiegenhäuser	100—150 vH

β) Für Familienhäuser guter Ausführung, erstklassige Mietshäuser usw.:

Räume mit einer Außenwand	0 vH
„ mit zwei oder mehr Außenwänden	40 vH

c) Anheizen:

Gebäude mit Tagbetrieb (unterbrochen nachts oder Sonntags)	15 vH
Anlagen mit längeren Unterbrechungen	25 vH

d) Übermäßige Raumhöhe:

Räume über 3 m Höhe 1 vH für jeden angefangenen Fuß (0,3 m) Höhe. Höchstwert 25 vH (siehe auch S. 3).

---

[1] Diese Werte sind keine Normen, sondern werden nur von einzelnen Verfassern empfohlen und finden besonders in Heizungsbaumeisterkreisen starke Verwendung, da sie überdimensionierte, jeder Anstrengung gewachsene Anlagen ergeben.

[2] Die A. S. H. V. empfiehlt Berücksichtigung von Lufteinfall nach Abschnitt f) für die dem amtlichen Wetterbericht entnommene mittlere Winterwindgeschwindigkeit für alle Wandungen, mit nur 15 vH Zuschlag für Windanfall zum Wärmeverlust der zwei, den vorherrschenden Winden ausgesetzten Gebäudewandungen.

f) Natürliche Lüftung der Gebäude.

Der vorangehende Abschnitt berücksichtigt den Windanfall in doppelter Weise. Zu dem erhöhten Wärmedurchgang durch die Wandungen, der durch erhöhte Luftbewegung hervorgerufen und durch die angeführten Zuschläge (Zahlentafel 2, Abschnitt a) berücksichtigt wird, gesellt sich noch der erhöhte Wärmebedarf zur Erwärmung der größeren, durch Poren, Fugen und Ritzen der Bauteile eindringenden kalten Luftmengen (Zahlentafel 2, Abschnitt b). Dieser errechnet sich zu

$$W = \frac{0{,}31 \cdot L_0}{1 + \alpha t_0} (t_1 - t_0) \qquad (3)$$

worin

W die notwendige Wärmemenge in WE/st
L_0 die eindringende Luftmenge in m^3/st bei $t_0{}^0$ C
t_0 die Eintrittstemperatur der Luft in ^{0} C
t_1 die End- (Raum-) Temperatur der Luft in ^{0} C und
α die Ausdehnungszahl der Luft $= \frac{1}{273}$ bedeutet.

In Zahlentafel 3 sind Erfahrungswerte für die natürliche Lüftung von Gebäuden zusammengefaßt, die höher sind, als in Deutschland üblich[1], allerdings enthalten einzelne dieser Werte auch schon den Zuschlag für „Eckräume", der meist nicht als selbständiger Wert berücksichtigt wird.

Zahlentafel 3.

Mittlerer Luftwechsel durch natürliche Lüftung.

Räume mit einer Außenwand	1	Wechsel/st.
„ mit zwei zusammenstoßenden Außenwänden	$1^1/_2$	„
„ mit drei und vier Außenwänden	2	„
„ ohne Außenfenster und Türen	$^1/_2$—$^3/_4$	„
Eintrittshallen	2—3	„
Empfangshallen	2	„
Wohnzimmer, Speisezimmer u. a. m.	1—2	„
Badezimmer	2	„
Geschäfte mit lebhaftem Verkehr	2—3	„
„ mit schwachem Verkehr	1	„
Kirchen, Fabriken, Lager u. a. m.	$^1/_2$—3	„

Die „National District Heating Association" (Nationaler Fernheizungsverband)[2] schlägt eine andere Art der Berücksichtigung des Windanfalles in der Wärmeverlustberechnung vor. Aus den Betriebsergebnissen mehrerer Fernheizwerke wurde bewiesen, daß die Wärmeabgabe der Gebäude bei verschiedenen Außentemperaturen und Wind-

[1] Auch bei guter Bauausführung und ruhender Außenluft ist bei mittleren Außentemperaturen der natürliche Luftwechsel eines Gebäudes meist wenigstens gleich dem 10—15fachen Rauminhalt desselben in 24 Stunden.

[2] Handbook of the National District Heating Association. 1. Aufl., 1921.

geschwindigkeiten ähnlich der Wärmeabgabe bei entsprechend niedrigeren Außentemperaturen sei; die in Zahlentafel 3a zusammengestellten Werte sollen recht gute Ergebnisse bei der Berechnung der gleichwertigen Temperatur liefern. Die Zahlentafel wird so benützt, daß man für eine geschätzte Windgeschwindigkeit und Außentemperatur die Herabsetzung errechnet und die so errechnete herabgesetzte Temperatur für die dem vorherrschenden Winde ausgesetzten Wärmedurchgangsflächen als Berechnungsgrundlage einsetzt. Diese Methode ist für Überschlagsrechnungen sehr geeignet.

Zahlentafel 3a.
Einfluß der Windgeschwindigkeit auf die Wärmeverluste.

Angenommene Außentemperatur ° C	Gleichwertiger Temperaturabfall in ° C für ein km Windgeschwindigkeit
+10° bis + 5°	0,25°
+ 5° „ 0°	0,33°
0° „ — 7°	0,37°
— 7° „ —12°	0,40°
—12° „ —18°	0,43°
—18° „ —23°	0,47°

Es wäre deshalb beispielsweise bei vorherrschendem Nordwestwinde von etwa 20 km Stundengeschwindigkeit und bei — 20° C angenommener Außentemperatur die Wärmeabgabe der Nord- und Westwände mit einer gleichwertigen Außentemperatur von — 29,4° C zu berechnen.

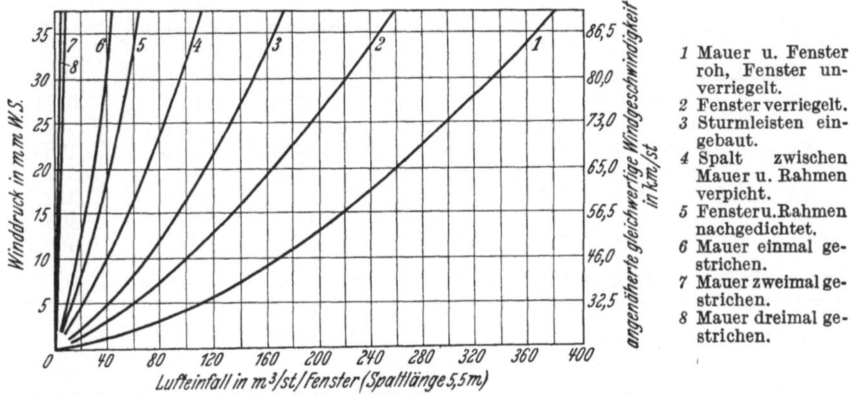

Abb. 3. Lufteinfall durch einfaches Schiebefenster (nach Versuchen der A. S. H. V. E.).

Genauere Ergebnisse als durch die Annahme einer bestimmten eindringenden Luftmenge im Verhältnis zum Rauminhalt nach Zahlentafel 3 erhält man durch rechnerische Ermittelung. Der Lufteinfall erfolgt durch die Wandungen (durch natürliche Lüftung) und durch Ritzen und Spalten in den Konstruktionsteilen, vorwiegend aber Fenstern und anderen Öffnungen. Den Zusammenhang ersieht man am besten aus der

Abb. 3, die Versuchsergebnisse über Lufteinfall an Fenstern unter verschiedenen Bedingungen bringt und auch aus Abb. 3a, die den Einfluß der Spaltbreite am Fensterrahmen auf den Lufteinfall bei verschiedener Luftgeschwindigkeit darstellt. Die Zahlentafel 4 gibt eine Zusammenstellung

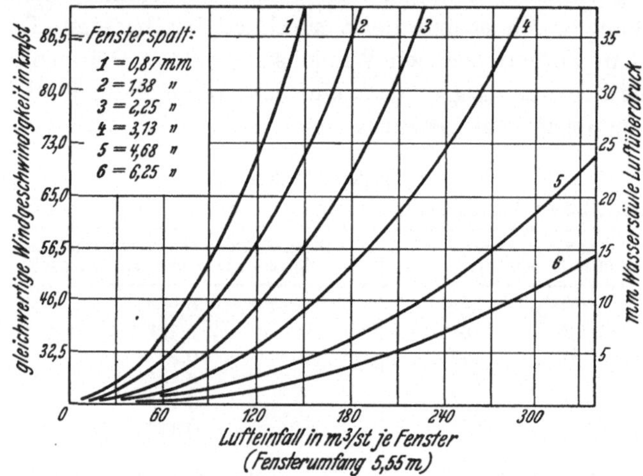

Abb. 3a. Lufteinfall durch einfaches Schiebefenster (nach Versuchen der A. S. H. V. E.).

Zahlentafel 4[1].
Lufteinfall durch Mauerwerk in m³/m² st.

Wind-geschw. km/st.	20 cm Backstein roh	20 cm Backstein verputzt[2]	33 cm Backstein roh	33 cm Backstein verputzt[2]	Holz-rahmenbau roh	Holz-rahmenbau mit Luft-schicht, verputzt[2]
8	0,666	0,0064	0,549	0,00183	1,68	0,0311
16	1,6	0,0145	1,495	0,00491	4,88	0,0825
24	2,99	0,0253	2,85	0,00946	8,75	0,1585
32	4,66	0,0408	4,424	0,01645	13,75	0,243
40	7,08	0,0613	6,2	0,0256	18,30	0,326
48	8,72	0,09	8,08	0,0368	23,40	0,405
64	13,28	0,166	12,15	—	32,9	0,566

Lufteinfall durch einfache Metallrahmenfenster in m³/st m Spaltlänge.

Windgeschw. km/st.	Fabrikfenster 1,6 mm Spaltweite	Leichtes Fenster 1,2 mm Spaltweite	Wohnbaufenster 0,8 mm Spaltweite	Schweres Wohnbaufenster 0,8 mm Spaltweite
8	6,0	2,3	1,6	0,9
16	12,5	6,0	3,7	2,8
24	20,3	10,2	6,0	4,4
32	28,2	13,4	8,8	6,3
40	35,2	17,6	11,6	8,3
48	43,1	24,1	14,8	11,1

[1] Nach A. S. H.V. E. „Guide“.

[2] Lufteinfall durch verputzte Mauern wird verschwindend klein und kann meist vernachlässigt werden.

Lufteinfall durch einfache Metallrahmenfenster in m³/st m Spaltlänge[1].

Windgeschw. km/st.	Leichtes Fenster ohne Wetter leiste, verriegelt	dasselbe unverriegelt	dasselbe unverriegelt mit Wetterleiste
8	2,3	2,5	0,75
16	5,2	5,5	2,1
24	8,2	8,6	3,7
32	11,2	11,9	5,3
40	14,5	15,8	7,0
48	17,8	19,8	8,8
56	21,6	24,5	11,0

Lufteinfall durch einfache Holzrahmenfenster in m³/st m Spaltlänge[1].

Windgeschw. km/st.	Fenster mit unverpichtem Mauerwerk[2]	Fenster ohne Wetterleiste[3]	Fenster mit Wetterleiste[3]
8	0,163	4,545	0,347
12	0,736	7,275	0,788
16	1,305	9,83	1,360
24	2,620	14,35	2,648
32	3,59	18,6	4,04
48	6,21	26,93	6,90
64	8,79	35,73	10,18
80	10,27	45,20	13,51

üblicher, durch Versuche ermittelter, eindringender Luftmengen, und es werden diese Werte als Berechnungsgrundlage für die Wärmeverlustberechnung genommen, allerdings werden sie mit Rücksicht auf die in der Wirklichkeit günstigeren Verhältnisse (der Windanfall ist äußerst selten senkrecht zur Fenster- oder Wandebene und dadurch wird ein Teil der Fugen und Ritzen dessen Einwirkung teilweise entzogen) um 20 vH verringert. Auch werden bei Hallenbauten und Räumen mit gegenüberliegenden dem Windanfall ausgesetzten Außenwänden stets die Lufteinfallwerte nur für die größere dieser Flächen in Rechnung gesetzt, da gleichzeitig nur eine derselben unter Winddruck stehen kann. Bei Räumen mit 3 und mehr ungeschützten Außenflächen werden zwei anschließende Gebäudeseiten für den Windanfall in Rechnung gesetzt[4].

Der hohe Lufteinfall durch einfache Fenster, die meist als Schiebefenster ausgeführt werden und deshalb der Luftbewegung, wie aus Abb. 4 ersichtlich ist, wenig Widerstand bieten, wird durch metallische Dichtungsfedern nach Abb. 4a bedeutend herabgesetzt.

Beachtenswert ist auch der große Lufteinfall durch einfache, unverputzte und der gänzlich vernachlässigbare Lufteinfall durch verputzte oder mit Luftschicht versehene Mauern. Diese Tatsache hat zu weitgehendster Anwendung der Luftschicht in Außenwänden geführt, da in vielen Teilen des Landes die klimatischen Verhältnisse Verputz un-

---

[1] Werte für Schiebefenster, als Mittelwerte des Lufteinfalles am Rahmen und am Steg zwischen den beiden Blättern bestimmt. Alle angeführten Versuchswerte werden in der Praxis um 20 vH herabgesetzt verwendet, da nur in den seltensten Fällen der Wind senkrecht auffällt und weiter auch der Überdruck das Herauspressen der Luft an den anderen Seiten des Raumes besorgen muß.

[2] Dies ist lediglich der Einfall durch den Spalt zwischen Mauerwerk und Fensterrahmen.

[3] Spaltweite 1,5 mm, Ritze 3 mm, Fenster nicht verriegelt. Gilt angenähert bis etwa 6 mm Spaltweite.

[4] Siehe auch Anm. 2, S. 7.

mittelbar auf der Mauer nicht zulassen. Außerdem ist der Rahmenbau ganz allgemein auch für die kleinsten und größten Bauwerke gebräuchlich, der dann keiner starken Tragmauern bedarf, sodaß leicht 10—12 cm für eine innere Ziegelwandverkleidung geopfert werden können (Abb. 5). Dies um so mehr, als die Beton- oder Walzeisenträger der Außenwände kein Einlassen der Leitungen erlauben und deshalb ohnedies ein Raum für Heizungsinstallation, elektrische und andere Leitungen geschaffen werden muß.

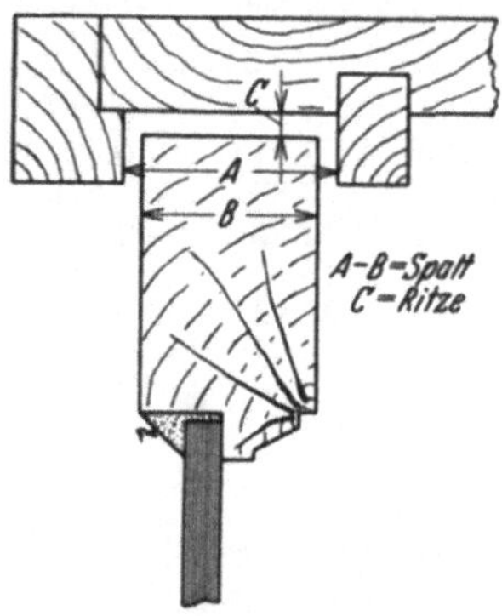

Abb. 4. Konstruktion eines Schiebefensters.

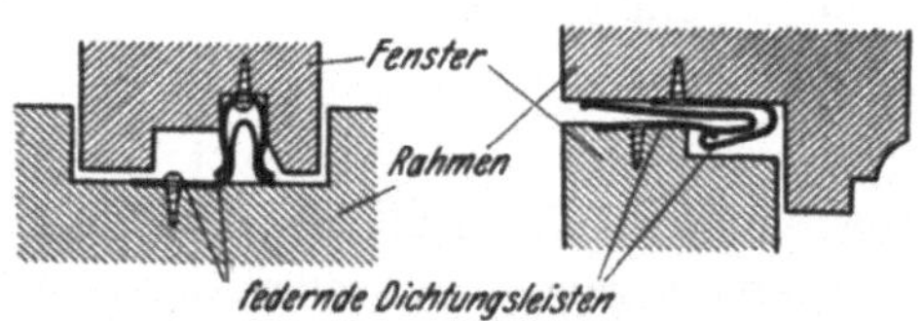

Abb. 4a. Dichtung gegen Lufteinfall.

Bei der Aufstellung der Wärmeverlustberechnung von Hochhäusern spielt auch deren Essenwirkung eine Rolle, welche die Verluste durch Lufteinfall in Hallen, Geschäfte und in gewissen Grenzen in allen Räumen der unteren Stockwerke mit zunehmender Höhe des Gebäudes steigert. Die übermäßig hoch erscheinenden Werte der Zahlentafel 2 ergeben für Hochhäuser völlig angemessene Überschlagswerte. Trotzdem alle Stiegenhäuser, Aufzüge u. a. m. zwecks Unterbindung der Luftströmungen an allen Stockwerken meist mit selbstschließenden Türen versehen werden, kann dieser Übelstand nicht beseitigt werden[1]. (Es ist bemerkenswert, daß sich eine ähnliche Wirkung auch an der Außenseite der Hochhäuser bemerkbar macht, und es ist an windigen, kalten Wintertagen ein Gang längs eines solchen Gebäudes wegen der auftretenden Windwirbel und Glatteises recht beschwerlich und häufig sogar gefährlich.)

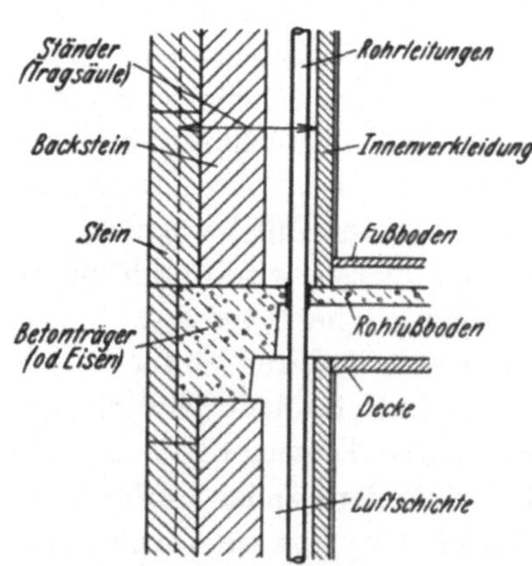

Abb. 5. Typische Außenmauerkonstruktion.

Die Anwendung der vorstehenden Berechnungsgrundlagen ist aus dem in Abb. 6 dargestellten Kopfe eines für die Wärmeverlustberech-

[1] Ohmes berichtet von einem Ausführungsbeispiel mit bis zu 30 vH Unterschied, siehe Note 2 S. 4.

Name des Baues: .... Ort: ....

Projektant: .... Niedrigste Rechnungstemperatur: ....

Unternehmer: .... Vorherrschender Wind:

Richtung: .... Stärke: ....

Mauern: .... Blockplan: ....

Dach: ....

Decken und Fußböden: ....

Fenster und Außentüren: ....

Andere Bemerkungen: ....

Laufende Nr.	Bezeichnung des Raumes oder der Fläche	Art der Fläche	Himmels-richtung	Länge	Breite od. Höhe	Fläche oder Spaltlänge	Koeffizient oder Lufteinfall in m^3/m Spaltlänge	Temperatur-differenz	Korrektur für Höhe	Wärmeverlust	Zuschlag für Unterbrech.	Zuschlag für Himmelsrichtg.	Andere Zuschläge	Gesamtverlust	Anmerkungen

Abb. 6. Kopf eines Wärmeverlust-Berechnungs-Vordruckes.

nung üblichen Vordruckes leicht verständlich. Dieser enthält außer den üblichen Spalten für den Wärmedurchgang, Windanfalls-, Himmelsrichtungs- und Anheizzuschläge noch eine Gruppe von Spalten, die der Auswertung der Wärmeverluste durch natürliche Lüftung dienen, die sich in den meisten Fällen auf den Lufteinfall durch Fenster- und Türspalten beschränkt, da der Anteil des Durchganges der Luft durch Mauerwerk, falls dieses verputzt ist, wie vorerwähnt, ganz unbedeutend wird.

2. Die Berechnung der Raumheizfläche.

a) Allgemeines.

Die Raumheizfläche wird durch entsprechende Umformung der Gl. (1) auf ähnliche Art zu berechnen sein wie die Wärmeverluste des Raumes. Während aber bei der letzteren die Wärmemenge unbekannt und die anderen Größen als bekannt vorausgesetzt wurden, ist bei der Raumheizfläche die wirksame Heizflächengröße unbekannt und die anderen Faktoren sind entweder eindeutig festgesetzt oder durch entsprechende Annahmen zu bestimmen.

Die in Amerika üblichen Heizkörperformen sind in den meisten Fällen vollkommen identisch den in Europa üblichen, besonders da ein Großteil derselben durch eine Schwestergesellschaft der Nationalen Radiator-Gesellschaft hergestellt wird, die in den meisten Ländern Mittel- und Westeuropas und am nordamerikanischen Kontinent führend ist.

Den etwas verschiedenen Verhältnissen der Baukonstruktionen trägt allerdings der äußerst stark verbreitete Radiator mit Füßen Rechnung; diese Bauart ist zur Norm geworden und die Bauhöhenangabe bezieht sich fast durchwegs auf die Gesamthöhe der betreffenden Radiatorform, einschließlich Fuß. Allerdings hat diese Eigentümlichkeit mit Rücksicht auf gesundheitstechnische Forderungen zu gelegentlicher Anwendung von nur einem Fuße an jedem Fußglied geführt, einer recht gefälligen Lösung, die durch Vergrößerung des Abstandes zwischen Heizkörperfuß und Raumwand die Reinigung des Fußbodens erleichtert (Abb. 7). Müssen Heizkörper auf Wandstützen ausgeführt werden, so werden sie notgedrungen ähnlich den in Abb. 8 dargestellten, verkleideten Wandstühlen ausgeführt. Bemerkenswert ist, daß man zu dieser Ausführung häufiger in Großkaufhäusern, Restaurants u. a. m. greift — mit Rücksicht auf die durch den starken Verkehr bedingte Staubablagerung — als in Krankenhäusern usw.

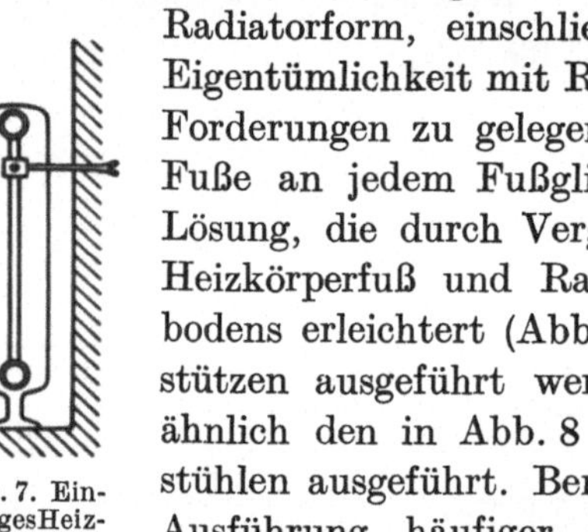

Abb. 7. Einfüßiges Heizkörperglied.

Gelegentlich findet man bei gußeisernen und auch schmiedeeisernen Heizkörpern eine Vergrößerung der Heizfläche durch ein oder mehrere eingebaute Luftrohre, wie in Abb. 9 im Schnitt dargestellt. Die sehr starke Verbreitung des elektrischen Staubsaugers selbst in kleineren Wohnungen scheint teilweise für die Unterschätzung der gesundheitstechnischen (Staub-) Verhältnisse verantwortlich zu sein. (Allerdings zeichnen sich solche Heizflächen durch erhöhte Wärmeabgabe aus, wie im nachfolgenden Abschnitte näher ausgeführt wird.)

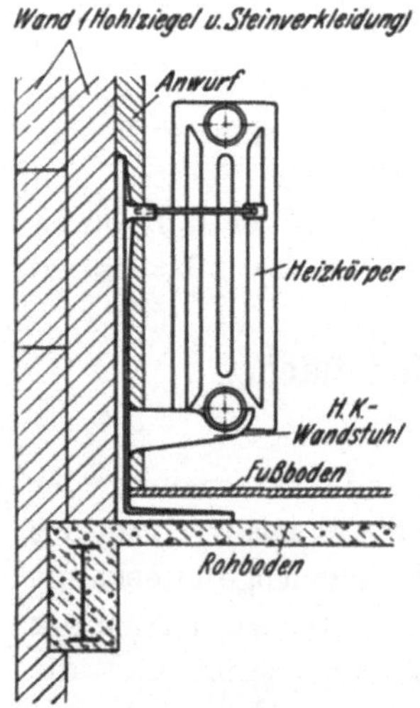

Abb. 8. Heizkörper-Wandstuhl.

Insbesondere fällt das dann auf, wenn man in den neuesten Gebäuden häufig auf Abarten von Rippenheizkästen, Rohrregistern und Lamellenheizkörpern stößt, die erst in letzter Zeit wieder auftauchen und überdies noch recht häufig in reichverzierten Verkleidungen angeordnet werden. Abb. 10 und 11 zeigen typische Ausführungsformen solcher Heizkörper.

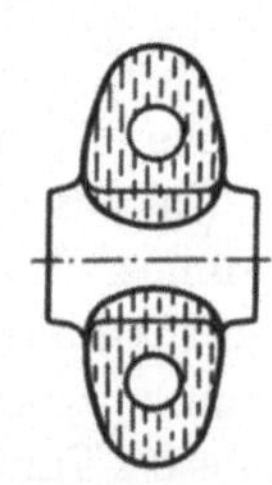

Abb. 9. Anordnung von Luftrohren in Heizkörpern.

Dr. Brabbée hat im Bestreben, die Heizkörperverkleidungen nach Möglichkeit unnötig zu machen und auch im Einklange mit den heiztechnischen Grundsätzen der letzten Jahre, für die „American Radiator Company", die Schwestergesellschaft der „Nationalen Radiator-

Gesellschaft", mehrere neue Heizkörperformen entwickelt, die zwar eine gewisse Herabsetzung der Wärmeabgabe gegenüber freistehenden Heizkörpern aufweisen, trotzdem aber eine viel günstigere Wärmeabgabe als verkleidete Heizkörper haben. Bemerkenswert ist die flach gehaltene Vorderseite, wie aus Abb. 12 ersichtlich ist, und die Seiten-, Kopf- und Fußplatten, die mit dem Heizkörper geliefert werden und diesen

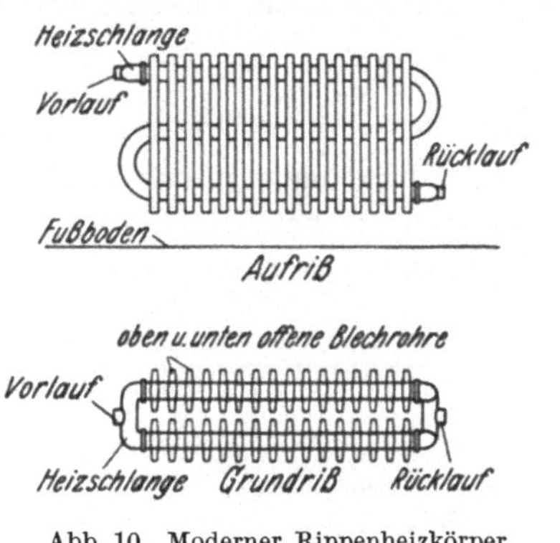

Abb. 10. Moderner Rippenheizkörper. (Murray Rad. Co.)

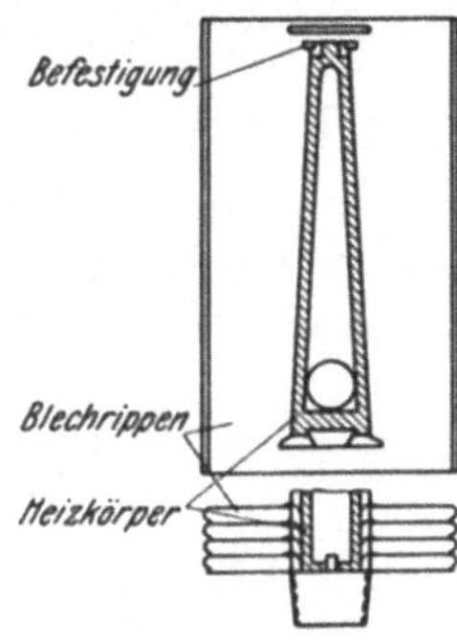

Abb. 11. Moderner Rippenheizkasten. (Herman Nelson Corp.-Moline Ill.)

zu einer der architektonischen Raumausstattung leicht anzupassenden Einheit gestalten. Trotzdem verbreiten sie sich nur sehr langsam.

Diese Entwickelung der Heizflächenformen hat das Augenmerk immer mehr auf die Wahrscheinlichkeit gelenkt, daß der Heizkörper, der nie sehr viel Wärme durch Strahlung abgab, in seinen neueren Formen überhaupt keine Berechtigung habe, als „Radiator" weiter zu leben. Die Untersuchungen der Versuchsanstalt der A. S. H. V. E. haben bestätigt, daß sogar ein freistehender, gußeiserner Heizkörper nur etwa 10 vH. bis höchstens 30 vH der abgegebenen Wärme durch Strahlung, den Rest aber durch Wärmeleitung (Konduktion), oder aber durch Wärmeströmung (Konvektion) abgibt. Nach Vorschlägen von Prof. L. S. Brekkenridge führte man deshalb in letzter Zeit die Ausdrücke ein:

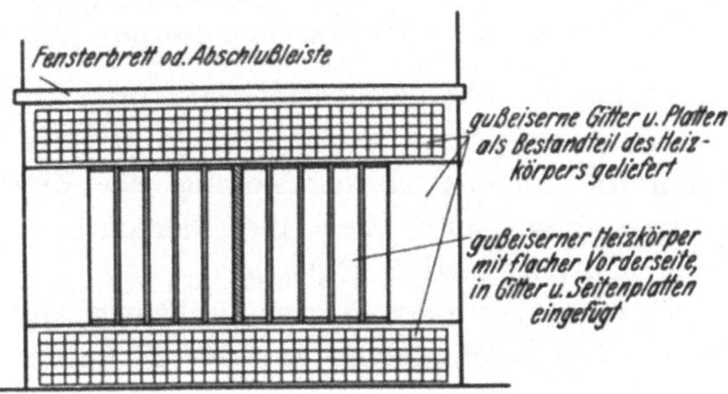

Abb. 12. Dekorativer Heizkörper (American Rad. Co., New York).

Wärmeleiter (Conductor) für freistehende oder in Nischen u. a. m. angeordnete Heizkörper, bei denen die Luftströmung nicht durch enganliegende Wandungen gelenkt wird und

Wärmeströmer (Convector) für Heizkörper, die in enganliegende Kanäle eingebaut werden, oder bei denen die Luftströmung künstlich gerichtet wird.

Für Heizkörper mit verhältnismäßig großem Strahlungsanteil, also freistehend angeordnet, wird die Bezeichnung Strahler (Radiator) gebräuchlich. Hinsichtlich der Anordnung der Heizflächen werden weitere Unterteilungen der Leiter und Strömer vorgeschlagen, wie eingenischter Leiter oder mittelbarer Strömer u. a. m.[1].

b) Die Wärmeabgabe der Raumheizflächen.

Die Berechnung der Raumheizflächen erfolgt naturgemäß in gleicher Weise wie in Europa üblich, es ist jedoch zu bemerken, daß die Praxis oft Höhenunterschiede der Heizflächen und hieraus folgende Leistungs-

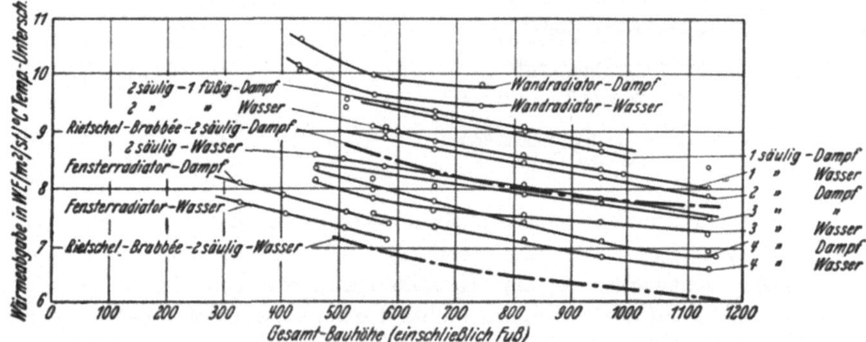

Abb. 13. Wärmeabgabe von gußeisernen Heizkörpern (Länge des Heizkörpers = 10 Glieder).

unterschiede unberücksichtigt läßt und einen Leistungsmindestwert zwecks Zeitersparnis verwendet. Allerdings verliert in letzter Zeit durch die erhöhte Normalisierung der Erzeugnisse und deren Leistungen diese Gewohnheit ihre Berechtigung und die Fachliteratur stellt sich entschieden gegen sie.

Einzelne Werte der Wärmedurchgangszahlen von gußeisernen Heizkörpern (Radiatoren) sind in Abb. 13 zusammengestellt, und es sind dieser auch einige übliche europäische Werte einverleibt worden, um einen leichteren Vergleich zu ermöglichen. Allerdings ist ein absoluter Vergleich der einzelnen Werte untereinander nicht möglich, da die Versuchswerte in der Regel von vielen in den Auswertungen unberücksichtigten Umständen abhängen.

Bemerkenswert ist noch, daß — ähnlich den Vorschlägen Brabbées die Raumtemperatur nicht in der Atemzone, sondern in Kniehöhe als Kri-

[1] Diese Bezeichnungen sind bereits als „Normen" zu betrachten, da die A. S. H. V. E. diese in ihrem „Guide" (Leitfaden) aufgenommen hat und Neuerscheinungen und Neuauflagen mit Rücksicht auf dieselben umgearbeitet werden.

terium der Heizung zu wählen — auch mehrere amerikanische Forscher an derartigen neuen Versuchs- und Berechnungsgrundlagen arbeiten. Allerdings sind diese Bestrebungen noch weit von abschließenden Ergebnissen entfernt und die Bewertung der Heizflächen nach ihrer „Raumbehaglichkeitswirkung“[1] ist noch immer Theorie.

Zur Berechnung der Wärmeleistung eines Heizkörpers bei verschiedenen Temperaturunterschieden zwischen Heizmittel und Raum luft verwendet man die Näherungsbeziehung[2]:

$$k = c\,(t - t_1)^{1{,}3}\,, \tag{4}$$

worin

k die stündliche Wärmeabgabe der Heizfläche in WE/m²,

c einen Beiwert, der für einen bestimmten Heizkörper unveränderlich angenommen wird,

t die (mittlere) Temperatur des Heizmittels in °C und

t_1 die (mittlere) Temperatur der Raumluft in °C bedeutet.

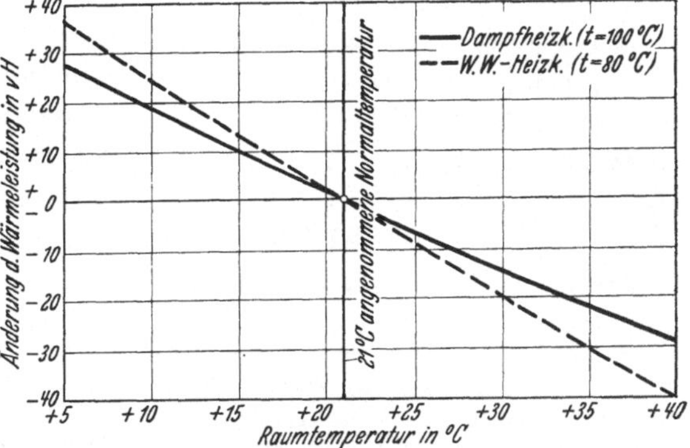

Abb. 13 a. Einfluß der Raumtemperatur auf die Wärmeabgabe von Heizkörpern.

Die Versuchsergebnisse für verschiedene Heizflächen werden auf ein „Normaltemperaturgefälle“ umgerechnet, das für Dampfheizflächen mit 102° C bis 21° C festgelegt worden und in „Normentafeln“ zusammengefaßt ist. Die Bestimmung der Wärmedurchgangszahlen für andere Verhältnisse erfolgt dann unter Anwendung von Gl. (4) und kann für eine mit etwa 100° C festgelegte Heizmitteltemperatur angenähert mit Hilfe von Abb. 13a vorgenommen werden.

c) Einfluß der Luftfeuchtigkeit auf die Wärmedurchgangszahl.

Nach den Angaben von J. R. Allen[3] ergibt sich bei zunehmender relativer Luftfeuchtigkeit im Raume eine etwas herabgesetzte Wärmeleistung der Heizflächen, wie aus Abb. 14 zu entnehmen ist; diese Herabsetzung der Wärmeabgabe beträgt bei einer Feuchtigkeitszunahme von 70 vH etwa 10 vH; diese Erscheinung wird auf die Änderung

[1] Heating Ventilating Mag. **1930**. Siehe auch Note 2 u. 3, S. 20.

[2] Code for testing Radiators. Transactions A. S. H. V. E. **33**, Januar 1928.

[3] Transactions A. S. H. V. E. **26**.

des spezifischen Gewichtes und hieraus resultierende Beeinflussung des Luftauftriebes an den Heizflächen zurückgeführt. Mit Rücksicht auf die an sich veränderliche Luftfeuchtigkeit im Raume wird diese Beeinträchtigung in der Praxis nicht berücksichtigt.

d) Einfluß der Luftbewegung auf die Wärmedurchgangszahl.

Der Einfluß der Luftgeschwindigkeit auf die Wärmeabgabe von Heizflächen ist — soweit es sich um geordnete Strömungen handelt — weitläufig untersucht worden, und es sind hierüber ausführliche Wertetafeln aufgestellt worden[1]. Hingegen ist der Einfluß ungeordneter Luftströmungen, hervorgerufen durch Maschinen, Vorgelege u. a. m. rechnerisch nicht zu ermitteln, es kann aber mit ziemlicher Sicherheit angenommen werden, daß in Maschinenhallen mit größeren, rotierenden Massen die Wärmeabgabe der Heizflächen um 10 vH und mehr gesteigert wird. Diese Erfahrung wird oft bei der Berechnung von Heizungsanlagen für gewerbliche Betriebe mit Vorteil angewandt, es kommt aber gelegentlich vor, daß durch Umbau von bestehenden Betrieben auf elektrischen Einzelantrieb der Maschinen, durch Wegfall der andauernd laufenden Decken- und Fußbodenvorgelege eine Vergrößerung der Raumheizfläche, oder aber eine Durchwirbelung der Raumluft durch passende Anordnung von Umwälzventilatoren notwendig wird. Kleine Propellerlüfter sind überhaupt ein sehr angesehenes Heilmittel der verschiedensten Beschwerden und bewähren sich außerordentlich gut, Sommer und Winter.

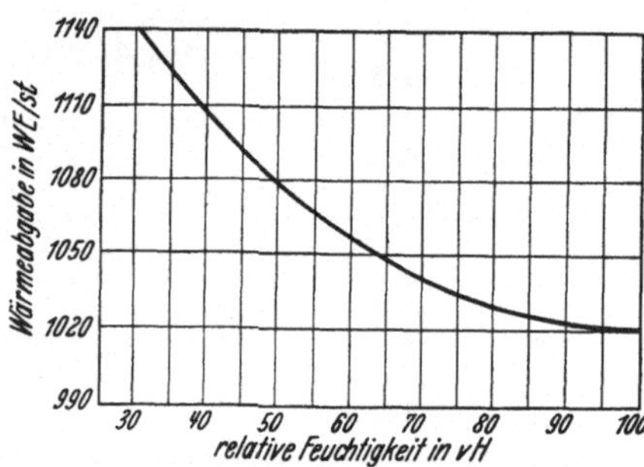

Abb. 14. Einfluß der Luftfeuchtigkeit auf die Wärmeabgabe von Heizflächen.

e) Einfluß des Anstriches der Heizkörper auf ihre Wärmeabgabe.

In Rietschel-Brabbées Leitfaden ist ausgeführt (1. Band, 7. Aufl., S. 64): „Rauhe Oberflächen begünstigen die strahlende Wirkung und erhöhen somit die Heizleistung. Glatte Oberflächen führen eine Verminderung der Strahlung herbei, bewirken aber gleichzeitig durch Unterdrückung der Strahlung eine angenehmere Wärmeabgabe. Versuche Rietzschels haben gezeigt, daß der Einfluß der Farbe rechnerisch vernachlässigbar erscheint.“

[1] Rietschel-Brabbée: Leitfaden, Anhang zum 2. Bd.

In der amerikanischen Ausgabe des Leitfadens[1] ergänzt aber Dr. Brabbée diese Angaben insofern, als er angibt, daß seine amerikanischen Versuchsergebnisse eine Herabsetzung der Wärmeleistung des Heizkörpers mit metallischem (Bronze- oder Aluminium-)Anstrich um etwa 8 vH gegenüber dem ungestrichenen Radiator aufweisen. Auch dieser Wert ist aber nicht ganz im Einklange mit den älteren wie auch neuesten amerikanischen Ergebnissen.

So hat Prof. J. R. Allen[2] die Herabsetzung der Wärmeabgabe gußeiserner Heizflächen durch Staubmetallanstrich zu 25 vH der ungestrichenen Heizfläche angesetzt und für verschiedene andere Anstriche die in Zahlentafel 5 enthaltenen Werte ermittelt. Weiter stellt Allen fest, daß die Wärmeabgabe lediglich durch den letzten Anstrich (Deckanstrich) beeinflußt wird und die Zahl und Art der Grundanstrichlagen ohne Einfluß ist. Diesen Angaben wurde Unvollständigkeit hinsichtlich der Form und Ausmaße der untersuchten Heizflächen zum Vorwurf gemacht.

Zahlentafel 5. Wärmeleistung gußeiserner Heizkörper mit verschiedenem Farbanstrich.

Heizkörper mit Kupferbronzeanstrich	76,0 vH
„ mit Aluminiumbronzeanstrich	75,2 vH
„ mit Bleiweißanstrich	98,7 vH
„ mit Zinkweißanstrich	101,0 vH
„ schneeweiß emailliert	101,0 vH
„ mattgrün emailliert	95,6 vH
„ terrakotta emailliert	103,8 vH
Ungestrichener Heizkörper	100,0 vH

Spätere Versuche Allens[3] ergaben für einen zweisäuligen zehngliedrigen Heizkörper von 950 mm Gesamthöhe (einschließlich Fuß, wie schon vorerwähnt) eine Herabsetzung der Wärmeleistung durch Metallanstrich um 16,7 vH, während Allen und Rowley[3] für einen dreizehngliedrigen Heizkörper gleicher Bauart eine Herabsetzung der Wärmeleistung durch einen Aluminiumbronzeanstrich um nur 12 vH angeben, hingegen mit einem schwarzen Farbanstrich eine Erhöhung der Wärmeleistung um 3 vH verzeichnen.

Die A. S. H. V. E. hat in letzter Zeit die in Zahlentafel 6 wiedergegebenen Versuchsergebnisse von W. H. Severns[4] in die „Empfehlungen" zur Berechnung der Heizungs- und Lüftungsanlagen als „Norm" aufgenommen.

---

[1] Rietschel-Brabbée: Heating and Ventilation. McGraw-Hill Book Co. Inc. New York, 1927.

[2] Proc. Nat. District Heating Assoc. **1911**, 51.

[3] Allen u. Rowley: Transactions A. S. H. V. E. **1920**.

[4] Severns, W. H.: Journal A. S. H. V. E. **1925**; Guide A. S. H. V. E. **1930**. — Transactions A. S. H. V. E. **33**.

Zahlentafel 6. Wärmeabgabe gestrichener Heizflächen nach Severns.

Ungestrichene Heizfläche	100,0 vH
Einmaliger Aluminiumanstrich	90,4 vH
Grauer Farbmantel (Tauchverfahren)	100,6 vH
Einmaliger mattschwarzer Pecoraanstrich	99,6 vH

Die Versuche von Fessenden und Marin[1] in der Versuchsanstalt der Michigan-Universität beweisen, daß die Metallanstriche, gleichgültig ob gespritzt oder gestrichen, bei mikroskopischer Untersuchung eine bedeutend rauhere Oberfläche als Farb- und Emailanstriche aufweisen, trotzdem aber eine viel geringere Wärmeabgabe zeigen wie diese. Die Wärmeleistung ist, wie Allen annahm, nur vom Deckanstrich abhängig und es ergaben die untersuchten zwei Metallanstriche — Aluminium- und Goldbronze — eine mittlere Leistung von 93,3 vH, die drei Farbanstriche aber, nämlich graue und gelbliche Farbe und weiße Emaillierung eine mittlere Leistung von 103,7 vH, verglichen mit dem ungestrichenen Radiator. Die Versuche wurden bei 27° C Raumtemperatur vorgenommen und der Unterschied in der Leistung beider Gruppen wurde auf Grund von Nebenversuchen zu 13 vH für eine Raumtemperatur von 21° C umgerechnet. Die Heizkörper waren viersäulige, zehngliedrige, 650 mm hohe gußeiserne Radiatoren.

f) Einfluß der Heizkörperverkleidungen.

Über den Einfluß der Heizkörperverkleidungen kann gesagt werden, daß die amerikanischen Versuchsergebnisse bis auf geringe Abweichungen mit den Erfahrungen Rietschels u. a. m. übereinstimmen, sofern sie sich auf die Wärmeabgabe der Heizflächen beziehen. Die in letzter Zeit vorgenommenen Versuche haben sich aber weniger mit der Wärmeabgabe als mit dem Raumheizeffekt von verkleideten Heizkörpern befaßt und ganz überraschende Ergebnisse gezeitigt[2, 3]. Es wurde durch diese Versuche erwiesen, daß die Herabsetzung der Wärmeleistung eines Heizkörpers durch die Verkleidung in keinem festen Verhältnis zur Raumtemperatur in der Atemzone und noch weniger zur Temperaturverteilung im Raume steht. In Abb. 15 sind die Meßergebnisse von Versuchen mit einem unverkleideten Heizkörper, dem-

---

[1] Fessenden u. Marin: Heating Ventilating Mag. **1929**; A. S. H. V. E. Journal **34**, 1928.

[2] Willard, Kratz, Fahnestock u. Konzo: Investigation of Heating Rooms with Direct Steam Radiators equipped with Enclosures and Shields. Journal A. S. H. V. E. **1929** (siehe auch „Ges.-Ing." 1932, S. 37).

[3] Willard, Kratz, Fahnestock u. Konzo: Engg. Exper. Station, Univ. Illinois, Forschungsberichte 169, 192 u. 223 (1928—1931). Es ist bemerkenswert, daß diese Versuche in vielen Fällen zeigen, daß die Berücksichtigung des Anstriches, der Aufstellung u. a. m. meist viel wichtiger sei als die Berücksichtigung der Heizkörperverkleidungen.

selben Heizkörper in einer gut ausgeführten Verkleidung und auch unter einem Schirme aufgestellt, aufgenommen worden. Der verkleidete Heizkörper ergab eine um 13,5 vH geringere Wärmeleistung bei gleicher Atemzonentemperatur, um etwa 2,2° C höherer Kniehöhentemperatur und etwa 1,8° C niedrigeren Deckentemperatur. Ähnliche Verhältnisse ergaben sich mit dem Heizkörper unter einem Schirme, bestehend aus einem waagerechten Brett über dem Heizkörper und Wandschutzblech. Die Vorteile der richtig entworfenen Verkleidungen sind aus dieser Gegenüberstellung leicht ersichtlich, d. h. die Wärmeverluste des Raumes werden durch die in wärmetechnischer Hinsicht vorteilhaftere Temperaturverteilung bedeutend herabgesetzt, das Behaglichkeitsgefühl erhöht, außerdem wird auch häufig dem Schönheitsempfinden Rechnung getragen.

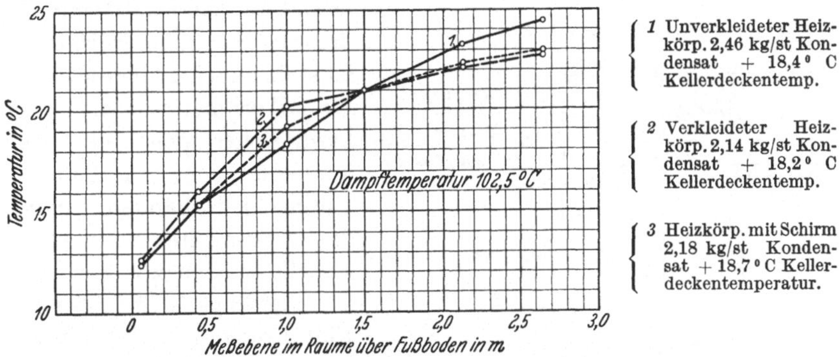

Abb. 15. Einfluß der Verkleidungen auf den Raumwirkungsgrad von Heizflächen.

In der Praxis wird es sich empfehlen, die bewährten Zuschläge zur Heizfläche bei Verkleidung auch weiter zu verwenden, bis vollkommenere Werte über die Einflüsse der Verkleidung bekannt werden.

g) Einfluß der Heizkörperformen auf den Betrieb und Wärmeabgabe.

In dem die Warmwasserheizung behandelnden Abschnitt von Rietschel-Brabbées Leitfaden der Heiz- und Lüftungstechnik wird im Abschnitt, der die verschiedenen Heizkörperformen bespricht, die nachfolgende Behauptung aufgestellt[1].

„Die Glieder (der gußeisernen Radiatoren — Anm. d. V.) sollen nicht wesentlich über den inneren Nippeldurchmesser erhöht werden, da sie sich sonst schwer entlüften und oft zu Störungen der Wasserbewegung Anlaß geben.“

Dieser Satz dürfte wohl der Aufmerksamkeit des Verfassers und seiner Mitarbeiter entgangen sein, denn, falls Erhebungen des Radia-

[1] Rietschel u. Brabbée: Leitfaden, 7. Aufl., 1, 59.

torenhohlraumes über den inneren Nippeldurchmesser Störungen der Wasserbewegung veranlassen sollten, so dürfte ihre Höhenerstreckung weder nachteilig noch vorteilhaft einwirken. Hieraus folgt aber, daß jedwedes Überschreiten der oberen, inneren Durchmesser der Verbindungs- oder Anschlußnippel störend wirken müßte und deshalb zu unterlassen wäre, was aber praktisch nicht durchführbar ist.

Die Wasserbewegung im Radiator bleibt unbeeinflußt, solange der freie Nippelquerschnitt nicht verengt wird. Die Verengung desselben durch die Luftpolster in den Köpfen der einzelnen Glieder ist durch die Kohäsion von Wasser und Heizkörperwandung begrenzt, wie in Abb. 16 dargestellt ist, und erreicht höchstens bei sehr engen Querschnitten eine gewisse Bedeutung, kann aber bei den üblichen Nippelmaßen vollkommen vernachlässigt werden. Eine Hemmung der Strömung im Heizkörper ist stets nur eine Folge schlechter Werkmannsarbeit und kann sicher nicht „oft“ vorkommen, da es sich dann um Unterschiede handeln müßte, die leicht mit freiem Auge festgestellt werden könnten.

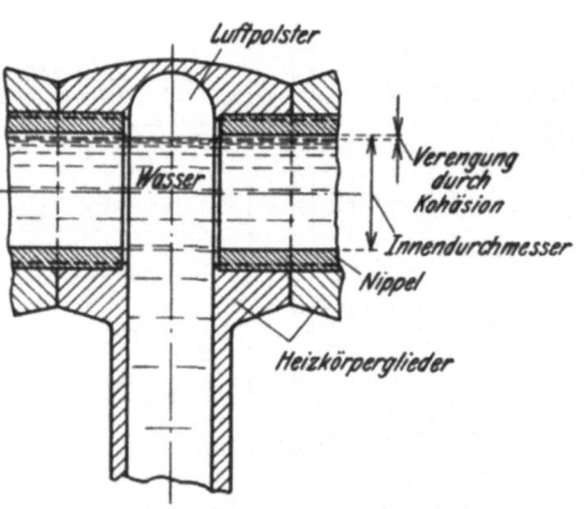

Abb. 16. Luftpolsterbildung in Heizkörpern.

Allerdings sollte aber die Einführung von Heizkörpern mit großen Luftpolstern aus wirtschaftlichen Erwägungen vermieden werden. Die unvermeidlichen Luftpolster wirken isolierend und setzen die Heizwirkung der Heizfläche etwas herab. In gewisser Hinsicht ist die Wärmeabgabe dieser Teile der Heizfläche der Wärmeleistung der Rippen an Rippenheizkörpern zu vergleichen und es nimmt diese mit wachsender, auf der Heizfläche gemessener Entfernung von dem Wasserspiegel sehr rasch ab. Je größer also die Luftpolster werden, wobei die Höhenerstreckung nicht unbedingt ein Kriterium sein muß, um so geringer wird die Wärmeabgabe eines Heizkörpers bei sonst unveränderter Ausführung und um so geringer der wirtschaftliche Wert der Heizfläche.

Bemerkenswert ist nun, daß dieser Frage überhaupt keine Aufmerksamkeit geschenkt worden ist, wie viele in dieser Hinsicht bessere aber veraltete, und schlechtere neue Heizkörperformen beweisen. Es ist noch recht erinnerlich, daß die seinerzeit beliebten rundköpfigen Modelle (Abb. 18) durch flachköpfige Formen und später sogar durch geradköpfige Ausführungen (Abb. 19 und 20) verdrängt worden sind, während die in Abb. 17 dargestellte, sich dem Nippel anschmiegende, günstigste Kopfform bisher nicht ausgeführt worden ist.

Da bei niedrigen Heizkörperformen das Verhältnis von wasserbenetzter zu luftbenetzter Heizfläche kleiner ist als bei hohen Heizkörpern gleicher Bauart, so wird der Einfluß der Luftpolster bei geradköpfigen Fensterradiatoren, die in Amerika recht beliebt sind, am größten sein, dürfte aber auch hier noch vernachlässigbar sein. Das erklärt sich auch teilweise daraus, daß mit zunehmender Gliedhöhe und Verlängerung des Luftweges die nach dem Gegenstromvorgang erfolgende Wärmeabgabe der Heizflächeneinheit abnimmt (Abb. 22) und umgekehrt, und

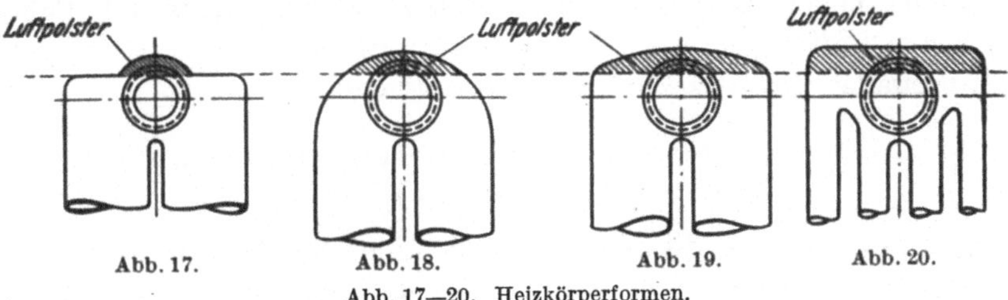

Abb. 17. Abb. 18. Abb. 19. Abb. 20.
Abb. 17—20. Heizkörperformen.

der berichtigende Einfluß der Luftpolster gegenüber dieser Änderung vernachlässigt wird. Der geringe Einfluß von Luftpolstern zeigt sich auch darin, daß man in Amerika häufig die Vor- und Rücklaufanschlüsse der Heizkörper unbeschadet ihrer Wirkung am Fußnippel und oft sogar beide am selben Ende in einem besonderen Endgliede mit Doppelnippel,

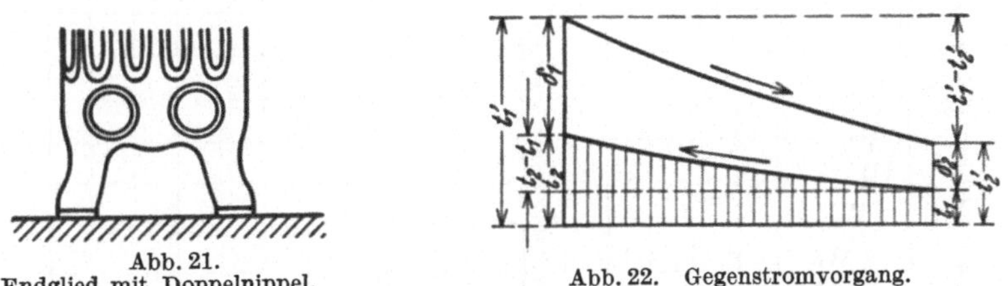
Abb. 21. Endglied mit Doppelnippel.

Abb. 22. Gegenstromvorgang.

wie in Abb. 21 dargestellt, anbringt. Diese Anordnung ist eine Sparmaßnahme und kommt besonders bei einstöckigen Anlagen vor. Die zentrale Entlüftung ist eine sehr seltene Ausführung, und die einzelnen Heizkörper erhalten Belüftungsschrauben oder Hähne. Und trotzdem oft ein guter Teil des Heizkörpers luftgefüllt ist, wird die Strömung nicht unterbunden.

Hier wäre auch noch auf den Einfluß vertikaler, nach Abb. 9 im Heizkörpergliede angeordneter Luftrohre auf dessen Wärmeleistung zu erwähnen. Nach Laboratoriumsversuchen von J. B. Laline[1] beträgt die Steigerung der Wärmeleistung eines derartigen, zweisäuligen Heizkörpers durch Einbau von Luftrohren bis zu 28 vH unabhängig von dessen Bauhöhe. Dieser Wert wurde durch Vergleich der Wärmedurchgangszahl eines Heizkörpers mit abgeflanschten Rohren mit der

[1] Laline, J. B.: Bericht über Versuche mit Radiatoren „Aero". Montreal 1927.

Durchgangszahl desselben Heizkörpers mit offenen Rohren ermittelt. Diese beiden Werte ergaben sich zu 12,15 WE/m²st bzw. 15,5 WE/m²st bei Niederdruckdampf. (Der anscheinend an sich sehr hohe Wert von 12,15 WE/m²st für einen gewöhnlichen zweisäuligen Heizkörper, der durch Abflanschen der Rohre erhalten wurde, stimmt mit Versuchswerten der A. S. H. V. E. an ähnlichen Heizkörpern völlig überein.) Es ist allerdings eine bekannte Tatsache, daß glatte, vertikale Heizflächen mit ungehinderter Luftströmung oder mit kaminartigen Luftwegen eine bedeutend höhere Wärmeabgabe aufweisen als Heizkörper mit unterbrochenen Luftwegen; aus dieser Tatsache ist aber erst in letzter Zeit in Einzelfällen die praktische Folgerung gezogen worden.

h) Einfluß der Gliederzahl des Heizkörpers auf die Wärmeleistung.

Wie bekannt, ist die Wärmeabgabe eines Heizkörpers nicht proportional seiner Gliederzahl, sondern bei wenigen Gliedern verhältnismäßig größer und mit zunehmender Gliederzahl etwas kleiner. Diese

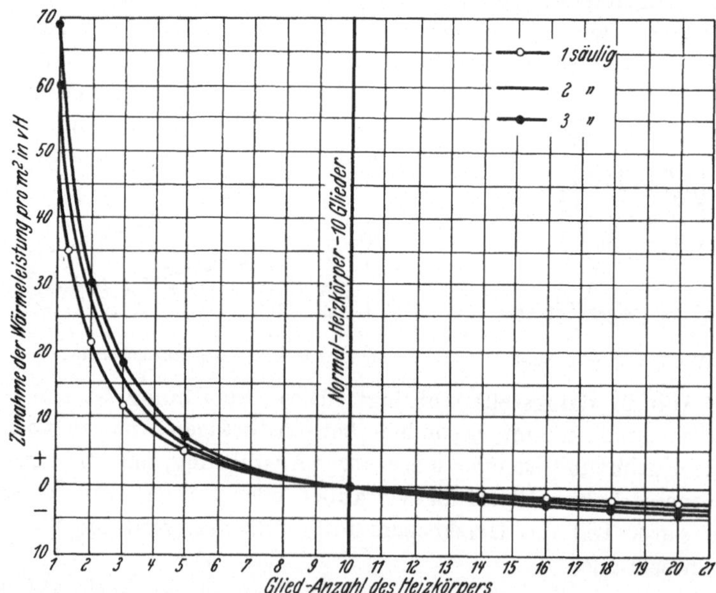

Abb. 23. Vergleich der Wärmeleistung von gußeisernen Heizkörpern bei veränderlicher Gliederzahl

Erscheinung ist auf den Einfluß der Endglieder und deren großen Strahlungsanteil an der Wärmeabgabe zurückzuführen. Es kann näherungsweise angenommen werden, daß der Strahlungsanteil der Wärmeabgabe eines Heizkörpers etwa proportional der Fläche eines den Heizkörper umschließenden, anliegenden Mantels (Abb. 24) ist, und bei einem freistehenden Gliede gleich der Heizfläche wird. Es könnte deshalb die Wärmeabgabe eines mehrgliedrigen Heizkörpers stets als Summe der Abgabe eines freistehenden Gliedes (der beiden Endflächen) und mehrerer Mittelglieder aufgefaßt werden, d. h. es wird

$$W = w_e + (a - 1) w_i \tag{5}$$

worin

W die Wärmeabgabe des Heizkörpers in WE/st

w_e bzw. w_i die Wärmeabgabe eines End- bzw. Mittelgliedes in WE/st und

a die Gliedanzahl des Heizkörpers bedeutet. Ist die Wärmeabgabe W und W_1 wie auch die Gliederzahl a und a_1 zweier Heizkörper bei sonst gleichen Verhältnissen bekannt, so ergibt sich aus Gl. (5):

$$\frac{W - W_1}{a - a_1} = w_i \tag{5a}$$

und

$$W - w_i (a - 1) = W_1 - w_i (a_1 - 1) = w_e \tag{5b}$$

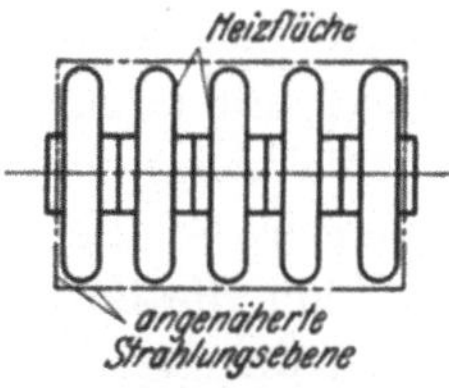

Abb. 24. Vergleich von Strahlungsanteil und Gesamt-Wärmeabgabe eines Heizkörpers.

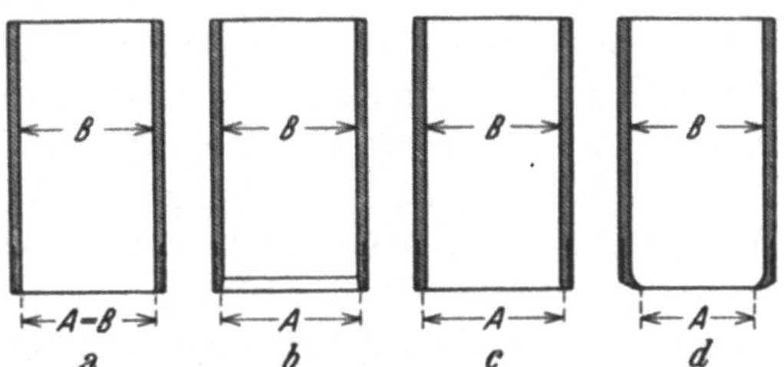

Abb. 25. Bearbeitungsformen von Rohrenden.

und es ist hieraus möglich, die Wärmeabgabe des Heizkörpers beliebiger Gliederzahl zu ermitteln. Erfahrungswerte bezüglich Beeinflussung der Wärmeleistung durch die Gliedanzahl bei verschiedener Säulenzahl enthält die Abb. 23, worin der Wert w_e gleich ist 1,6 w_i bis 1,75 w_i für gußeiserne Heizkörper. Für Heizkörper von bis zu 10 Gliedern ist diese Beeinflussung derart bedeutend, daß ihre Berücksichtigung zu empfehlen wäre. Für längere Heizkörper kann sie durch eine allgemeine Korrektur der Wärmeübergangszahl berücksichtigt werden.

j) Einfluß der Rohrverbindungen auf die Wärmeleistung der Heizkörper.

An dieser Stelle wäre auch noch der Einfluß der Werkmannsarbeit auf die Leistung der Heizungsanlage zu erwähnen. Dieser Einfluß wird meist ganz außer acht gelassen und ist trotzdem einer der wichtigsten Faktoren bei der Ausführung.

Aus den Versuchen der A. S. H. V. E.[1] mit Rohrverbindungen verschiedener Ausführung ergaben sich die in Zahlentafel 7 zusammen-

[1] Houghten u. Ebin: Transactions A. S. H. V. E. 1925.

gestellten Werte, die Nummern der Ausführungsformen beziehen sich auf die Abb. 25a—d. Die Werte sind Mittelwerte von Versuchen mit Dampf verschiedener Geschwindigkeit.

Zahlentafel 7. Einfluß der Rohrverbindung auf die Lieferung.

Ausführung der Rohrenden	Abnahme der Lieferung
Gefräste Rohrenden (Abb. 25b)	0,0 vH
Abgerundete Rohrenden (Abb. 25c)	3,2 vH
Flachgefeilte Rohrenden (Abb. 25a)	10,1 vH
Unbearbeitete Rohrenden (Abb. 25d):	
mit Einrollenrohrschneider geschnitten	22,2 vH
mit Dreirollenrohrschneider geschnitten	28,7 vH

3. Kleinhaus-Sammelheizungen.

a) Allgemeines.

Diesem Abschnitte kann vorangesandt werden, daß in dem größten Teile Nordamerikas die Zentralheizung eine derartige Verbreitung gefunden hat, daß fast ausnahmslos alle Gebäude in den Städten und größeren Gemeinden und oft sogar Bauern- und Landhäuser mit irgendeiner Abart der Sammelheizung ausgerüstet werden. Für kleine und mittelgroße Gebäude, wie Siedlungs- und Wohnbauten, kleinere Schulen, Anstalten, Amts- und Geschäftshäuser, kommt in erster Linie die Luftheizung und Warmwasserheizung und gelegentlich auch die Dampfheizung in irgendeiner der vielen Ausführungsformen zur Anwendung. Die Wahl wird durch Rücksicht auf Geldmittel, Überlieferung und auch häufig durch die Redegewandtheit von Verkäufern beeinflußt, es führt dies zu einer Formverschiedenheit der Ausführungen, die oft wundernimmt.

b) Die „amerikanische“ Luftheizung.

Die außerordentliche Verbreitung der Feuerluftheizung ist auf die niedrigen Gestehungskosten und auf die typische amerikanische Hohlbauweise zurückzuführen. Die mit Luftschichten (bedeutender Stärke) versehenen Außenwände der Gebäude ermöglichen bequemes Unterbringen der Warm- und Umluftleitungen. Solche Anlagen sind billig, verläßlich, dauerhaft und frei von den Fehlern der Warmwasserheizung, wie Undichtheiten an Heizkörpern und Einfriergefahr. Die neuesten, an einer Reihe von Schulgebäuden mit alten und neuen Heizungs- und Lüftungsanlagen verschiedener Art angestellten Versuche sollen aber sogar hygienische Vorteile der Feuerluftheizung gegenüber modernen Heizungen ergeben haben[1]. (Siehe auch Abschnitte über „Lüftungs-

[1] Duffield, T. J.: Effect of Ventilation on Health of School Children (Einfluß der Lüftung auf die Gesundheit der Schüler). Sanitary Age (Toronto) **1928**. — Duffield, T. J. (Sekretär d. New Yorker Lüftungskomm.): A Critical Review of the School Ventilation Study (Kritische Durchsicht einer Schullüftungsstudie). Aerologist (Chicago) **1930**, März.

anlagen von Schulgebäuden", Einfluß der Sammelheizung auf die Volksgesundheit" u. a. m.)

Für die wirtschaftliche Bedeutung dieser Heizung in Amerika spricht auch die Tatsache daß die Universität von Illinois ein Familienhaus mit einer Feuerluftheizung als Versuchsstelle verwendet und im Verein mit der „National Warm Air Heating and Ventilating Association" (Nationaler Warmluftheizungs- und Lüftungsverband) „Normen" zur Errichtung von Warmluftheizungen ausgearbeitet hat und auch weitere bezügliche Forschungsarbeiten ausführt. Die nachfolgend angeführten Angaben und Berechnungsmethoden sind von der Versuchsstelle mit der Absicht geschaffen worden, dem Werkmann die Möglichkeit zu geben, ohne Zuhilfenahme des Ingenieurs für kleinere, typische Gebäude einwandfrei arbeitende, ausreichende Anlagen zu schaffen[1]. Sie sind in der Regel für einen „Normalfall" aufgestellt, lassen in gewissen Grenzen eine Korrektur für verschiedene Verhältnisse ohne schwierige Berechnung zu und ergeben meist etwas reichliche, leicht regelbare Anlagen. Die Ersparnis an Büroarbeit und Zeit ermöglicht eine billige Ausführung.

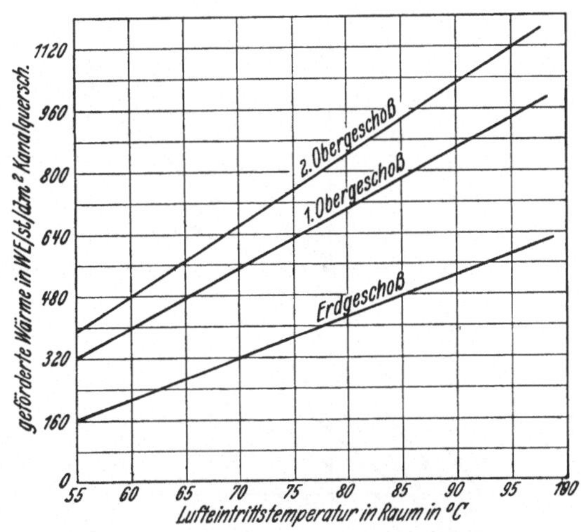

Abb. 26. Leistung von Warmluftleitungen (Engg. Exp. Station Univ. Illinois, Ber. 141).

Bei dem Entwurf der Anlagen beginnt man nach Ermittlung der Wärmeverluste mit der Berechnung des Verteilungsnetzes. Es wird hierfür vorerst die verlangte Höchsteintrittstemperatur der Luft in den zu beheizenden Räumen festzulegen sein; in den Normen[2] ist eine allerdings sehr beträchtliche zulässige Höchsttemperatur von 80° C festgelegt. Für diese wie auch für andere Lufttemperaturen sind in Abb. 26 die für die Querschnittseinheit (dm²) der Warmluftleitungen zu den ver-

[1] Willard, Kratz u. Day: Warm Air Furnaces and Heating Systems (Warmluftkessel und -heizungsanlagen). Engg. Exper. Stat. Univ. Illinois, Forschungsber. **141**.

[2] Standard Code regulating the Installation of Gravity Warm Air Furnaces in Residences (Normen für die Errichtung von Schwerkraftwarmluftöfen in Familien- bzw. Wohnhäusern), 6. Aufl., 1. März 1929.

schiedenen Stockwerken zu erwartenden Wärmeleistungen w in WE/st eingetragen; der notwendige Querschnitt f der Zuluftleitungen in dm² ergibt sich aus

$$f = \frac{W}{w}, \tag{6}$$

worin W die erforderliche Wärmemenge in WE/st darstellt. Allerdings sind die in Abb. 26 aufgenommenen Wertereihen an einer Anlage mit horizontalen Kellerleitungen von nur 2—2,5 m Länge empirisch gewonnen worden und können nur für Anlagen dieser Größe einwandfrei verwendet werden. Für längere horizontale Ausläufe wird eine aus Abb. 27 erhältliche Korrektur der Eintrittstemperatur der Luft für den zu beheizenden Raum zur Bestimmung des Leitungsquerschnittes aus Abb. 26 angewandt werden müssen. Die Gültigkeit der beiden Wertetafeln 26 und 27 soll aber nicht viel über 4 m horizontale Leitungslänge ausgedehnt werden, längere Abzweige sollen entweder durch zentrale Anordnung des Ofens oder sonstwie vermieden oder aber als Schwerkraftlüftungskanäle besonders durchgerechnet werden. Die Normen[1], die verhältnismäßig neu sind (die 1. Auflage erschien 1922), zeichnen sich durch eine Reihe guter, praktischer Winke aus. So ist die technisch begründete Vorschrift bemerkenswert, daß die für Austrittsgitter notwendige Vergrößerung des Kanalquerschnittes bei gleichbleibender horizontaler Abmessung durch Vergrößerung der Gitterhöhe vorgenommen werden muß. (Diese Vorsichtsmaßregel ist besonders für Auftriebslüftungen zu empfehlen.)

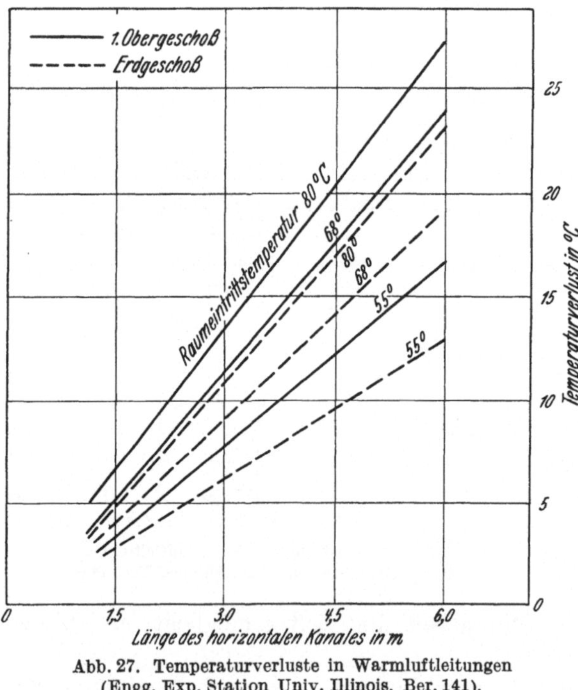

Abb. 27. Temperaturverluste in Warmluftleitungen (Engg. Exp. Station Univ. Illinois, Ber. 141).

Die Rückluftleitungen können etwas kleineren Querschnitt aufweisen als zugeordnete Zuluftkanäle. In Familienhäusern, wo die

[1] Siehe Anm. 2, S. 27.

einzelnen Räume einen Großteil des Tages in offener Verbindung stehen, genügt es häufig, ein oder zwei Rückluftgitter im Erdgeschoßfußboden anzuordnen und mit dem Kaltluftanschluß des Kessels zu verbinden. In Gebäuden, wo die Räume gegeneinander abgeschlossen sind (Schulen usw.), werden notgedrungen Rückluft- oder Abluftleitungen in allen Räumen angeordnet. Gelegentlich wird derartigen Anlagen besonders mit untereinander nicht absperrbar verbundenen Räumen der Vorwurf von Zugerscheinungen gemacht. Dies ist aber bei richtigem Entwurf kaum gerechtfertigt, da die Luftheizung durch Erzeugung eines Überdruckes innerhalb des Gebäudes naturgemäß eine Senkung der neutralen Luftdruckzone bedingt und hierdurch die Zugerscheinungen mildert, außerdem kann durch Anordnung von Umluftgittern in der Nähe von Eingangstüren u. a. m. die einfallende Kaltluft unmittelbar abgefangen und zum Ofen geführt werden.

Auch der Vorwurf der Übertragung von Krankheitserregern aus einem Krankenzimmer ist kaum gerechtfertigt, da, wie vorerwähnt, meist in den Zimmern eines Familienhauses keine Rückluftgitter angeordnet sind und deshalb bei Bedarf dem Krankenzimmer zwar Luft zugeführt, aber nicht aus diesem wieder zurückgeführt werden muß. Und selbst wenn das Zimmer unabsperrbare Rückluftkanäle hätte, so wären diese immer leicht durch einen provisorischen Verschluß außer Betrieb zu setzen.

Der am häufigsten angewandte Vorwurf, daß man nicht die bereits (vielleicht von anderen Personen) geatmete Luft atmen wolle, ist außerordentlich kurzsichtig. Hat man beispielsweise einen Ofen im Wohnzimmer, so wird dieser kaum eine Wiedereinatmung der teilweise schon geatmeten Luft verhindern können; ein Luftheizofen hat für das Haus den Vorteil, daß er nahezu den gesamten Luftinhalt des Hauses in steter Bewegung hält und somit viel weniger die erwähnte Unannehmlichkeit verursacht als die Ofenheizung oder eine andere Ausführungsform der Zentralheizung. Außerdem hat die Luftheizung vorwiegend Anwendung in Familienhäusern gefunden und in diesen ist der Lüftungsanteil der einzelnen Anwesenden so hoch, daß bereits diese Überlegung ausreicht, um einzelne der Vorwürfe zu entkräften.

Andererseits hat die Luftheizungsanlage, wie sie in Amerika durchwegs ausgeführt wird[1], den Vorteil, daß sie durch zentrale, ausreichende Luftbefeuchtung nicht nur für Erwärmung, sondern auch für Schaffung zuträglicherer Luftverhältnisse im Hause sorgt[2]. (Dies ist Verfasser

[1] Standard Code, Anm. 2 auf S. 27.

[2] Prof. Kratz hat zwar in letzter Zeit gezeigt (Engg. Exp. Station, Univ. Illinois, Forschungsber. 230, 1931), daß die handelsüblichen Verdunstungspfannen bei sehr strengen Frösten nicht ganz ausreichend sind, bei etwas milderer Witterung jedoch befriedigend arbeiten.

etliche Male von verschiedenen Architekten bestätigt worden und einige von ihnen haben ihre eigenen Wohnhäuser mit einer Luftheizung ausgestattet, da sie die Möbel in besserem Zustande hält, dauerndes Nachfüllen von Heizkörperluftbefeuchtern ausschaltet und Ansammlung von feinem Luftstaub und Schwelstoffen in den Schleimhäuten herabsetzt.) Die Wasserpfanne kann nicht nur mit ausreichender Verdunstungsoberfläche, sondern auch durch ein Schwimmerventil selbsttätig gesteuert ausgeführt werden.

Die Rostfläche des Heizofens R in Quadratmeter errechnet sich auf Grund von einer Reihe von Versuchsergebnissen zu:

$$R = \frac{1{,}2 \cdot W}{\eta \cdot h \cdot g\,[1 + 0{,}02\,(r - 20)]} \tag{7}$$

worin

W den Wärmebedarf der Anlage in WE/st,

η den Wirkungsgrad des Ofens,

h den Heizwert des Brennstoffes in WE/kg,

g die Rostbelastung in kg/m²st und

r das Verhältnis der luftumspülten Heizfläche zur Rostfläche, welches für eine bestimmte Bauart des Ofens festliegt, bedeutet. Für Kohle von etwa 4000 WE/kg Heizwert und für eine Rostbelastung von etwa 3—3,5 kg/m²st kann der Wirkungsgrad etwa 0,60—0,55 geschätzt werden. Diese Werte hängen zwar von der Bauart des Ofens ab, durch Versuche wurde aber ermittelt, daß gute Erzeugnisse nur sehr geringe Unterschiede im Verhältnis der Heiz- und Rostfläche und im Wirkungsgrad aufweisen.

c) Warmwasserheizungen.

In den Rahmen dieser Besprechung fallen lediglich die Niederdruck- und die Mitteldruckwarmwasserheizungen, da Heißwasserheizungen aus bekannten Gründen sehr selten zur Anwendung kommen. Zur Erklärung von gelegentlich auftauchenden irrtümlichen Annahmen über die Verbreitung der Heißwasserheizung in Amerika soll hier einleitend festgestellt werden, daß der amerikanische Fachmann den deutschen Ausdruck „Warmwasser" in der Gesundheitstechnik durchwegs durch „Heißwasser" (hot water) ersetzt und deshalb überall „Warmwasserheizungen" und „Warmwasserversorgung" im Auge hat, wo er von „Heißwasserheizungen" und „Heißwasserversorgung" spricht.

Die Definition, die der „Leitfaden" für die Niederdruckwarmwasserheizung gibt, besagt, daß eine solche Anlage auch bei tiefsten Außentemperaturen mit Wassertemperaturen unter 100° C arbeite und äußerlich dadurch gekennzeichnet sei, daß der Wasserinhalt der Anlage mit der Atmosphäre in freier Verbindung stehe. Hingegen werden als Merkmale der Mitteldruckwarmwasserheizung angeführt, daß sie bei tiefen Außentemperaturen mit Wassertemperaturen von 120° C arbeite und äußerlich durch ein geschlossenes Ausdehnungsgefäß mit einem Überlaufventil, das bei etwa 2 Atm. abs. öffnet, gekennzeichnet sei.

Diese Unterteilung ist allerdings kaum einwandfrei, da eine Anlage ein geschlossenes Ausdehnungsgefäß nicht aufweisen muß, um mit Wassertemperaturen von über 100° C arbeiten zu können. Es genügt schon, das offene Ausdehnungsgefäß entsprechend hoch über den höchsten Punkt der Vorlaufleitung oder den höchstgelegenen Heizkörper zu setzen, um die erreichbare Höchsttemperatur des Wassers entsprechend zu vergrößern. Solche Anlagen kommen beispielsweise überall dort vor, wo Stockwerksheizungen mit am Dachboden befindlichem Ausdehnungsgefäße versehen werden. In Amerika gibt es eine besondere Klasse von Wohnungen in Mietshäusern, die trotzdem die Vorteile des Einfamilienhauses in sehr weitem Maße gewähren, da sie ein ganzes Stockwerk des Hauses einnehmen und außerdem einen unabhängigen Eingang und Stiegenhaus von der Straße zur Wohnung und auch eine unabhängige Verbindung zum Keller haben. Jede der im Hause befindlichen Wohnungen hat auch eine völlig selbständige Stockwerksheizungsanlage mit einem im Keller angeordneten Heizkessel. Es kommt dann gelegentlich vor, daß die Ausdehnungsgefäße am Dachboden angeordnet werden und die Wohnungen in den tiefer gelegenen Stockwerken eine Mitteldruckwarmwasserheizung haben, während die oberen Geschosse noch eine Niederdruckwarmwasserheizung aufweisen.

Hieraus ist ersichtlich, daß die Einteilung der Warmwasserheizungsanlagen nach diesem Gesichtspunkte hin höchstens durch eine willkürliche Temperaturannahme erfolgen kann, da praktisch keine genau festgelegte Grenze besteht; die folgenden allgemeinen Ausführungen gelten deshalb ungeschmälert für beide Gruppen.

α) **Die Ausführungsformen der Warmwasserheizungen.** Die Ausführungsformen der Warmwasserheizungsanlagen lassen sich in zwei Hauptgruppen einteilen:

1. Die Schwerkraftanlagen,

2. die Pumpenanlagen bzw. Anlagen mit mechanisch beschleunigter Wasserbewegung.

Jede dieser beiden Gruppen kann weiter eine oder mehrere der nachfolgenden Rohrführungen aufweisen:

a) Zweirohrsystem mit oberer Verteilung (Abb. 28),

b) Zweirohrsystem mit unterer Verteilung (Abb. 29),

c) Zweirohrsystem mit fliehendem (verkehrtem) Rücklauf und oberer Verteilung (Abb. 30),

d) Zweirohrsystem mit fliehendem Rücklauf und unterer Verteilung (Abb. 31),

e) Einrohrsystem mit oberer Verteilung (Abb. 32),

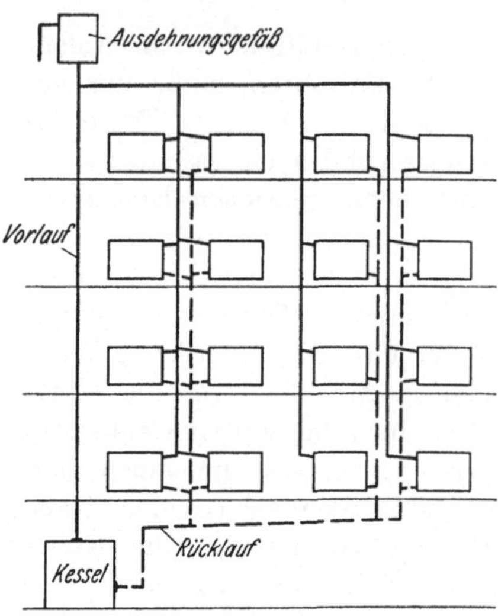

Abb. 28. Zweirohr-Warmwasserheizung, obere Verteilung

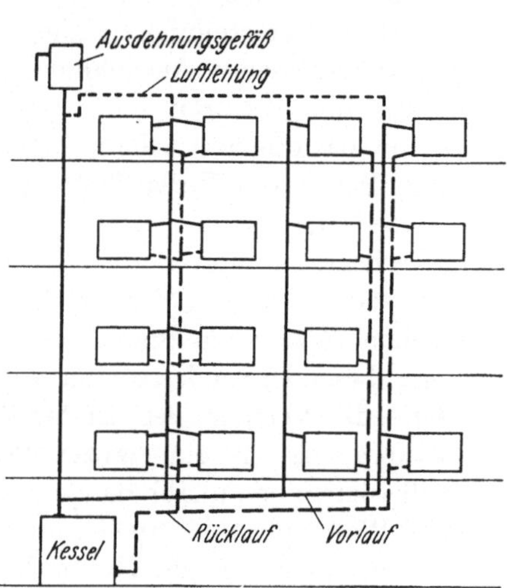

Abb. 29. Zweirohr-Warmwasserheizung, untere Verteilung.

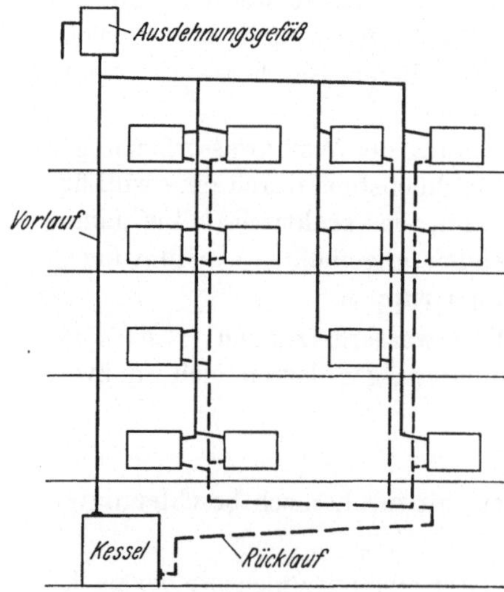

Abb. 30. Zweirohr - Warmwasserheizung, obere Verteilung mit fliehendem Rücklauf.

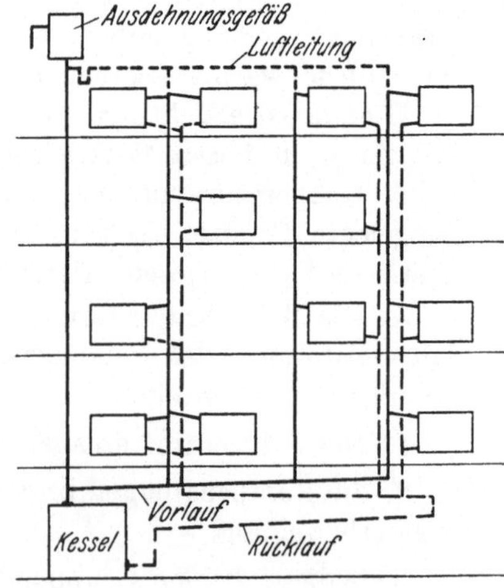

Abb. 31. Zweirohr - Warmwasserheizung, untere Verteilung mit fliehendem Rücklauf.

f) Einrohrsystem mit unterer Verteilung (Abb. 33).

Die schematischen Abb. 28—33 sind zum Verständnis der angeführten Ausführungsformen ausreichend, so daß sich eine Erklärung erübrigt. In Abb. 34 ist außerdem noch eine Ausführung mit gemischter Verteilung im Schema dargestellt, bei solchen Ausführungen

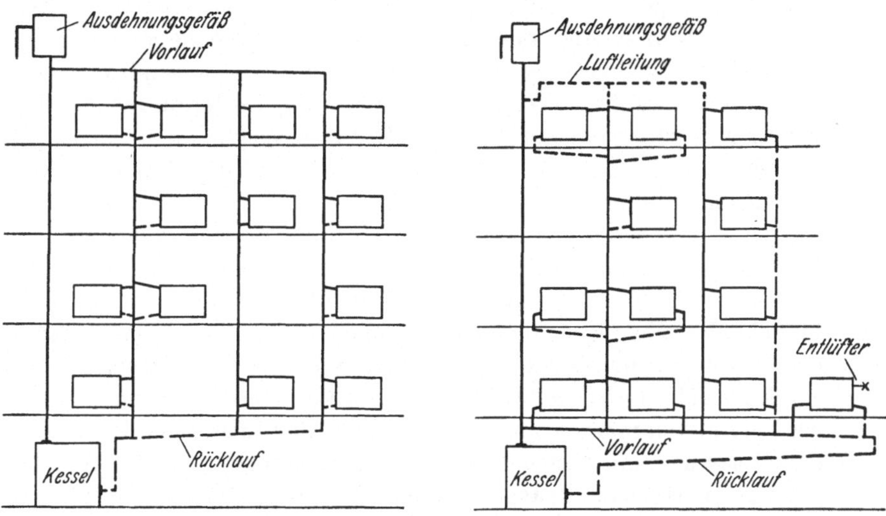

Abb. 32. Einrohr-Warmwasserheizung, obere Verteilung.

Abb. 33. Einrohr-Warmwasserheizung, untere Verteilung.

ist zu bemerken, daß sie sehr häufig ungleichmäßig arbeiten. Sie werden deshalb nach Möglichkeit gemieden und — falls sie doch aus-

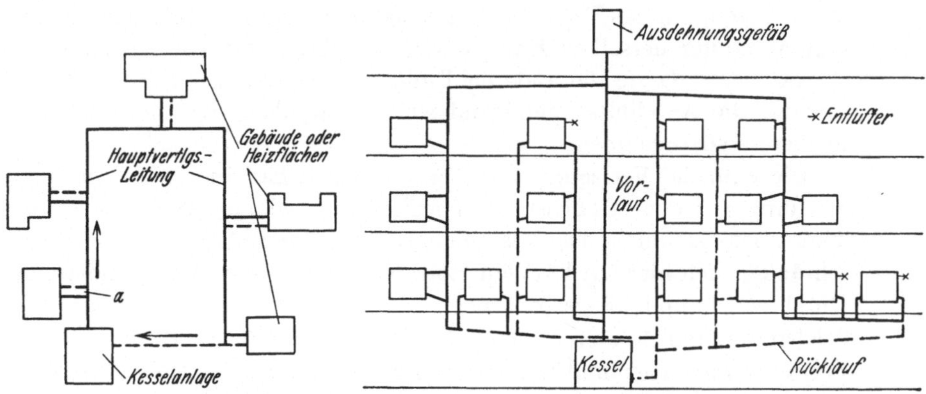

Abb. 33a. Einrohr-Warmwasserheizung mit unterer Verteilung und fliehendem Rücklauf.

Abb. 34. Warmwasserheizung mit gemischten Heizkörperanschlüssen.

geführt werden — ist man bestrebt, die einzelnen Rohrführungsarten jeweils an besondere, vom Kesselhaus ausgehende und gesondert regelbare Verteilungsleitungen anzuschließen.

Bemerkenswert ist die Beliebtheit der Ausführungen mit fliehendem Rücklauf nach Abb. 30 und 31. Der Rücklauf wird bei diesen Anlagen parallel mit dem Vorlauf um das Gebäude oder den entsprechenden Teil desselben herumgeführt, mit der Absicht, den einzelnen Steigleitungen oder Heizkörpern möglichst gleiche Wege und Widerstände zu sichern und die Bevorzugung der Heizkörper in Kesselnähe zu vermeiden. Dieses Bestreben wird bei „oberer Verteilung" fast einwandfrei erreicht, während bei „unterer Verteilung" jeweils die Entfernungen der Heizkörper am selben Stockwerke vom Kessel ausgeglichen werden. (Eine ähnliche Ausführung hat Prof. Tichelmann gelegentlich für Pumpenheizungen empfohlen.)

Alle vorstehend erwähnten Ausführungsformen der Warmwasserheizung sind nicht bloß gelegentlich versuchsweise zur Anwendung gelangt, oder durch neuere Bauarten überholt, sondern recht gebräuchlich. Entgegen der europäischen Praxis[1] hat beispielsweise die Einrohrwarmwasserheizung mit unterer Verteilung so gute Erfolge gezeitigt, daß sie lange Jahre hindurch mit Vorliebe in Regierungsgebäude der Vereinigten Staaten eingebaut wurde[2]. Allerdings ist sie dann ähnlich den Heizungen mit fliehendem Rücklauf ausgeführt worden (Abb. 33a), und die Vorlaufsteigstränge wurden von oben, die Rücklaufabzweige von unten oder seitwärts an die Verteilungsleitung angeschlossen (siehe auch Abb. 44—47). Das Hauptverteilungsrohr führt dann nahezu in der ganzen Länge dieselbe Wassermenge und wird deshalb durchwegs in gleicher Stärke gehalten. Von der in der Literatur gelegentlich erwähnten Regelung der Leistung eines Heizkörpers (bzw. Heizgruppe)[3] durch Verengung des Verbindungsstückes *a* zwischen Vorlauf- und Rücklaufanbindung derselben Einheit wird bei dieser Art von Anlagen abzusehen sein, da sie die anderen Einheiten beeinflussen würde. Es ist ratsam, die Anschlüsse genügend weit zu wählen und die Regelung in diesen vorzunehmen.

Die einfache Verlegung derartiger Anlagen hat auch zu ihrer Verwendung auf dem Gebiete der Fernheizung, wie in Abb. 33a angedeutet ist, geführt. Die kostspieligen Hauptverteilungsleitungen beschränken sich hier auf bloß ein Rohr von durchwegs gleichgehaltenem Durchmesser und dieses gibt noch die Möglichkeit unvorhergesehener Ausbauten und Erweiterungen, da durch geringfügige Erhöhung der Betriebstemperatur und Nachregelung der nächstgelegenen Abzweige eine zusätzliche Gruppe ohne umfangreiche Änderungen angeschaltet werden kann. Bei solchen ausgedehnten Heizungen muß allerdings die Abkühlung des Wassers in den einzelnen Heizgruppen besonders sorg-

---

[1] Dietz: Lehrbuch der Lüftungs- und Heizungstechnik, 2. Aufl., S. 497. München: R. Oldenbourg.

[2] Harding u. Willard: Mechanical Equipment of Buildings 1 (Heating and Ventilation), 1. Aufl. New York: John Wiley and Sons.

[3] Dietz: Lehrbuch der Lüftungs- und Heizungstechnik, 2. Aufl., S. 531.

fältig berücksichtigt werden; diese Anlagen werden durchwegs mit Umwälzpumpen ausgerüstet. Wie in Abb. 34 dargestellt, ist es nicht notwendig, die Anlage durchwegs als Einrohrsystem auszuführen, sondern es können die Heizkörper und Gruppen nach Belieben angeschlossen werden. Es wird hier aber nochmals darauf hingewiesen, daß Unregelmäßigkeiten im Anschluß der Heizkörper, falls diese nicht äußerst sorgfältig erwogen und durchgerechnet werden, auch Unregelmäßigkeiten in der Wärmeleistung der Heizkörper, gegenseitiges Beeinflussen derselben und andere Nachteile zeitigen können.

Eine sorgfältige Überlegung ist auch bei allen Zweirohrheizungen am Platze, wo einzelne Heizkörper von dem Rest der Anlage unabhängig, generell regelbar sein sollen. Es dürfte anzunehmen sein, daß solche Heizkörper von dem gemeinsamen Vorlaufnetze gespeist und durch eine besondere Rücklaufleitung geregelt werden könnten. Auch hier werden aber mit ziemlicher Sicherheit Unregelmäßigkeiten und unerwartete Schwierigkeiten auftreten, eine gesonderte Vorlauf- und Rücklaufleitung ist hier die einzige wirksame Abhilfe.

Bei allen angeführten Rohrführungen wird aber, wo dies durchführbar und mit den wirtschaftlichen Erwägungen vereinbar ist, eine besondere Sicherheitsmaßnahme getroffen, die darin besteht, daß man die Hauptverteilungsleitung auf kürzestem Wege zu dem Teile der Anlage bringt, der in der Regel die höchsten Betriebsanforderungen stellen dürfte. Dies ist beispielsweise die dem vorherrschenden Winde ausgesetzte Außenwand, oder in Fabrikgebäuden der Büroflügel, in Wohngebäuden der Wohnzimmerblock. (Die Wohn- und Mietshäuser werden nämlich meist derart entworfen, daß der Mieter keine Wahl bezüglich des Wohnzimmers hat, ebenso wie er hinsichtlich aller anderen Zimmer fast durchwegs auf die bestehende Ordnung angewiesen ist. So erhalten beispielsweise Schlafzimmer eingebaute Wandschränke und Badnähe, das Speisezimmer meist eine unmittelbare Verbindung zur Anrichte oder Küche, das Wohnzimmer einen dekorativen „Kamin" u. a. m. Eine Ausmündung aller Räume in ein zentrales Vorzimmer, ohne Begünstigung gewisser Zimmer, ist sehr selten zu finden.) Von diesem Punkte wird dann erst die Verteilung vorgenommen und diese Maßnahme hat den Vorteil, daß die bevorzugten Räume durch die zentrale Regelung vom Kesselhaus rascher beeinflußt werden können, d. h. bei plötzlicher Außentemperaturänderung wird diese Raumgruppe auf die veränderten Verhältnisse am raschesten eingestellt werden können. Dieses Detail, wie auch die Ausführung der fliehenden Rücklaufleitungen haben sich so eingebürgert, daß man sie recht häufig auch bei Dampfheizungsanlagen antrifft, obzwar ihre Bedeutung bei diesen wegen der hohen Geschwindigkeiten und wegen des raschen Anheizens und Abkühlens sehr fraglich wird (siehe auch Abb. 54).

β) **Die Mitteldruckwarmwasserheizung.** In letzter Zeit wurden in Europa vereinzelt Versuche gemacht, Siedlungsheizungen mit Kesselwasser von Hochdruckdampfkesseln, also mit Heißwasser von 100° C bis 150° C, zu beheizen. Hierbei hat man mit Rücksicht auf die Anschaffungskosten verschiedene gesundheitstechnische Fragen völlig unbeachtet gelassen und es steht leider zu erwarten, daß solche Anlagen nicht vereinzelt bleiben werden. Die amerikanische Praxis hat aber schon vor Jahrzehnten diejenige Einrichtung oder Anlage von Fall zu Fall als beste erklärt, die den höchsten Gesamtwirkungsgrad aufweist und hat deshalb oft die unzulänglichste Zentralheizungsanlage in richtiger Erkenntnis der Gesamtwirtschaftlichkeit auch der besten Einzelofenanlage vorgezogen, besonders mit Rücksicht auf Bedienung, Staub, Raum und oft auch Hygiene. Um aber eine Verallgemeinerung der Sammelheizung zu ermöglichen, mußten billige und leistungsfähige Anlagen geschaffen werden. Die bereits erwähnten Feuerluftheizöfen der Warmluftheizungen waren die billigste Lösung. Warmwasserheizungen mit gesteigerter Höchsttemperatur bezwecken Herabsetzung der Anschaffungskosten der Schwerkraftniederdruckwarmwasserheizung unter Beibehaltung der meisten ihrer Vorteile.

Mitteldruckwarmwasserheizungen oder, wie sie besser genannt werden sollten, „Warmwasserheizungen mit gesteigerter Höchsttemperatur" sind bei weitem nicht so unhygienisch, wie oft dargestellt wird. Selbst wenn vorausgesetzt wird, daß die Vorlauftemperatur einer derartigen Anlage bei — 20° C Außentemperatur und starkem, gleichzeitig auftretendem Windanfall auf 120° C gesteigert werden müßte, so dürfte dieser Fall doch nur äußerst selten und auch dann nur von kurzer Dauer sein. Fröste von — 20° C ohne begleitenden Windanfall dürften, falls die Wärmeverlustberechnung des Gebäudes richtig durchgeführt worden ist, kaum mehr als 100° C Vorlauftemperatur erfordern, während die allgemein als hygienischer Grenzwert angesehene Vorlauftemperatur von 95° C für derartige Anlagen wahrscheinlich noch bei Frösten von — 10° C, einschließlich Windanfall ausreichen dürfte. In vielen Gebieten, für die eine Außentemperatur von — 20° C als Berechnungsgrundlage vorgeschrieben ist, sind Fröste zwischen — 10° C und —20° C und darunter seltene und rasch vorübergehende Erscheinungen[1].

Eine Erhöhung der zulässigen Vorlauftemperater von Warmwasserheizungen von 95° C auf 120° C sichert aber eine Ersparnis von mehr als 20 vH der Raumheizflächen und eine ähnliche, wenn auch nicht ganz so bedeutende Ersparnis an Rohrleitungen, Arbeit, Zufuhr u. a. m., da nicht nur der Temperaturunterschied zwischen Heizwasser und Raumluft, sondern auch die Umtriebskräfte und die Wasser-

[1] Rybka, Karl: Beitrag zur Frage der Herabsetzung der Betriebs- und Anschaffungskosten der Zentralheizungen. Gesundheits-Ing. **1927**.

geschwindigkeit in der Anlage wachsen, während deren Wasserinhalt entsprechend herabgesetzt wird. Werden beispielsweise zu leistende 1000 WE bei 95° C Vorlauftemperatur, + 20° C Raumtemperatur, 20° C Temperaturabfall im Heizkörper bei Verwendung von 3—6 säuligen Heizkörpern von 800 mm Bauhöhe und einer Wärmedurchgangszahl $k = 6{,}2$ WE/m² eine Heizfläche von 2,48 m² verlangen, so genügen bei 120° C Vorlauftemperatur und sonst unveränderten Verhältnissen 1,76 m² Heizfläche mit einer Wärmedurchgangszahl von $k = 6{,}3$ WE/m² oder mehr[1]. Die Ersparnis an Heizfläche beträgt hierbei 0,72 m², d. h. 29 vH. Die Erhöhung der Umtriebskräfte mit hieraus resultierenden Rohrersparnissen ersieht man aus dem Vergleich der Auftriebshöhen beider Arten von Anlagen. Während die erreichbar Auftriebshöhe der Anlage mit 95° C und 75° C Vorlauf- bzw. Rücklauftemperatur bloß 12,97 mm WS. für jeden Meter Höhe beträgt, ergeben die Temperaturen von 120° C, bzw. 100° C eine Auftriebshöhe von etwa 16,00 mm WS. Die hieraus folgenden größeren Wassergeschwindigkeiten, vor allen Dingen aber der kleinere Wasserinhalt und das geringere Eisengewicht der Mitteldruckwarmwasserheizungen haben eine große Bedeutung für die Herabsetzung der Anheizdauer und Anheizverluste der Anlage und auch für die leichtere Regelung derselben.

Die einfachste Form der Erhöhung der Höchsttemperatur, die den Vorteil hat, keiner zusätzlichen Sicherheitsvorrichtungen zu bedürfen, ist die Anlage mit hochgesetztem Ausdehnungsgefäß. Solche Anlagen haben nur eine sehr beschränkte Ausführungsmöglichkeit. Anlagen mit geschlossenem Ausdehnungsgefäß und entsprechend eingestelltem Überlaufventil sind leichter unterzubringen, haben aber den Nachteil, daß sie von der Verläßlichkeit des Ventiles abhängig sind. Allerdings haben sie den großen Vorteil, daß das Ausdehnungsgefäß an beliebiger Stelle in der Anlage angeordnet werden kann, so daß dieses Gefäß, in Kesselnähe gebracht, die üblichen Nachteile des Hochbehälters, wie Einfriergefahr, Unzugänglichkeit u. a. m., vermeiden läßt. Allerdings muß bei solchen Anlagen durch Heizkörper-, Strang- oder besondere Sammelentlüftung für die richtige Wasserbewegung Sorge getragen werden (siehe Abschnitt ξ).

Eine weitere Form, welche die weitaus größten Vorteile aufweist, ist die quecksilbergesperrte Warmwasserheizungsanlage. Aus Abb. 35 ist ersichtlich, daß dies eine Niederdruckwarmwasserheizungsanlage ist, in deren Ausdehnungsstrang an geeigneter Stelle eine Quecksilbersperrung eingebaut ist. Die Sperrung könnte in ihrer einfachsten Form als entsprechend hohes, U-förmig gebogenes, quecksilbergefülltes Rohr ausgeführt werden. Die in Abb. 36 wiedergegebene Handelsform dieser

[1] Leitfaden, Zahlentafeln.

Sperrvorrichtung ist nur eine verbesserte Ausführung des U-Rohres und arbeitet wie das ähnlich gebaute Dampfkesselstandrohr[1]. Das im unteren Behälter u enthaltene Quecksilber wird durch den Druck des sich im Betriebe ausdehnenden Wasserinhaltes der Anlage, an welche der Apparat durch die Öffnung a angeschlossen ist, in das Standrohr b gepreßt und verdrängt das hierin enthaltene Wasser in den Ausdehnungsstrang, der bei c angeschlossen ist. Sinkt die Temperatur der Anlage und damit der Druck, so fällt der Quecksilberspiegel im Rohre b. Steigt die Temperatur so weit, daß der Wasserdruck den Quecksilberspiegel im unteren Behälter bis an die Eintrittsöffnung d senkt, so wird das im Steigrohr enthaltene Quecksilber in das Auffanggefäß e gedrückt, und es entweicht das Wasser ins Ausdehnungsgefäß durch Rohr c, bis wieder Gleichgewicht zwischen dem Druck in der Anlage und dem Druck der Quecksilbersäule eintritt. Die Ausführung des Standrohres als Doppelrohr hat lediglich den Zweck, das durch den Wasserdruck herausgepreßte Quecksilber in den unteren Behälter zurückzuleiten.

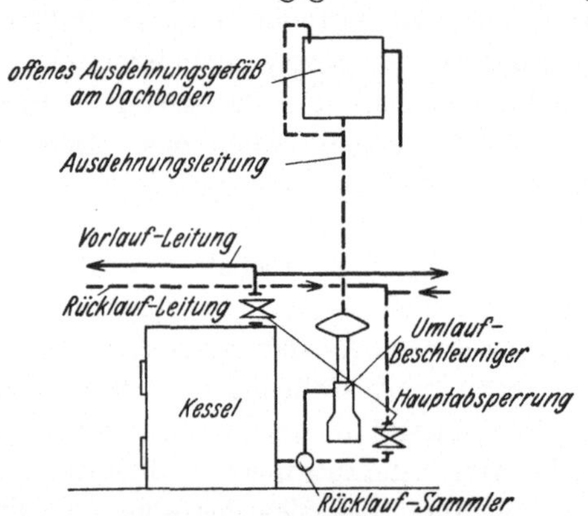

Abb. 35. Anordnung eines Umlaufbeschleunigers mit offenem Ausdehnungsgefäß.

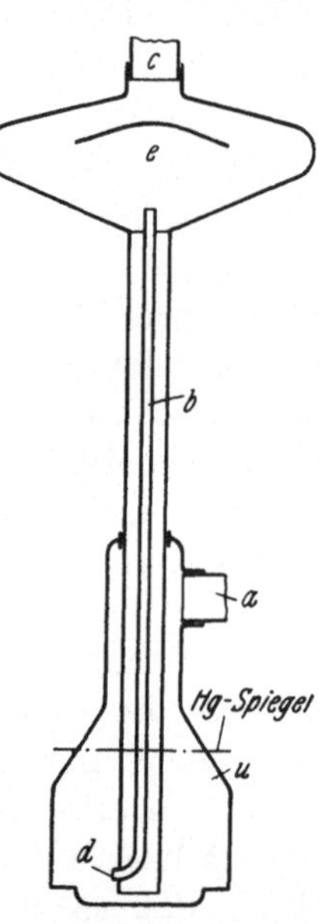

Abb. 36. Quecksilberumlaufbeschleuniger (Honeywell, Wabash Ind.).

Die quecksilbergesperrte Warmwasserheizung bedarf keiner zusätzlichen Sicherheitsvorrichtung, vorausgesetzt, daß der Querschnitt des Standrohres einschließlich der Quecksilberrückleitung den gesetzlichen Sicherheitsverordnungen Genüge leistet. Diese Ausführung hat weiter den Vorteil, daß sie nach Bedarf die Anordnung des Ausdehnungsgefäßes in beliebiger Höhenlage zuläßt, also beispielsweise unisoliert und leicht zugänglich in Kesselnähe, ohne mehr zu erfordern als ein höheres Standrohr und ein geschlossenes Ausdehnungsgefäß mit Luft-

[1] Siehe Rietschel-Brabbée: Leitfaden.

polster. Eine derartige Anlage ist in Abb. 37 schematisch dargestellt und bietet den Vorteil von Frostsicherheit und übersichtlicher Anordnung. Allerdings sind solche Anlagen für höhere Gebäude wegen der zunehmenden Größe der Standrohrrichtung nicht verwendbar. Die Höhe des Standrohres errechnet sich aus:

$$H = 0{,}736\,(0{,}1 \cdot h + p), \tag{8}$$

worin

H die Höhe des Standrohres in m,

h den Höhenunterschied zwischen dem Fuße des Standrohres und dem höchsten, wassergefüllten Teile der Anlage in m und

p den gewünschten, erreichbaren Überdruck des Heißwassers in kg/cm^2 bedeutet. Die Größe des unteren Behälters ergibt sich aus der

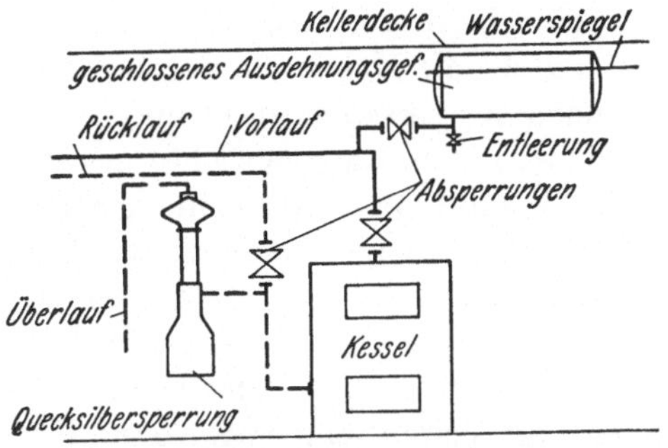

Abb. 37. Quecksilbergesperrte Warmwasserheizung mit geschlossenem Ausdehnungsgefäß.

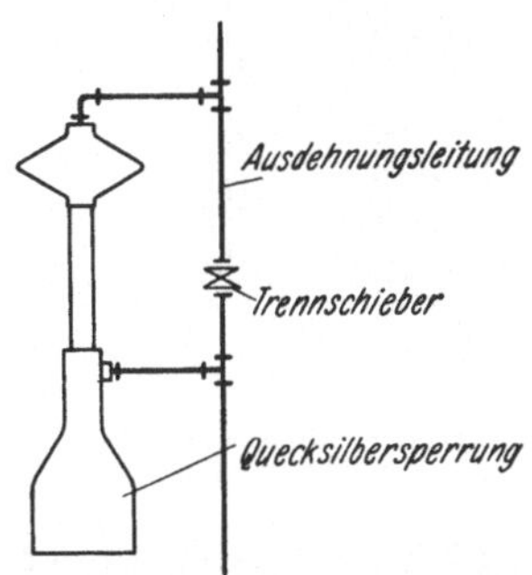

Abb. 37a. Quecksilbersperrung einer Warmwasserheizung mit Umführung.

Überlegung, daß dieser oberhalb der Eintrittsöffnung in das Standrohr genügend Raum für den Quecksilberinhalt des Stand- und Rücklaufrohres aufweisen muß.

Die angeführte Quecksilbersperrung eignet sich, außer für billig zu erstellende Neuanlagen, besonders als Umlaufbeschleuniger für bestehende Anlagen mit fehlerhaft berechneten Heizflächen und Rohrquerschnitten, weiter für Gebäude, die durch äußere Änderungen, wie Niederreißen schützender Häuser, Gärten u. a. m. erhöhte Wärmeabgabe aufweisen, oder auch für zu erweiternde Anlagen, da sie ohne kostspieligen Umbau bedeutend höhere Leistungen der bestehenden Rohrleitungen und Heizflächen sichert.

Die Quecksilbersperrung wird häufig in eine Umführungsleitung des Ausdehnungsstranges eingebaut, wie in Abb. 37a dargestellt, und die Anlage kann während eines großen Teiles der Heizperiode mit offenem Trennventil als Niederdruckwarmwasserheizung arbeiten und bei Bedarf durch Schließen des Ventils mit erhöhten Temperaturen zur Deckung von Spitzenleistungen des Wärmebedarfs als Mitteldruckwarmwasserheizung verwendet werden.

Bemerkenswert ist eine andere, allerdings beschränkte Möglichkeit der Steigerung der erreichbaren Höchsttemperatur ohne zusätzliche Sicherheitsvorrichtungen durch Anschluß der Ausdehnungsleitung an den Rücklaufsammler, wie schematisch in Abb. 38 dargestellt ist. Wird von einer Zirkulationsleitung vom Ausdehnungsgefäß aus abgesehen, was überall dort geschehen könnte, wo das Ausdehnungsgefäß frostsicher angeordnet ist, so wird der Ausdehnungsstrang mit Wasser von höchstens Rücklauftemperatur gefüllt sein, und es wird deshalb die Vorlaufleitung im Punkte A unter einem Überdrucke stehen, der sich errechnet zu

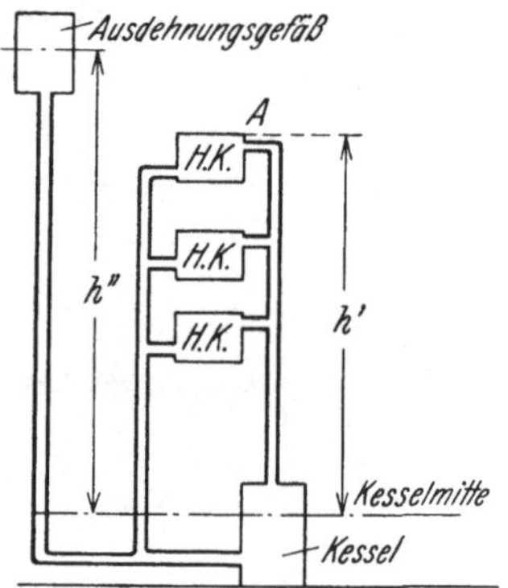

Abb. 38. Rücklaufanschluß des Ausdehnungsgefäßes.

$$\gamma = h''\gamma'' - h'\gamma', \tag{9}$$

worin

γ den Überdruck in mm WS,

h' und h'' die Höhen der gegeneinander wirkenden Wassersäulen in m und

γ' bzw. γ'' die Raumgewichte des Wassers bei Vorlauf- bzw. Ausdehnungsstrangtemperaturen bedeuten. Diese Ausführung ist allerdings zwecks Temperatursteigerung der Heizungsanlage wenig gebräuchlich, obzwar theoretisch bei Annahme eines Druckgefälles von 20° C in der Anlage 120° als Vorlauftemperatur ohne Überkochen erzielt werden könnten, bewährt sich aber als Schutzmittel gegen unvorhergesehenes „Überkochen“ der Heizung, besonders wenn diese, wie in Amerika sehr üblich ist, nur zeitweilig beaufsichtigt wird. Es ist hier ein sehr verbreitetes System von „Blockheizern“ eingeführt, wo ein Heizer von einer Reihe von Hausbesitzern angestellt wird und die unabhängigen Zentralheizungen von oft einem ganzen Straßenblock beaufsichtigt, was dann allerdings in „Runden“ geschieht, wodurch die Heizung oft stundenlang ohne Wartung bleibt. Gleicherweise werden die Heizungen von Familienhäusern oft nur morgens und abends gewartet und tagsüber sich selbst überlassen, da die hiesigen Wirtschaftsverhältnisse auch in gutbürgerlichen Häusern häufig keinen Dienstboten zulassen und der Kessel außer gelegentlichem Nachlegen, von einem Mitgliede der Familie, meist dem tagsüber beschäftigten Manne, bedient wird.)

γ) Die Berechnung der Rohrleitungen von Warmwasserheizungen. Die Berechnung der Rohrleitungen von Warmwasserheizungsanlagen in Amerika weicht von der im „Leitfaden“ angeführten Methode grundsätzlich nur unwesentlich ab. Die Grundlage für einen großen Teil der Literatur bildet eine Beziehungsgleichung, die auf Grund von Untersuchungen am schwarzen, normalen schmiedeeisernen Rohr amerikanischer Herstellung durch F. E. Giesecke aufgestellt worden ist. Diese Gleichung nimmt nach Umrechnung ins metrische System die Form an:

$$R = 420\,(3{,}3 \cdot v)^{0{,}075 \cdot d - 0{,}04} \cdot d^{-1{,}275}, \tag{10}$$

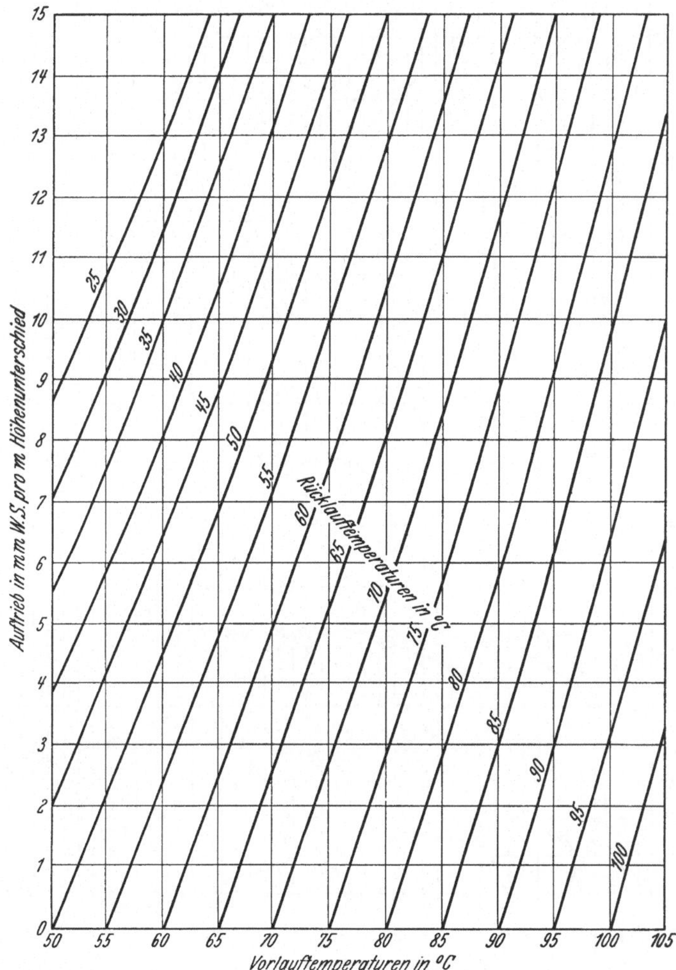

Abb. 39. Auftrieb in Schwerkraft-Warmwasserheizungen (nach F. E. Giesecke).

worin

R den Reibungswiderstand, bezogen auf 1 m Rohr in kg/m²,
v die Geschwindigkeit des Heizmittels in m/s,
d den lichten Durchmesser des Rohres in Millimeter bedeutet.

Die Einzelwiderstände ergeben sich aus der Gleichung

$$Z = \sum \zeta \frac{v^2}{2\,g} \cdot \gamma, \tag{10a}$$

worin außer oben angeführten Bezeichnungen

Z die Summe der Einzelwiderstände in kg/m²,

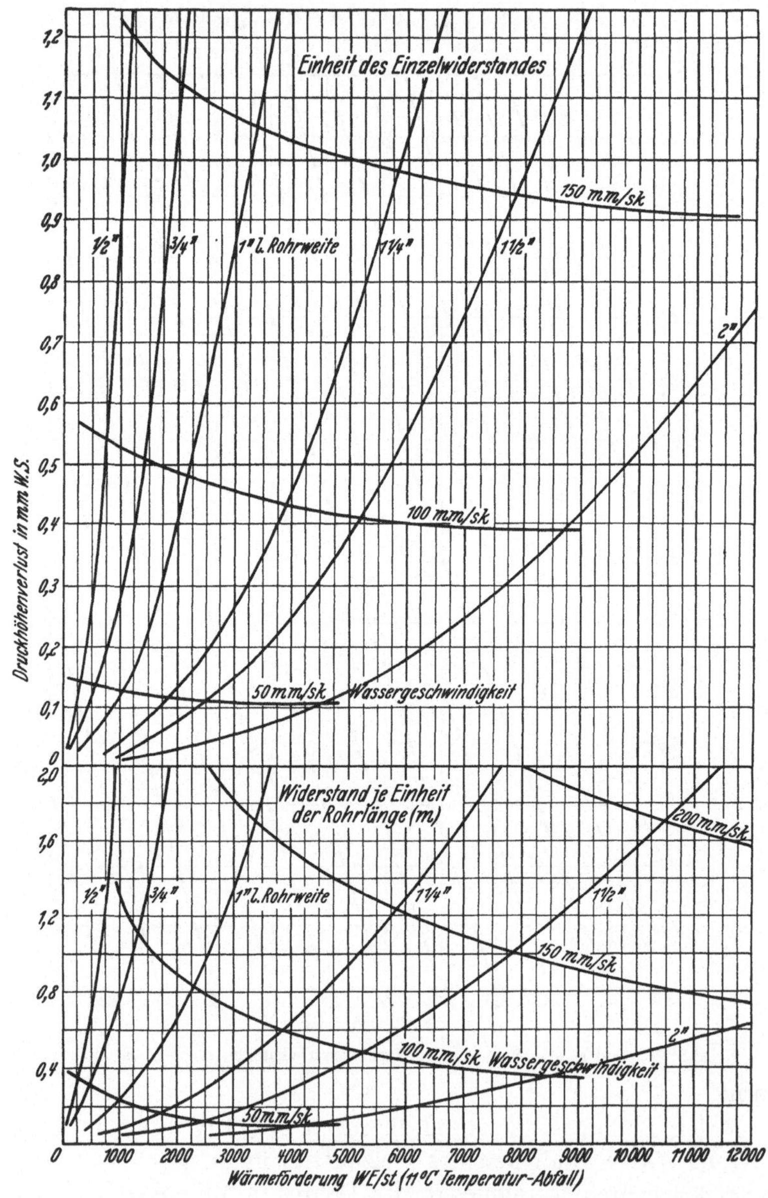

Abb. 40. Druckhöhenverluste in Warmwasser-

ζ die Widerstandszahl,

g die Beschleunigung in m/sek²,

γ das Raumgewicht des Heizmittels in kg/m³ bedeutet.

Die Untersuchungen Gieseckes[1] haben weiter gezeigt, daß die Einzelwiderstände verschiedener Fittings und Ventile untereinander

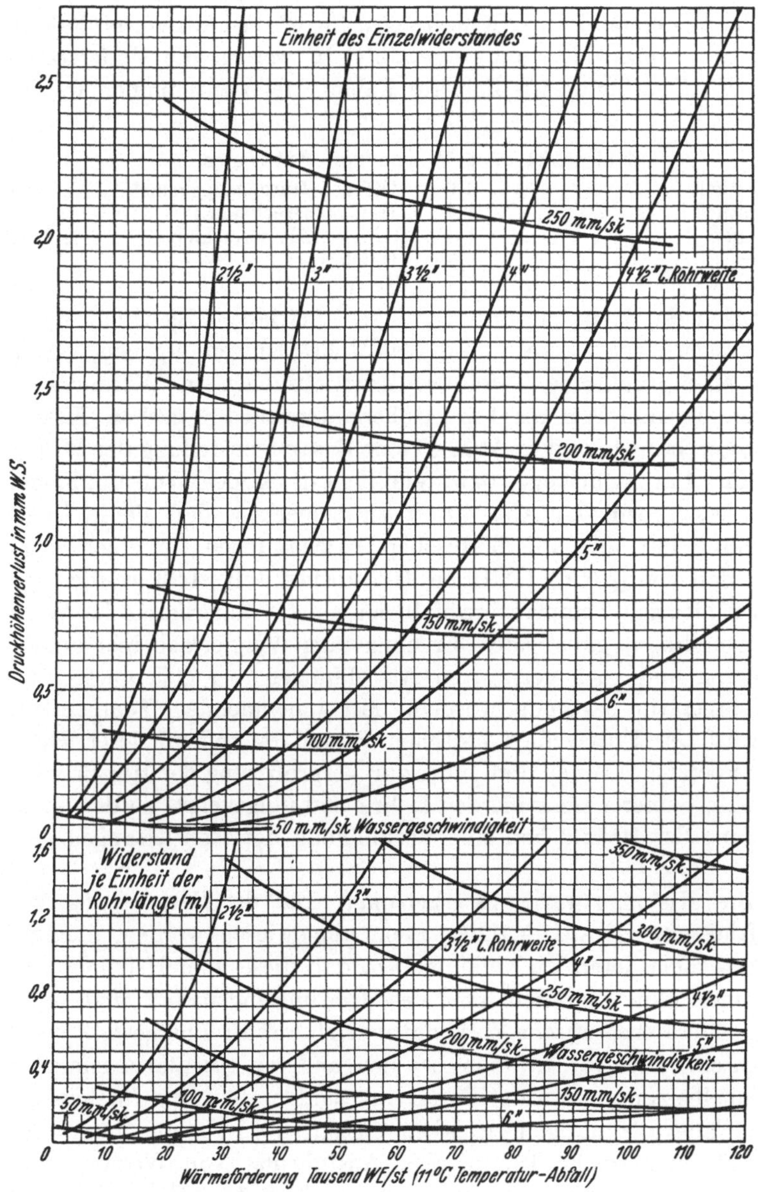

rohrleitungen (nach F. E. Giesecke).

[1] Harding u. Willard: Mechanical Equipment of Buildings (Heating and Ventilating) (siehe Anm. 2, S. 34).

auch in den verschiedensten Weiten und bei verschiedenen Durchflußgeschwindigkeiten ein nahezu konstantes Verhältnis aufweisen. Wird mit Rücksicht auf die große Zahl der in einer Anlage enthaltenen Kniestücke der Widerstand eines Kniestückes für einen bestimmten Fall als Einheit des Einzelwiderstandes gewählt, so werden die Widerstände anderer Fittings für diesen Fall aus Zahlentafel 8 entnommen werden können.

Zahlentafel 8. ζ-Werte von Fittings.

90° Kniestück	1,0	Offenes Durchgangsventil	12,0
45° Kniestück	0,7	Heizkörpereckventil	2,0
Doppelbogen	1,0	Offener Absperrschieber	0,5
90° Bogen	0,5	Heizkörper	3,0
T-Stückabzweig	2,2	Kessel	3,0

Trotzdem die Rechnungsunterlagen des „Leitfadens" genauere Werte und übersichtlichere Berechnung der Rohrleitungen ergeben, ist in Abb. 39 eine graphische Tafel der Auftriebshöhen in Warmwasserheizungen in mm WS für 1 m Höhenunterschied zwischen Kessel- und Heizkörpermitte und in Abb. 40 eine Zusammenstellung der Widerstände für 1 m Rohrlänge bzw. ein Kniestück der Vollständigkeit halber wiedergeben. Zu Abb. 40 ist zu bemerken, daß sie in Übereinstimmung mit den amerikanischen Anschauungen für einen Temperaturabfall von (20° F) 11° C im Heizkörper aufgestellt worden ist.

Dieser niedrige Temperaturabfall ist als für amerikanische Wirtschaftsverhältnisse günstigstes Ergebnis aus Vergleichsberechnungen mit höheren und auch geringeren Abkühlungen bei gleichbleibender Höchsttemperatur bestimmt worden. Mit zunehmendem Temperaturabfall wird der Unterschied zwischen Raumluft und mittlerer Heizkörpertemperatur kleiner und führt zur Vergrößerung der Heizflächen, aber auch zu einer Verengung der Rohre und umgekehrt, so daß einer Verteuerung der Heizflächen eine Verbilligung der Rohrleitungen entspricht.

δ) **Die Kleinhauswarmwasserheizung.** Bei der Besprechung der Feuerluftheizung ist auf das Bestreben hingewiesen worden, kleinere Heizungsanlagen derart zu vereinfachen, daß diese vom Heizungsbauunternehmer ohne Zuhilfenahme des Heizungsingenieurs und auch ohne besondere theoretische Vorkenntnisse einwandfrei hergestellt werden könnten. Dies führte auch bei den anderen Ausführungsformen der Sammelheizung zur Aufstellung von Zahlentafeln, die für gewisse typische Fälle alle nötigen Angaben enthalten. In erster Linie beziehen sich nun solche Tafeln über Ausführung von Warmwasserheizungen auf die Beheizung des weitverbreiteten Familienhauses und erweitert auf das Kleinmiethaus mit 4—8 Wohnungen.

Das Familienhaus nimmt mit Rücksicht auf wirtschaftliche Verhältnisse gewisse, vorbestimmte Höchstmaße an, und es werden hier bedeckte Grundflächen von etwa 100 m² mit etwa 12 m Länge und 8 m Breite für rechteckigen oder 10 m Seitenlänge für quadratischen Grundriß selten wesentlich überschritten. In Abb. 41 ist ein derartiger „Normalkellergrundriß" dargestellt und man ersieht aus der eingezeichneten Anordnung der Heizungshauptleitungen, daß die Gesamtlänge der horizontalen Vor- und Rücklaufleitungen auch bei Änderung der Form des Planes nicht über 35 m (etwa 100 Fuß) anwachsen dürfte.

In Abb. 42 ist ein typischer Aufriß eines Steigstranges einer derartigen Anlage wiedergegeben; man wird für amerikanische Verhältnisse nicht fehl gehen, wenn man ganz allgemein die verschiedenen Höhen etwa nachfolgend annimmt:

$$H = 1{,}5\,\text{m};\ h_1 = 1\,\text{m};$$
$$h_2 = 4\,\text{m};\quad h = 3\,\text{m},$$

und hierauf die Zahlentafeln aufbaut.

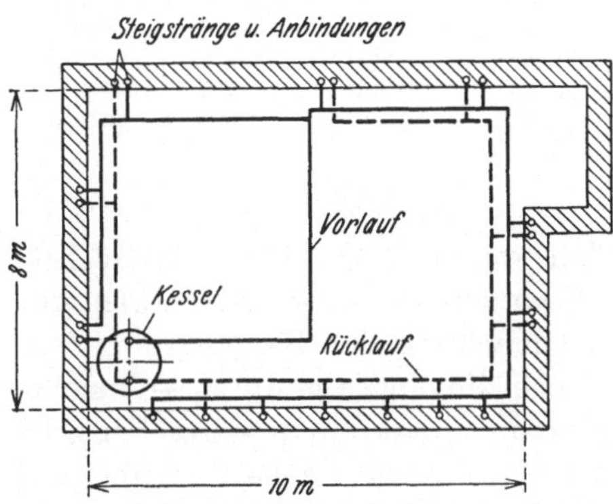

Abb. 41. Schema der Verteilungsleitungen einer typischen Kleinhausheizung.

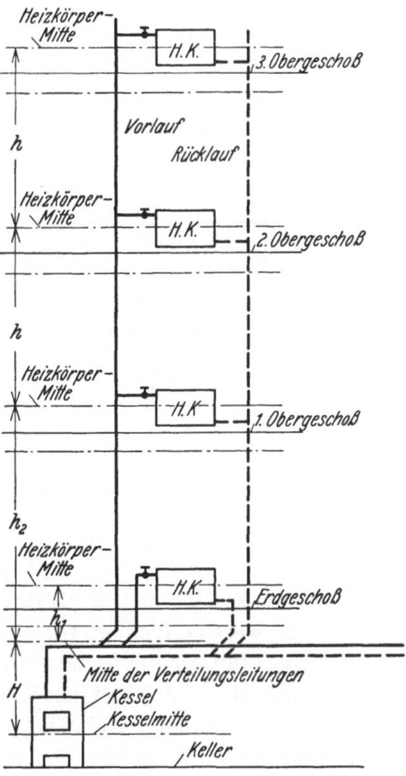

Abb. 42. Schema einer typischen Heizkörperanordnung für Kleinhausheizungen.

Das Vorlaufverteilungs- und Rücklaufsammelnetz wird als selbständiges System behandelt, ähnlich den Empfehlungen Prof. Tichelmanns. Diese Berechnungsart ist seit Jahrzehnten eingeführt, und es wird durch Anwendung des „fliehenden Rücklaufes" auch bei Kleinbauten ein möglichster Ausgleich der wirksamen Kräfte am Fuße aller Steigstrangpaare angestrebt. Dieses Bestreben wird am besten gekennzeichnet durch den oft gebräuchlichen Ausspruch, „daß die Verteilungsnetze nicht nur das Heizmittel zu den Strängen befördern, sondern auch als erweiterter Kesselverteiler dienen sollen, von dem alle Abzweige unter gleichartigen Vorbedingungen abgehen, da nur hierdurch ein wirklich ausgeglichenes Heizungssystem erstellt werden könne.“ Aus Abb. 42 ist auch zu entnehmen, daß die Erdgeschoßheizkörper unmittelbar an die Hauptleitung angeschlossen werden, um deren langsames Anlaufen — wegen ihrer geringen Auftriebshöhe — zu bessern.

Die Steigstränge werden derart in Zonen zerlegt, daß der Auftrieb zwischen zwei aufeinanderfolgenden Stockwerken in diesem Abschnitt möglichst aufgebraucht wird. Der zusätzliche Rohrwiderstand durch das Anschlußstück des Heizkörpers im 1. Obergeschoß an die Verteilungsleitung wird durch die zusätzliche Auftriebshöhe $[(h_2 - h) \cdot \Delta\gamma]$ ausgeglichen. Auf den vorstehenden Annahmen aufgebaute Zahlenwerte sind in der Zahlentafel 9 zusammengestellt und beziehen sich auf

Zahlentafel 9[1]: Rohrleitungstafel für Warmwasserheizungs-Anlagen mit unterer Verteilung.

Verteilungsleitungen (35 m Gesamtlänge)		Steigstränge und Heizkörperanschlüsse. — Leistung WE/st				
Durchmesser	Leistung WE/st.	Durchmesser	Erdgeschoß	1. Obergeschoß	2. Obergeschoß	3. Obergeschoß
34 mm	5400	20 mm	1200	1800	2200	2800
38 „	8800	25 „	2400	3000	3400	3800
50 „	14000	34 „	4400	4800	5400	6000
64 „	18400	38 „	7200	7800	8400	9200
76 „	26600	50 „	11800	12800	14000	14800
88 „	34000	64 „	16000	19600	21000	22000
100 „	44000	76 „	24800	26000	27600	29000
113 „	54000					
131 „	68000					

Anlagen mit einem Temperaturabfall von etwa 11—17° C bei Höchstleistung, wie auch schon vorerwähnt worden ist. Diese Zahlentafel gibt ein Bild von der weitgehenden Vereinfachung der Heizungspraxis in Amerika, die — auf wirtschaftliche Vorbedingungen gestützt — ersichtlich einen fabelhaften Umfang angenommen hat. In gewisser Hinsicht erscheint dies als eine Profanierung der technischen Arbeit, ist aber auf rein psychologischen Beobachtungen aufgebaut. Der Bauherr, der gerade noch die Mittel hat, ein kleines Familienhaus zu erstellen, wird immer, wenn auch keine einfachen Zahlenbehelfe veröffentlicht sind, einen Unternehmer finden, der ihm eine auf seiner Erfahrung aufgebaute Heizungsanlage einbaut. Es werden dann allerdings Anlagen entstehen, wie man sie gelegentlich auch in Deutschland findet, wo jeder Heizkörper über 5 m² Heizfläche sicherheitshalber mit $1^1/_4$ Zoll angeschlossen wird. Trotzdem aber weiß der Bauherr, daß die Anlage billiger zu stehen kommt, als die vom Ingenieurbüro entworfene und veranschlagte Heizung mit geringeren Heizflächen und Leitungen, da sie vom Klempner ohne hohe Bürounkosten hergestellt worden ist. Um die Gefahren des

[1] Nach Harding u. Willard: Heating and Ventilation (s. Anm. 2, S. 34).

Pfuschertumes zu mildern, hat man das notwendigste und äußerst vereinfachte Zahlenmaterial allgemein zugänglich gemacht und hiermit, wie leicht gezeigt werden kann, die besten Erfolge erzielt.

ε) **Ausführung der Rohranschlüsse.** Ein auffallendes Merkmal amerikanischer Heizungsanlagen ist die übermäßige Anwendung von Fittings und Verbindungsstücken. Dies fällt um so mehr auf, als die Normalerzeugnisse gegenüber den Erzeugnissen europäischer Werke äußerst schwer und wuchtig aussehen und deshalb weit mehr ins Auge fallen, wie auch die maßstäblich richtige Darstellung von Rohrverbindungen und Abzweigen in Abb. 44ff. beweist. Das Biegen von Rohren auf der Baustelle ist sehr wenig gebräuchlich und auch die Schweißung ist nur selten in Verwendung. Die Ursache hierfür liegt wohl darin, daß die

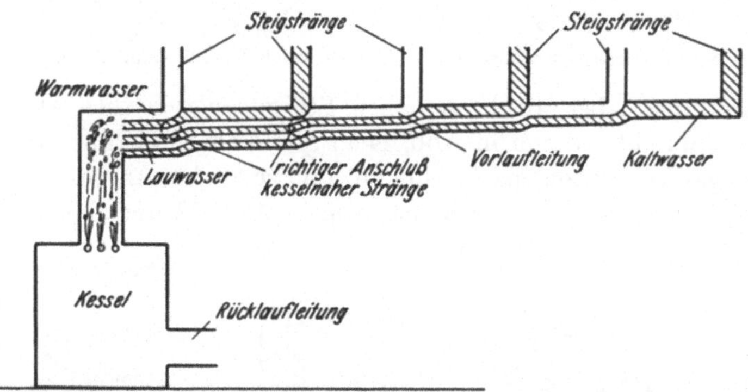

Abb. 43. Schema einer Warmwasser-Vorlaufleitung mit oberem Anschluß der Steigstränge.

weitverbreiteten und im Betriebe billigen Rohr- und Gewindeschneidmaschinen und vollkommenen Werkzeuge selbst in der Hand von weniger gut geschulten Arbeitskräften einwandfreie Leistungen ergeben und weniger Anforderungen an den Mann selbst stellen, als das Rohrbiegen oder Schweißen von Hand. Außerdem wird die Handarbeit bei den hohen Löhnen und verhältnismäßig großem Mangel an spezialisierten Arbeitskräften nach Möglichkeit beschränkt. All dies führt natürlich auf wirtschaftliche Vorbedingungen zurück und beeinflußt das Aussehen der Anlagen; die technische Seite wird dadurch aber überhaupt nicht geschmälert, und es bleibt häufig noch Zeit, verschiedenen wichtigen Ausführungsdetails mehr Sorgfalt zu widmen, als dies allgemein bei europäischen Anlagen geschieht.

Ein bemerkenswertes Beispiel ist die seit Jahrzehnten recht stark verbreitete Ausführung der Verteilungsleitungen, Steigrohranschlüsse und Abzweige von Warmwasserheizungsanlagen. Nimmt man zur Erklärung das Schema einer Kellerverteilungsleitung an, wie dies in Abb. 43 dargestellt ist, so ersieht man, daß beim Anheizen beispielsweise das heiße Wasser sich im oberen Teile des Rohres sammeln und in den ersten Steigsträngen aufsteigen wird, falls diese nach oben abgenommen werden. Hierdurch wird ein guter Wasserumlauf in diesen eingeleitet, und die entfernteren Teile der Anlage werden benachteiligt, da das Ende der Verteilungsleitung nur durch Überschüsse gespeist wird. Eine Regelung durch die Heizkörperhahnvoreinstellung ist oft nicht ausreichend oder bringt andere Übelstände mit sich.

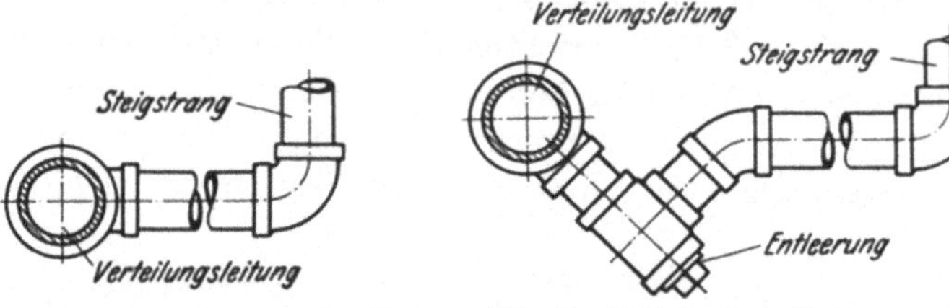

Abb. 44. Seitlicher Steigstranganschluß. Abb. 45. Steigstranganschluß von unten.

Nimmt man aber die kesselnahen Steigstränge seitlich ab, wie in Abb. 43 einpunktiert und in Abb. 44 in größerem Maßstabe dargestellt ist, oder gar von unten, nach Abb. 45, und setzt den Anschluß der entfernteren Steigstränge etwas höher, wie in Abb. 46 und den Anschluß

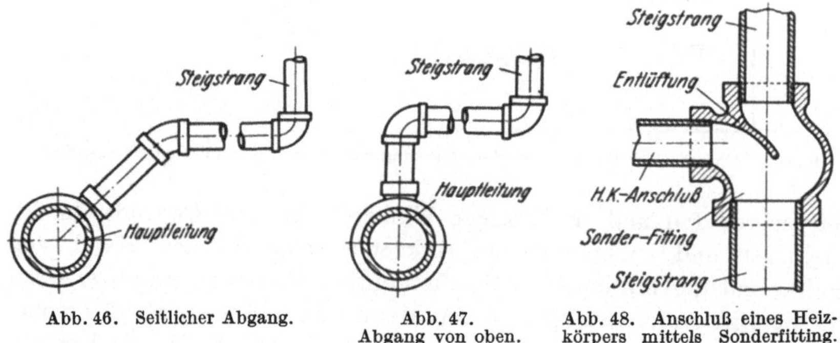

Abb. 46. Seitlicher Abgang. Abb. 47. Abgang von oben. Abb. 48. Anschluß eines Heizkörpers mittels Sonderfitting.

der Steigstränge am Ende der Verteilungsleitung oben an, nach Abb. 47, so kann der Zirkulation in den entfernten Strängen nachgeholfen werden, und die übermäßige Zirkulation der kesselnahen Stränge wird etwas gedrosselt. Eine weitere Nachhilfe zwecks größerer Gleichmäßigkeit des Betriebes gibt der Anschluß von Heizkörpern im Erdgeschoß oder gar Keller an die Verteilungsleitungen nach Abb. 47 von oben abgehend. Man spart durch diese Anordnung Widerstände an Heizkörpern mit geringster Auftriebshöhe und hilft besonders beim Anheizen deren etwas verzögerter Wärmeabgabe nach[1].

[1] Soweit dem Verfasser erinnerlich, hat vor längerer Zeit Prof. Biegeleisen auf die Vorteile derartiger Verbindungsformen aufmerksam gemacht, die Anwendung dieser Erkenntnis scheint aber nur langsame Ausbreitung zu finden.

Bei der Errichtung des Steigstranges selbst haben sich ebenfalls gewisse Vorsichtsmaßregeln eingebürgert, die von Interesse sind. So wird häufig empfohlen, die Anschlüsse von Heizkörpern der unteren Stockwerke in die geradlinige Fortsetzung des aufsteigenden Steigstranges durch ein entsprechend gebautes T-Stück (Abb. 48) zu bringen und den höher liegenden Heizkörpern mit größerem Auftriebe auch die größeren Einzelwiderstände in den Weg zu legen. Sind diese Sonderfittings nicht bei der Hand, so werden sie durch einen Heizkörperanschluß nach Abb. 49 ersetzt. Zwei Heizkörper am selben Geschoß werden selten von Kreuzstücken aus gespeist, diese werden tunlichst durch zwei übereinander angeordnete T-Stücke ersetzt.

Erwähnenswert ist auch, daß Voreinstellventile oder Hähne selten zur Anwendung kommen; wird auf gute Voreinstellung der Anlage Wert gelegt, so geschieht dies entweder durch in die Heizkörperventilverschraubung eingebaute Drosselscheiben oder Drosselrohre. Diese haben dann eine dem erforderlichen Einzelwiderstand angemessene Bohrung oder lichte Weite, vereinzelt werden die Rohre auch in verschiedenen Längen eingebaut oder weisen mehrere Scheiben mit gegeneinander versetzten Öffnungen auf (Abb. 50). Diese Drosselstücke haben den Vorteil billigerer Herstellung, da sie die Verwendung eines einfachen Absperrventils ermöglichen, außerdem bedingen sie keine komplizierten Dichtungen und keine stärkere Ausführung der Ventile. Nachteilig ist hingegen, daß zur Änderung der Voreinstellung die Anlage teilweise entleert, die Verschraubung gelöst und ein neues Drosselstück mit vorbestimmtem, unveränderlichem Widerstand eingebaut werden muß. Ähnliche Mittel kommen auch — besonders bei Pumpenheizungen — in Strängen und Leitungen zur Anwendung.

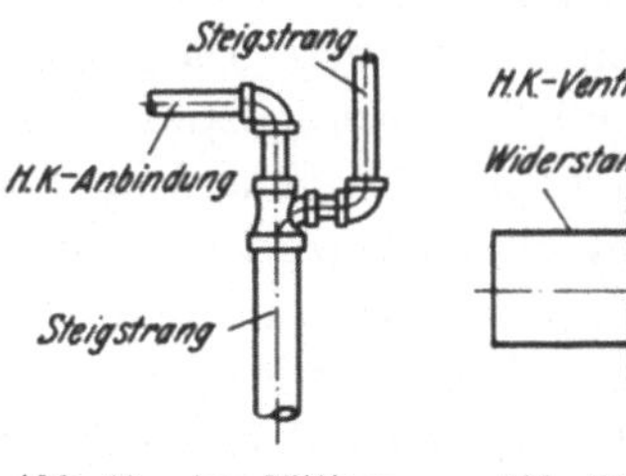

Abb. 49. Aus Fittings erstellter H.-K.-Anschluß.

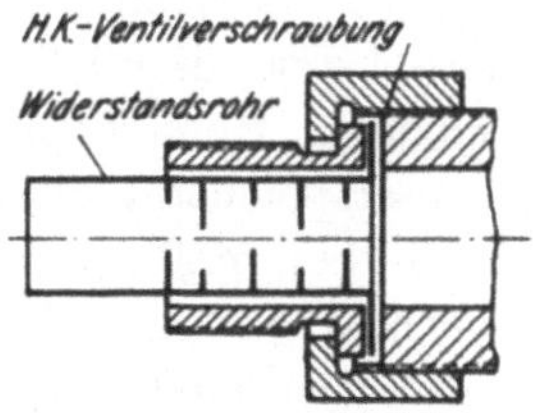

Abb. 50. Heizkörperventil-Voreinstellstück.

Es ist bereits mehrfach auf die sehr beliebte Einzel- oder Gruppenentlüftung der Heizkörper gegenüber der zentralen Entlüftung der Anlage aufmerksam gemacht worden. In kleineren Anlagen oder überall, wo eine Ansammlung von Luftmassen unbedingt nicht gefährlich werden kann, verwendet man handbediente Entlüftungsschrauben oder Hähne. An Stellen, wo Luftansammlungen durch Strömungsunterbrechung gefährlich werden könnten, also beispielsweise an Stellen, wo Leitungen aus baulichen Rücksichten im Gegengefälle verlegt oder mit Stufen versehen werden müssen, wird oft ein selbsttätiger Sammelentlüfter angeordnet, der ein einfaches Schwimmerventil, wie in

Abb. 50a dargestellt, ist. Er wird an der höchsten Stelle der Leitung eingebaut und — falls sich in ihm Luft ansammelt — öffnet mit sinkendem Wasserspiegel der Schwimmer den Luftauslaß und hält die gefährliche Stelle wassergefüllt.

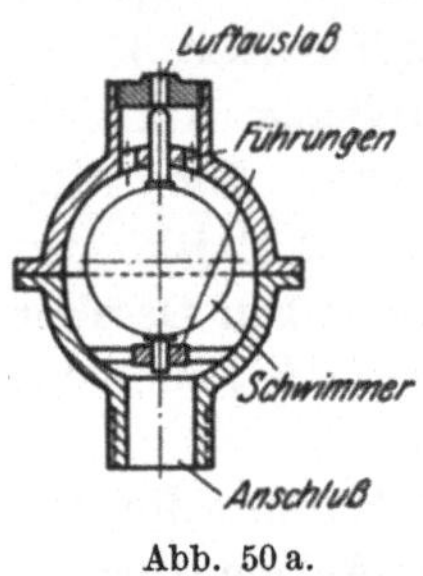

Abb. 50a. Selbsttätiger Entlüfter.

Das Schwimmerventil ist überhaupt ein sehr beliebtes Mittel zwecks Ersparnis an Arbeit und Aufsicht. So werden die Warmwasserheizungen oft mit verhältnismäßig kleinen Ausdehnungsgefäßen, jedoch mit eingebautem oder in einer marktgängigen Form getrennt angeordnetem Schwimmerventil und Frischwasseranschluß ausgerüstet. Hierdurch wird dann der Wasserhöhenmesser unnütz, und jedwedes Nachfüllen der Anlage von Hand erübrigt sich.

Eine sehr auffallende Einrichtung an kleineren Anlagen ist die Gebrauchswarmwasserbereitung. Die gußeisernen Rund- und auch Gliederkessel sind nämlich derart gebaut, daß sie die Anordnung einer besonderen Heizschlange im Feuerraume zulassen, die mit dem Warmwasserspeicher verbunden wird (wie eine Herdschlange). Hierdurch ist auch bei mäßigem Feuer eine hohe Gebrauchswassertemperatur gesichert. Für den Sommer wird der Speicher durch eine Umführungsleitung an eine gasgeheizte Schlange angeschlossen.

4. Die Hochhausheizung.

a) Die Entwicklung der Hochhausheizung.

Die Beheizung größerer Gebäude, besonders der immer zahlreicheren Hochhäuser, ist ein Zweig der Heizungstechnik, der die Fachkreise immer mehr beschäftigt. Die verschiedenen technischen und wirtschaftlichen Fragen, die zur Schaffung des Hochhauses führten, haben meist anfänglich die gesundheitstechnischen und betriebswirtschaftlichen Forderungen der Heizungstechnik in den Hintergrund gedrängt, und es sind nicht selten Anlagen ausgeführt worden, welche diesen Forderungen sehr wenig Rechnung trugen. Neuerdings ist jedoch eine weitgehende Besserung dieser Verhältnisse zu verzeichnen, wenn auch eine allseits und restlos befriedigende Lösung noch nicht erreicht worden ist.

Einleitend kann festgestellt werden, daß die Rücksichten auf den hohen statischen Druck in Hochhauswarmwasserheizungsanlagen wie auch auf Platzbedarf, Anheizdauer und oft auch Eigengewicht der Anlagen und andere Umstände die Warmwasserbeheizung von solchen Gebäuden auf wenige Ausnahmefälle beschränkten und daß sie der Dampfheizung in ihren verschiedenen Ausführungsformen weichen mußte. Die unbestreitbaren Nachteile der Dampfheizung, wie ungenügende zentrale Regelfähigkeit und gesundheitstechnische und wirtschaftliche Unzulänglichkeit wurden anfänglich, trotz starker Verbreitung dieser Heizungsart, wenig oder gar nicht in Erwägung gezogen, und es brachte die Entwicklung der Hochhausheizung oft ganz erhebliche Rückschläge in betriebswirtschaftlicher und gesundheitstechnischer Beziehung, die nur langsam wieder aufgeholt worden sind.

Anfänglich wurde die Dampfheizung — es soll im nachfolgenden unter Dampfheizung nur die Niederdruckdampfheizung verstanden werden, da Hochdruckdampfheizungen sehr selten zur Ausführung gelangen, trotzdem die Kesselanlagen selbst häufig mit einem Betriebsdruck von 2,5—4,0 Atm. abs. und mehr arbeiten — mit Absperrungen in den Dampf- und Niederschlagwasseranschlüssen der einzelnen Heizkörper ausgeführt und jeder Niederschlagswasserfallstrang in die „nasse Sammelleitung" geführt und entsprechend be- und entlüftet. Eine dieser Absperrungen sollte der Voreinstellung durch den Erbauer oder Heizer, die andere der willkürlichen Einstellung durch den Benutzer dienen, was aber meist unterlassen wurde, wodurch gegenseitige Beeinflussung einzelner Heizkörper, Dampfeintritt durch die Niederschlagswasserleitung in die Heizkörper u. a. m. unvermeidlich wurde (Abb. 51). Da Dampfstauer am Heizkörper damals noch nicht verwendet wurden, Voreinstellventile in Amerika heute noch eine Seltenheit sind und von den meisten Erzeugern überhaupt nicht oder nur in besonderen, für beliebige Nachstellung ungeeigneten Bauarten ausgeführt werden, so mußten die Anforderungen naturgemäß entsprechend herabgesetzt werden. Zu den schon erwähnten Unannehmlichkeiten gesellte sich häufig noch die Undichtheit der Lufthähne, die am höchstgelegenen Heizkörper oder am Ende des Steigstranges angeordnet werden mußten. Dies konnte zwar durch Anordnung einer gemeinsamen Luftleitung vermieden werden, diese wurde aber meist mit Rücksicht auf den Kostenpunkt und Furcht vor zusätzlichen Unannehmlichkeiten nicht ausgeführt.

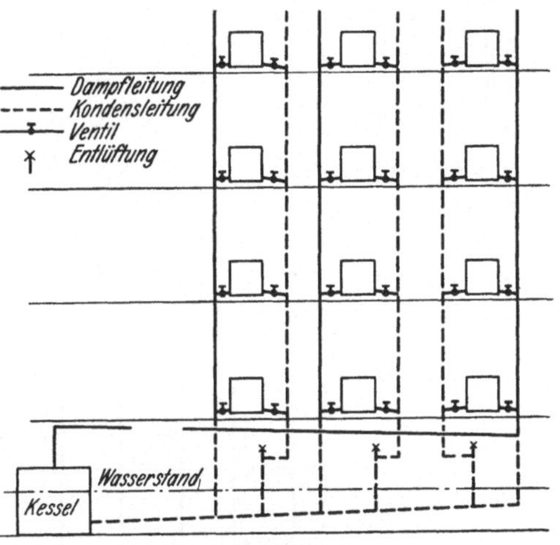

Abb. 51. Zweirohrdampfheizung mit nasser Kondensleitung.

Bemerkenswert ist auch die bis in neuere Zeit verwendete Ausführung von Dampfheizkörpern mit nur einer unteren Verbindung der Glieder, wie in Abb. 52 im Schnitt dargestellt. Diese Heizkörper hatten bei etwas schwierigerer Be- und Entlüftung, was gelegentlich zur Bildung von „Luftsäcken" im Heizkörper Anlaß gab (Milddampfheizung?), den für die damaligen Arbeitsmethoden sehr gewichtigen Vorteil billigerer und leichterer Herstellung. Jedes Heizkörperglied hatte nur zwei Dichtflächen, und diese konnten gefahrlos etwas ungenau oder nicht ganz parallel ausgeführt werden, da das freie Ende des Gliedes eine beliebig geneigte Verbindung zuließ. Allerdings waren diese Ausführungsformen nur bei Dampfheizungen verwendbar, da sie — als Wasserheizkörper angewandt — die Entlüftung unmöglich gemacht hätten. Sie sind deshalb heute noch als „Dampfmodell" bekannt, während der oben und unten verbundene Heizkörper als „Wassermodell" bezeichnet wird.

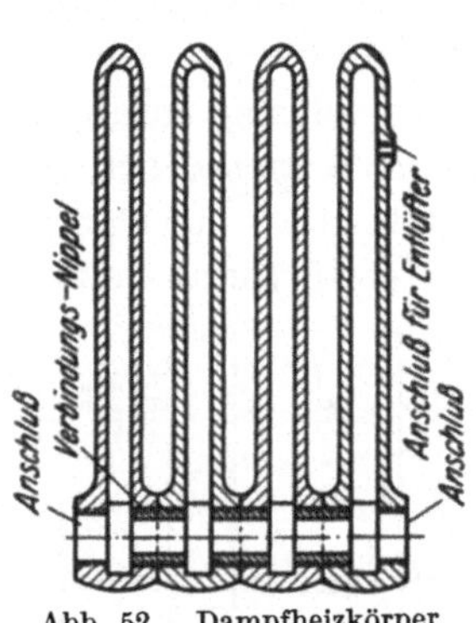

Abb. 52. Dampfheizkörper.

Auch Ausführungen von Dampfheizungsanlagen mit „trockener Niederschlagswassersammelleitung" und Entlüftung derselben (Abb. 53) waren damals selten, da die in der Regel geringen Kellergeschoßhöhen und die beliebte „Runddampfleitung", die — ähnlich der Warmwasserheizung mit fliehendem Rücklauf parallel mit der Niederschlagswassersammelleitung verlegt und in Kesselnähe in diese entwässert werden mußte (Abb. 54) — diese Anordnung oft von vornherein ausschaltete. Da nach Angabe mancher Quellen diese „Rundleitung" der Dampfverteilung auf die Regelfähigkeit der Anlage durch Ausgleich der Weglängen und hieraus resultierendem Ausgleich der Widerstände günstig einwirken soll — es erhalten die Heizkörper mit kurzem Dampfweg einen längeren Luft- und Niederschlagswasserweg zugeteilt —, so hat sich diese Eigenheit auch bei den neuesten Anlagen, gleichgültig ob Dampf- oder Vakuumheizungen, in der Mehrzahl der Ausführungen behaupten können.

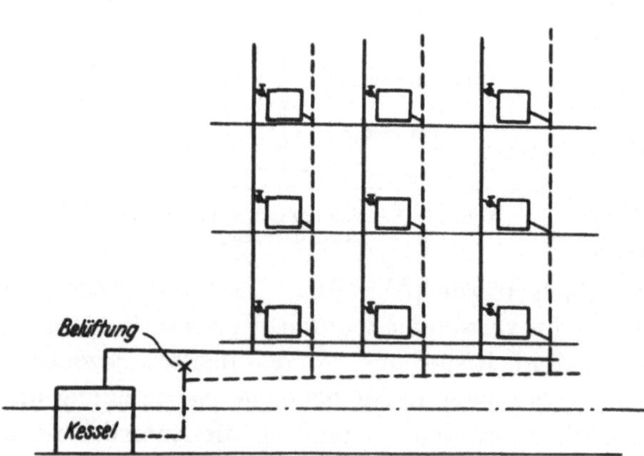

Abb. 53. Zweirohrdampfheizung mit trockener Kondensleitung.

Wollte man das gegenseitige Beeinflussen der Heizkörper und ähnliche Übelstände vermeiden, so versah man jeden einzelnen Heizkörper mit einem in die nasse Niederschlagswasserleitung geführten Kondensanschluß, wodurch man zwar eine Absperrung am Heizkörper sparte, aber dessen Be- und Entlüftung und die zusätzliche Rohrlänge aufwenden mußte (Abb. 55). Derartige Anlagen hatten aber nur sehr

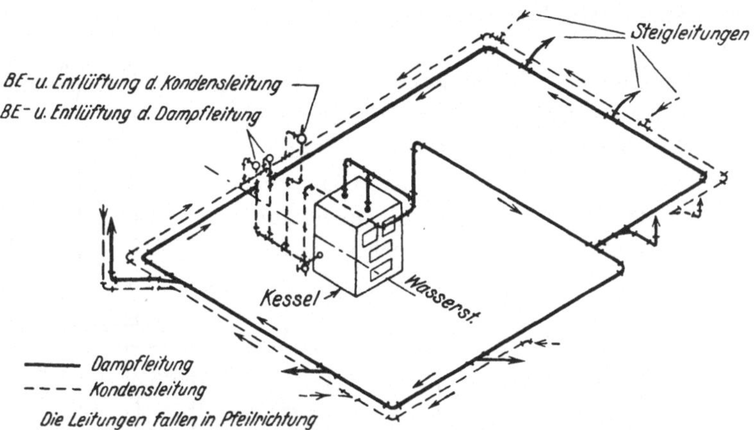

Abb. 54. Dampfheizung mit Runddampfleitung und fliehender Kondensleitung.

beschränkte Anwendungsmöglichkeit bei zunehmender Geschoßzahl, und die übermäßige Rohrverschwendung stempelte sie zu einer „Luxusausführung", obzwar auch hier tropfende Lufthähne und entweichender Dampf zu den unvermeidlichen Begleiterscheinungen gehörten. Die Schwierigkeiten, die sich aber sogar bei Materialverschwendung der Schaffung einer guten und preiswerten Dampfheizungsanlage entgegenstellten, hatten einen bemerkenswerten Rückschlag in der Verbreitung der Dampfeinrohrheizung zur Folge. Für diese Ausführungsform behielt man die Entlüftung an den einzelnen Heizkörpern mehr oder weniger notgedrungen bei, verwendete aber lediglich einen für Dampfzuführung und Niederschlagswasserableitung gemeinsamen Steigstrang mit Anschluß und Absperrung am Fuße jedes Heizkörpers (Abb. 56). Diese Art von Dampfheizung kann zwar als billigste, aber auch geräuschvollste und höchst unhygienische und unwirtschaftliche

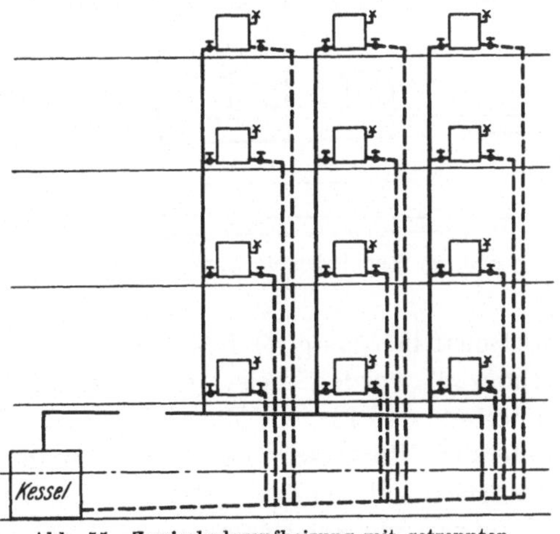

Abb. 55. Zweirohrdampfheizung mit getrennten Kondensanschlüssen.

Ausführung gelten, wird aber heute noch gelegentlich dort ausgeführt, wo Billigkeit Grundbedingung ist. Bedauernswerterweise hat man früher solche Anlagen auch in Unterrichtsanstalten, aus spekulativen Gründen errichteten Wohngebäuden u. a. m. ausgeführt, wo sicherlich mehr Rücksichtnahme angezeigt gewesen wäre.

Im Gegensatz zu der rücksichtslosen Verbreitung der Dampfheizung haben sich vereinzelt Versuche durchgesetzt, die Warmwasserheizung auch in Hochhäusern zu verwenden, und solche Anlagen sind nicht nur gesundheitstechnisch, sondern auch betriebswirtschaftlich als gute Lösungen zu betrachten. Gebäude größerer Geschoßzahl wurden meist in horizontale Zonen von etwa 5 Stockwerken unterteilt und für jede Zone ein dampfgeheizter Gegenstromapparat im untersten Stockwerke derselben oder in einem der obersten Stockwerke der nächst tieferen Zone angeordnet und so jede Zone mit einem eigenen Warmwasserheizungsnetz ausgerüstet. Die Forderungen niedriger Anschaffungskosten und raschen Hochheizens wurden durch den Einbau einer Umwälzpumpe in jedem der Netze berücksichtigt (Abb. 57). Grundsätzlich gleichen diese Anlagen den bei großer Flächenausdehnung beliebten Dampfwarmwasserheizungen, bei Hochhausausführung ist ihnen allerdings die Belastung der Baukonstruktion und Verlust von wertvollem Raume für die Maschinenräume der einzelnen Zonen zum Vorwurf zu machen.

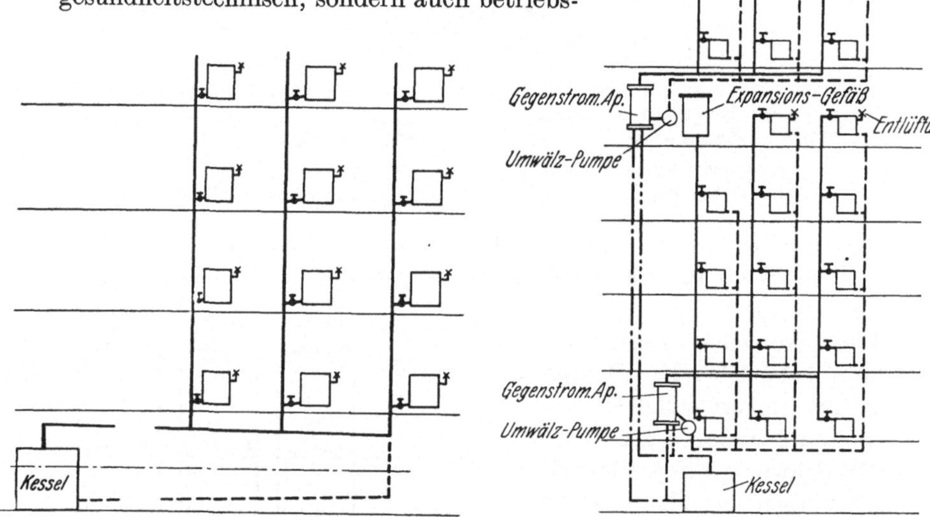

Abb. 56. Einrohrdampfheizung.

Abb. 57. Hochhaus-Warmwasserheizung.

Eine andere, gelegentlich auch zur Ausführung kommende Form der Hochhauswarmwasserheizung, die dann aber meist auf Gebäude von 10—15 Stockwerken beschränkt bleibt, ist die gewöhnliche Pumpenwarmwasserheizung, bei der für die oberen Geschosse Normalradiatoren als Heizfläche eingebaut werden, während dem hohen statischen Druck der Anlage in den unteren Geschossen durch Sonderheizfläche Rechnung getragen wird. Diese Sonderheizfläche ist dann meist Rohr- oder Lamellenheizfläche, in Kupfer oder Schmiedeeisen hergestellt.

Die allmähliche Verbreitung der Heizkörperdampfstauer, die in Amerika etwa um die Jahrhundertwende angesetzt werden kann, hat die Dampfheizungspraxis auf neue Wege gelenkt. Die Nachteile der vorbesprochenen Zweirohrdampfheizung (Abb. 51) wurden durch Einbau eines Dampfstauers anstatt der Absperrung im Niederschlagswasseranschluß (gleichgültig ob Schwimmer-, Widerstands- oder Dehnkörperstauer) bedeutend gemildert, wenn auch nicht gänzlich abgeschafft, so daß die Überlegenheit dieser Heizungsart bald erkannt wurde, und diese zu weitgehendster Anwendung gelangte. Allerdings weicht sie auch in dieser Ausführung häufig von der in Europa üblichen Bauart ab, da, wie bereits erwähnt, die „Rundleitung“ des Dampfes (Abb. 54) mit einmaliger Entwässerung nach Möglichkeit angewandt wird und dann wieder zur Anwendung selbsttätiger Rückspeiser (siehe Abschnitt c — Die Ausführungseinzelheiten) Anlaß gibt. Die auch bei Hochhäusern oft sehr geringe Gebäudegrundfläche und das Bestreben, den Kelleraushub möglichst gering zu halten, hat bei diesen Bestrebungen mitgewirkt.

Die Schaffung der Dehnkörperdampfstauer hatte auch die Schaffung des Dehnkörperbelüfters zur Folge, der ähnlich dem in Europa üblichen Belüfter ausgeführt wird, eine besondere Bedeutung aber als Ersatz der leicht undicht werdenden Lufthähne an bestehenden wie auch neuerbauten Anlagen — besonders an Heizkörpern von Einrohrdampfheizungen — erlangte und diesen Anlagen die vorerwähnte Stellung bis in die letzte Zeit sicherte. Bei kleinen oder bei spekulativen größeren Bauten sind diese Heizungen noch gelegentlich in Anwendung (siehe Abschnitt c — Die Ausführungseinzelheiten).

Das Bestreben nach Herabsetzung der Anschaffungskosten, das oft alle anderen Rücksichten zurückdrängt, und ein gewisses Streben nach erhöhter Betriebswirtschaftlichkeit, hat in der Folgezeit zur Ausführung der Unterdruckdampfheizung als selbständige Anlage geführt. Bisher hatte man zwar Dampf von weniger als Atmosphärendruck gelegentlich in der Abdampfverwertung von gewerblichen Anlagen zu Heizzwecken verwendet, die künstliche Schaffung von Unterdruck in selbständigen Dampfheizungsanlagen war der nächste Schritt in der Entwickelung der Hochhausheizung.

b) Die modernen Formen der Unterdruckdampfheizung.

Die Hochhaus- und die Gruppenheizung sind in letzter Zeit von der Unterdruckheizung in ihren verschiedenen Ausführungsformen zu deren fast unbestrittenem Sondergebiete gemacht worden. Die Gründe hierfür sind sehr verschieden.

Bemerkenswert ist, daß die Warmwasserheizung mit zunehmender Größe der Anlage fast gänzlich aus dem Wettbewerbe ausscheidet und sogar Mietspaläste, die allerdings schon recht häufig mit zehn und mehr Obergeschossen ausgeführt werden, ganz unbekümmert mit Dampf- bzw. Unterdruckdampfheizung ausgerüstet werden, obzwar in Europa noch immer die Warmwasserheizung als „die Siedlungs- und Wohnbauheizung" hingestellt wird[1], da sie gegenüber der Dampfheizung die nachfolgenden Vorteile aufweist:

1. Gute generelle Regelbarkeit,
2. teilweise Selbstregelung,
3. hygienisch einwandfreie Oberflächentemperaturen der Heizflächen und angenehme Heizwirkung,
4. Geräuschlosigkeit,
5. geringe Korrosions- und Zerstörungsgefahr,
6. Zuverlässigkeit und Wirtschaftlichkeit im Betriebe.

Diesen Vorteilen stehen allerdings gewichtige Nachteile gegenüber, wie:

1. Der hohe statische Druck in Hochhauswarmwasserheizungen,
2. die Einfriergefahr,
3. Trägheit bezüglich Anpassung an Wärmebedarf,
4. hohe Anlage- und Unterhaltungskosten,
5. große Raumbeanspruchung,
6. großes Gewicht der gefüllten Anlage.

Die beiden letztgenannten Gründe sind bei den amerikanischen Bauverhältnissen weit mehr zu berücksichtigen als in Europa. So werden, wie erwähnt, die Heizkörper in untergeordneten Räumen an den ohnedies sehr schwach gehaltenen Zwischenwänden aufgehängt, und dann sind beispielsweise äußerst niedrige Fensterbrüstungen sehr beliebt, die nur ganz niedrige Heizkörpermodelle unterbringen lassen, die auch bei Dampfheizungen beträchtlich lang werden.

Bei Pumpenwarmwasserheizungen leidet die Zuverlässigkeit im Betriebe, wenn auch die Anschaffungkosten, Raumbedarf, Gewicht und Trägheit der Anlage wesentlich herabgesetzt werden können und nur die Einfriergefahr ziemlich unverändert bleibt.

---

[1] Siehe beispielsweise Dipl.-Ing. H. Behrens: Der Bau und Betrieb von Zentralheizungen für Wohnungsbauten. Techn. Tagung d. Reichsforschungsges. f. Wirtschaftlichkeit im Bau- u. Wohnungswes. April 1929.

Es verbleibt also tatsächlich nur die Dampfheizung in ihren verschiedenen Formen. Die Niederdruckdampf-Schwerkraftheizung — wie sie in Amerika mit Vorliebe bezeichnet wird, zum Unterschiede von der Unterdruckdampfheizung — ist zwar frei von den Nachteilen der Warmwasserheizungen, da sie praktisch drucklos, nahezu frostsicher, rasch an- und abheizbar, billig in der Anschaffung, leicht und verhältnismäßig raumwirtschaftlich ist. Auch ist sie zuverlässig im Betriebe und, wenn richtig ausgeführt, geräuschlos. Dagegen ist schon die Korrosionsgefahr weitaus höher, die Selbstregelung so gut wie gar nicht vorhanden, und da die Dampfbildung bei Temperaturen von 100° C und mehr ein setzt, so ist sie unhygienisch durch Staubversengung, Oberflächenstrahlung u. a. m. Da außerdem die üblichen Druckgrenzen nur eine äußerst geringfügige Temperaturänderung zulassen, ist sie nicht nur generell unregelbar, sondern auch unwirtschaftlich im Betriebe.

Bis in die letzte Zeit war aber auch die Unterdruckdampfheizung nur in den seltensten Fällen als gute Lösung dieser Schwierigkeiten zu betrachten, d. h. nur dann, wenn zum Betriebe der Heizungsanlage Abdampf verwendet wurde, und der Unterdruck in der Anlage deren Wärmebedarf entsprechend eingestellt werden konnte. Da eine solche Heizungsanlage den Wirkungsgrad der mit ihr verbundenen Maschinenanlage meist wesentlich herabsetzte, so war sie nur in den seltensten Fällen wirtschaftlich und lebensberechtigt.

Die ursprüngliche Bauweise der amerikanischen Unterdruckdampfheizung, die auch die größte Verbreitung fand, ist in den meisten Formen nicht als Abdampfheizung zur Ausführung gekommen und kann auch kaum als Unterdruckdampfheizung angesehen werden, da sie grundsätzlich eine Niederdruckdampfheizung ist, bei der jedoch in der Niederschlagswasserleitung mittels einer Naßluftpumpe ein Unterdruck erzeugt wird, um eine raschere Dampfumwälzung in der Anlage bei möglichst geringen Leitungsquerschnitten und unter Beibehalt der in der Heizungstechnik üblichen Höchstdrucke des Dampfes herbeizuführen. Durch diese Heizungsart wurden die Anschaffungskosten durch Verringerung der notwendigen Leitungsquerschnitte herabgesetzt, während die generelle Regelung der Anlage noch unzureichender wurde und die verschiedenen anderen Vor- und Nachteile der Niederdruckdampf-Schwerkraftheizung ziemlich unverändert blieben, außer, daß noch Versagen durch Einbau beweglicher Teile und höhere Erhaltungskosten durch deren Verschleiß in Rechnung gesetzt werden mußten. Es ist zwar nicht zu übersehen, und es wird auch oft als erheblicher Vorteil dieser Bauart hingestellt, daß sie über gewisse bauliche Schwierigkeiten hinweghilft. So ist man beispielsweise bei der Unterdruckdampfheizung von der Höhenlage der Heizkörper in bezug auf den Kesselwasserstand ziemlich unabhängig. Während bei einer Niederdruckdampf-Schwerkraftheizung der geringste Höhenunterschied zwischen Kesselwasserstand und niedrigstem Heizkörper sich aus dem Kesseldruck — ausgedrückt in Wassersäule nebst Zuschlägen, die sich aus der Rohrführung ergeben — errechnet, kann dieser bei Unterdruckdampfheizungen durch Herabsetzung des Kesseldruckes und Steigern des Unterdruckes beliebig vermindert werden. Und falls notwendig kann der Heizkörper unbeschadet des Wirkungsgrades beliebig unterhalb des Wasserspiegels angeordnet werden, es muß dann aber durch entsprechende heberartige Rohrführung des Niederschlagswasseranschlusses für Hochsaugen des Kondensates gesorgt werden (Abb. 58). Diese sog. „Saugstücke“ werden paarweise, bei größeren Höhenunterschieden in mehreren Stufen, ausgeführt, wobei zu beachten ist, daß die Stufenhöhe geringer als der Druckabfall der Anlage, gemessen in Wassersäule, gehalten werden muß (Abb. 59). Diese Anordnung kann nach Bedarf für einzelne Heizkörper oder für ganze Heizkörpergruppen verwendet werden.

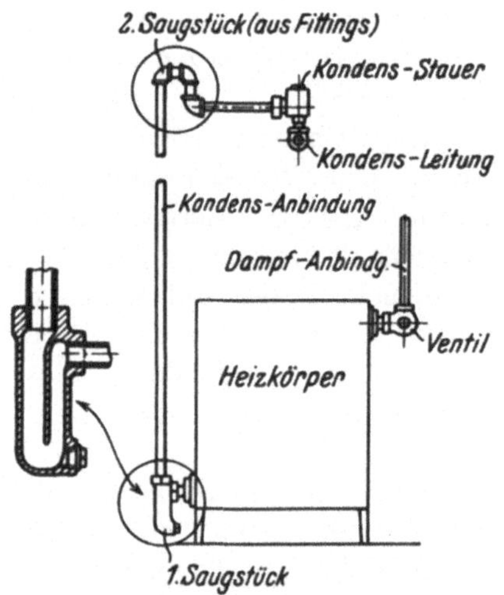

Abb. 58. Kondensat-Saugstufe.

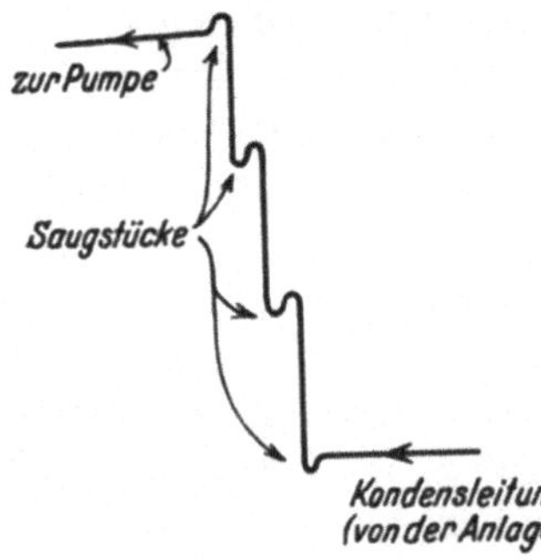

Abb. 59. Hintereinanderschaltung von Kondensat-Saugstufen.

Aus Vorgesagtem ist ersichtlich, daß zur Erreichung zufriedenstellender Ergebnisse bei der Dampfheizung in gesundheitstechnischer Beziehung vorerst der Dampfdruck derart gewählt werden muß, daß der Eintritt des Dampfes in die Heizkörper bei Temperaturen unterhalb der Staubversengungsgrenze gesichert ist. Die Erfüllung dieser Beziehung ist zwar noch immer nicht völlig befriedigend, da gute generelle Regelung mit der gesundheitstechnischen Seite des Heizungsfaches insofern eng zusammenhängt, als Überheizen der Räume, verbunden mit unerwünschter plötzlicher Fensterlüftung, Zugerscheinungen, Temperaturschwankungen, Niederschlagen von Luftfeuchtigkeit u. a. m. unmittelbare Folgeerscheinungen ungenügender Regelbarkeit sind; trotzdem ist Erfüllung jener Forderung von weitreichender Bedeutung.

Wird nun aus einem geschlossenen Heizungsnetz vor Einsetzen des Verdampfungsvorganges die Luft mittels einer Pumpe so weit abgesaugt, daß im Netze eine merkbare Luftverdünnung eintritt, so wird die unter diesen Verhältnissen eingeleitete Verdampfung früher und bei dem in der Anlage herrschenden Unterdruck mit zugeordneter, niedigerer Verdampfungstemperatur beginnen. Wird dann der Kesselanlage nur so viel Wärme zugeführt, als die Heizungsanlage durch Heizkörperabgabe, Leitungsverluste usw. abgibt, so wird ein Beharrungszustand eintreten, bei dem am Kessel ein bestimmter Unterdruck mit entsprechend niedriger Dampftemperatur und in der Niederschlagswasser-Sammelleitung ein durch Leitungswiderstände bedingter, niedrigerer Druck herrschen wird. Eine derartige Anlage bedarf nur einer Regelvorrichtung, die den Dampfdruck nicht die gewünschte Höchstgrenze überschreiten läßt. Ein Zugregler am Kessel wäre ausreichend, wenn die Pumpe nach Bedarf, zwecks Erhöhung oder Herabsetzung des Druckabfalles in der Anlage, jeweils in oder außer Betrieb gesetzt wird.

Das weitere Bestreben wird darauf gerichtet sein müssen, die Anlage generell regelbar zu gestalten. Wie schon bemerkt worden ist und aus den einfachsten Gleichungen, die zur Berechnung der Rohrleitungen Verwendung finden, nachgewiesen werden kann, ist die Niederdruckdampf-Schwerkraftheizung generell nahezu unregelbar. Um die Notwendigkeit unerwünschter Fensterlüftung zu vermeiden, muß der Raumheizkörper die Wärmeabgabe des Raumes bei beliebiger Außentemperatur decken. Es besteht also die Beziehung — und sie gilt für generell regelbare Anlagen ganz allgemein:

$$\sum k \cdot F(t_2 - t_1) = f \cdot k_1(t_0 - t_2)\,, \qquad (11)$$

worin k bzw. k_1 die Wärmedurchgangszahlen der Raumwandungen bzw. der Heizfläche in WE/m²st °C, F bzw. f die Oberflächen in Quadratmeter und t_0, t_1 oder t_2 die Heizflächen-, Außen- bzw. Raumtemperatur in °C bedeuten. Da nun für Niederdruckdampf-Schwerkraftheizungen die Dampftemperatur t_0 in den üblichen Druckgrenzen nahezu unveränderlich ist, wird unter Voraussetzung konstanter Raumtemperatur t_2 der Ausdruck der Beziehung (11):

$$\frac{f \cdot k_1\,(t_0 - t_2)}{\sum k \cdot F} = \text{konstant} = t_2 - t_1\,; \qquad (12)$$

es ergibt sich hieraus, daß bei dieser Heizungsart die Bedingung (11) nur für eine bestimmte Außentemperatur t_1, die der Berechnung zugrunde gelegt wurde, erfüllt wird, für andere Temperaturen aber nicht mehr zutrifft.

Soll nun eine Unterdruckdampfheizung generell regelbar werden, so muß die Dampftemperatur die in Gl. (11) gestellte Bedingung erfüllen; hierdurch wird aber der Unterdruck (bzw. Druck) des Dampfes festgelegt und es muß dem Heizkörper so viel Dampf zugeführt werden, als für die Wärmeabgabe notwendig ist, d. h. es wird

$$Q \cdot \lambda = f \cdot k_1 (t_0 - t_2)\,, \tag{13}$$

worin

Q die stündlich zugeführte Dampfmenge in Kilogramm und

λ die von einem Kilogramm Dampf abgegebene Wärmemenge (Verdampfungswärme) in WE bedeutet.

Zu den Gleichungen (11) und (12) ist noch zu bemerken, daß die Wärmeabgabezahlen der Heizflächen k_1 mit abnehmendem Temperaturunterschied zwischen Dampfmittel und Raumluft fallen und entsprechend in den Gleichungen berücksichtigt werden sollten. Andererseits aber wurde bereits darauf hingewiesen, daß auch die Wärmeabgabezahlen der Raumwandungen vom Temperaturunterschied zwischen Raum- und Außentemperatur in ähnlicher Weise abhängig sind, so daß eine teilweise Korrektur dieser Verhältnisse eintritt. Der wirkliche Fehler wird durch Vernachlässigung dieser Änderungen tatsächlich weit geringer, als verschiedentlich angenommen wird[1].

Wird nun beispielsweise für die Unterdruckdampfheizung eine Dampftemperatur von 95° C im Heizkörper als zulässige Höchsttemperatur festgelegt, die bei einer Außentemperatur von — 20° C und einer Raumtemperatur von + 20° C erreicht werden soll, so ergibt sich aus Gleichung (12) für eine Dampftemperatur von 60° C im Heizkörper eine Außentemperatur von — 1,3° C. (Diese wie auch die folgenden Ausführungen sehen einfachheitshalber von unregelmäßigen Einflüssen wie Windanfall, Regen, Luftfeuchtigkeit und weiter auch von der Wärmeabgabe der Rohrleitungen usw. ab.) Aus der Zahlentafel 10 ersieht man, daß der Dampftemperatur von 95° C bei Sattdampf ein Dampfdruck von 0,862 Atm. abs. entspricht mit einem spezifischen Dampfgewicht von 0,5051 kg/m³ und einer (latenten) Verdampfungswärme von 542,2 WE/kg, während der Dampfdruck bei einer Dampftemperatur von 60° C, bloß 0,202 Atm. abs. beträgt und das zugeordnete spezifische Dampfgewicht 0,12995 kg/m³ mit einer Verdampfungswärme von 562,4 WE/kg ist. Würde nun ein bestimmter Heizkörper bei — 20° C Außentemperatur und + 20° C Raumtemperatur, d. h. bei 95° C Dampftemperatur 10 kg Dampf benötigen, um die Raumtemperatur konstant zu erhalten, so errechnet sich die notwendige Dampfmenge für eine Außentemperatur von — 1,3° C, bei + 20° C Raumtemperatur bzw. 60° C Dampftemperatur aus Gleichung (13) zu 5,3 kg Dampf stündlich. Um diese Dampfmenge zu fördern, muß der Druckabfall im Rohrnetz entsprechend gewählt werden, was durch Zuhilfenahme der

[1] Beispielsweise: Berechnung der Heizflächen. Kal. f. Gesundheits- u. Wärmetechnik **1928**, 211.

allgemein gültigen Theorie der Rohrnetzberechnung vorgenommen werden kann.

Es ist nach Rietschel-Brabbées „Leitfaden“[1] der Reibungsverlust für eine bestimmte Rohrstrecke aus der Beziehung zu errechnen:

$$R = \frac{dp}{dl} = 5{,}66 \cdot \gamma^{0{,}852} \frac{v^{1{,}853}}{d^{1{,}281}} \tag{14}$$

weiter kann, wie im Leitfaden weiter angeführt ist, gesetzt werden

$$v = \frac{Q \cdot 10^6}{\frac{d^2 \cdot \pi}{4} \cdot \gamma \cdot 3600} \tag{15}$$

so daß Gl. (14) umgeformt werden kann zu

$$R = \frac{dp}{dl} = c \frac{Q^{1{,}853}}{\gamma^{1{,}001}} \cong c \frac{Q^{1{,}853}}{\gamma} \tag{14a}$$

worin

$$c = \frac{5{,}66 \cdot 10^{7{,}412}}{d^{4{,}987} \cdot (9\pi)^{1{,}853}}\,. \tag{16}$$

Die Einzelwiderstände errechnen sich zu

$$Z = \sum \zeta \frac{v^2}{2g} \cdot \gamma \tag{17}$$

und durch Einsetzen von v aus Gl. (15) zu

$$Z = c_1 \cdot \frac{Q^2}{\gamma} \tag{17a}$$

worin für eine bestimmte Rohrstrecke zu setzen ist:

$$c_1 = \sum \zeta \cdot \frac{10^8}{162 \cdot g \cdot d^4 \cdot \pi^2}\,. \tag{18}$$

Die Summe dieser Widerstände ist jeweils durch den Druckabfall zu überwinden, so daß

$$R + Z = c \cdot \frac{Q^{1{,}853}}{\gamma} + c_1 \frac{Q^2}{\gamma}\,. \tag{19}$$

Die Werte der Ausdrücke $\frac{Q^{1{,}853}}{\gamma}$ und $\frac{Q^2}{\gamma}$ für Dampftemperaturen zwischen 60° C und 95° C unter Beibehalt der vorangeführten Forderungen von dem jeweiligen, aus Gl. (13) errechneten Temperaturunterschied bzw. Dampfgewicht sind in der Zahlentafel 9 und graphisch in Abb. 60 dargestellt. Ein Vergleich der beiden Wertereihen zeigt, daß für die angegebenen Grenzen der Wert $\frac{Q^2}{\gamma}$ annähernd dem Produkte $1{,}36 \frac{Q^{1{,}853}}{\gamma}$ gleich wird, so daß die Gl. (19) die Näherungsform annimmt

$$R + Z = \left(c_1 + \frac{1}{1{,}36} \cdot c\right) \frac{Q^2}{\gamma} = c \cdot \frac{Q^2}{\gamma}\,. \tag{19a}$$

[1] Rietschel u. Brabbée: Leitfaden, 7. Aufl., 2, 62, Gl. 56.

Die amerikanische Fachwelt rechnet allerdings fast allgemein mit der von Babcock[1] aufgestellten Form der Widerstandsbeziehung,

$$R + Z = \frac{1{,}44 \cdot Q^2 \cdot l_1 \cdot (0{,}0394\,d + 3{,}6)}{\gamma \cdot d^6} \cdot 10^6 \tag{20}$$

oder in vereinfachter Form[2]

$$R + Z = \mathfrak{C} \cdot \frac{v^2}{\gamma} = \mathfrak{C}_1 \cdot \frac{Q^2}{\gamma} \tag{20a}$$

worin $\mathfrak{C}$ bzw. $\mathfrak{C}_1$ meist sehr abweichend von verschiedenen Verfassern angegeben werden, ähnlich der von Fischer[3] seinerzeit aufgestellten Näherungsgleichung

$$p_1 - p_2 = \frac{1{,}3 \cdot l + 0{,}8 \cdot d \sum \zeta}{\gamma_m \cdot d^5} \left(Q_1 + \frac{V}{2}\right)^2 \cdot 10^5 = R + Z \tag{21}$$

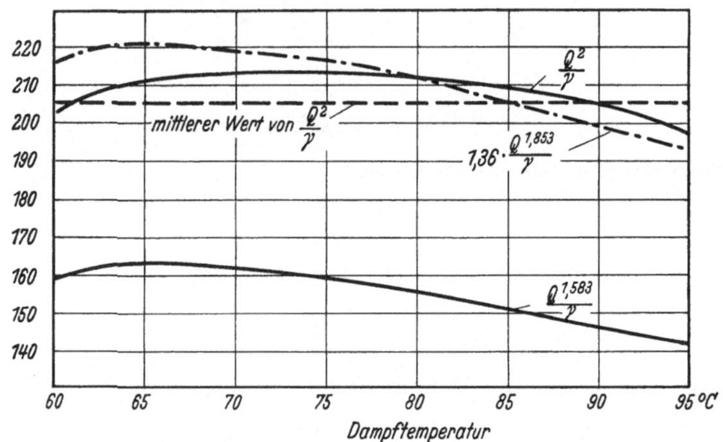

Abb. 60. Werte von $\frac{Q^{1,853}}{\gamma}$ und $\frac{Q^2}{\gamma}$ ($Q = 10$ kg für $t_0 = 95°$ C).

worin außer den schon bekannten (auf S. 41 u. 42 erklärten) Werten

- l bzw. l_1 die Leitungslänge bzw. gleichwertige Entfernung (S. 73) in m,
- Q_1 die verfügbare Dampfmenge am Ende der Rohrlänge in kg/st,
- V die Niederschlagswassermenge am Ende der l(m) langen Rohrleitung in kg/st,
- γ_m das mittlere Dampfgewicht per Kubikmeter $\left(\frac{\gamma_1 + \gamma_2}{2}\right)$ in kg und

$\left(Q_1 + \frac{V}{2}\right)$ das mittlere Dampfgewicht in kg/st bedeutet.

Alle diese Formen der Widerstandsgleichung können für ein bestimmtes Rohrstück bzw. Rohrnetz unmittelbar auf die Form der Gl. (19a) ge-

[1] Babcock u. Wilcox Ges.: Steam, its Generation and Use (Dampf, seine Erzeugung und Verwendung), 36. Aufl. New York 1930.

[2] Steam Heating (Dampfheizung). Camden, N. J.: Warren Webster & Co., 1922. Im Selbstverlage.

[3] Fischer: Handbuch der Architektur III 4.

bracht werden, und es ist auf dieser Beziehung die Berechnung der Unterdruckdampfheizung mit unveränderlichem Unterschied zwischen Kessel- und Kondenssammlerdruck, oder — wie sie in der Fachliteratur genannt wird — die „Differentialvakuumheizung“ aufgebaut[1].

Wie bereits erwähnt, sind für ein gegebenes Rohrstück und erweitert auch für ein gegebenes Rohrnetz die Ausdrücke c_1 und c der Gleichungen (16) und (18) unabhängig von den Eigenschaften des Dampfes und lediglich von den Rohrleitungen abhängig und deshalb für dasselbe Rohrnetz konstant[2]. Werden nun die Dampfdrucke und Dampftemperaturen bei verschiedenen Außentemperaturen nach Zahlentafel 10 eingestellt, so werden auch die benötigten Dampfmengen in den in dieser Tafel enthaltenen Verhältnissen stehen und es werden die Rohrleitungswiderstände bei verschiedenen Leistungen proportional den entsprechenden, in der Tafel ent-

Zahlentafel 10.

60	65	70	75	80	85	90	95	Dampftemperatur t_0 °C.
0,202	0,254	0,317	0,392	0,482	0,589	0,714	0,862	Dampfdruck p Atm. abs.
0,12995	0,161	0,198	0,2418	0,2934	0,3537	0,4239	0,5051	Spez. Gewicht γ kg/m³.
562,4	559,6	556,8	553,9	551,0	548,8	545,2	542,2	Verdampfungswärme λ WE/kg.
—1,3	—4	—6,6	—9,3	—12	—14,7	—17,3	—20	Außentemperatur t_1 °C.
5,13	5,83	6,49	7,2	7,88	8,58	9,31	10	Dampfmenge Q kg (vorausgesetzt $Q = 10$ kg für $t_0 = 95$ °C).
26,4	33,8	42,1	51,9	62,2	73,8	86,7	100	Q^2.
203	211	212	213	212	209	205	198	$\frac{Q^2}{\gamma}$.
20,6	26,3	31,9	38,8	45,8	53,5	62,0	71,3	$Q^{1,853}$.
159	163	161	160	156	151	146	142	$\frac{Q^{1,853}}{\gamma}$.
216	221	218	217	212	205	198	193	$1,36 \cdot \frac{Q^{1,853}}{\gamma}$.

[1] Dieser Name ist, wie häufig in Amerika, ursprünglich die Handelsbezeichnung eines patentierten Heizungssystems gewesen, das den konstanten Druckabfall anstrebte, kann heute aber als Bezeichnung für alle derartige Verhältnisse im Netze anstrebenden Bauarten betrachtet werden, da er in diesem Sinne in den Guide der A. S. H. V. E. **1930** und andere, in letzter Zeit veröffentlichte Arbeiten aufgenommen worden ist.

[2] Dies sieht einfachheitshalber von dem Umstande ab, daß nur ein Teil der Leitungen Dampf und der andere ein Wasser- und Luftgemisch führt.

haltenen Werten von Q^2 sein. Diese Werte weichen aber in den gegebenen Grenzen nur etwa um 4 vH vom Mittelwerte ab, so daß die Rohrleitungsverluste unter diesen Bedingungen für das ganze angeführte Temperaturbereich als nahezu konstant angesehen werden können. Dies bedeutet aber, daß die Dampfverteilung im Netze so lange nahezu unverändert bleiben wird, als die Druck- und Temperaturverhältnisse den in der Zahlentafel für jeweilige Außentemperatur angegebenen Werten entsprechen und solange der Druckabfall in der Anlage konstant gehalten wird.

Diese Bedingungen lassen sich aber in der Praxis an jeder Unterdruckdampfheizung einwandfrei auf mehrfache Art erfüllen, d. h., man kann ihnen entweder durch gute Handregelung, weiter durch Hand- und teilweise selbsttätige Nachregelung und schließlich durch völlig selbsttätige Regelung entsprechen. Bei Handregelung muß man die Bedienungsmannschaft mit genauen Vorschriften über die, bei verschiedenen Außentemperaturen einzuhaltenden Drucke in den Niederschlagswasserleitungen und über die Größe des konstanten Druckabfalles zwischen Dampf- und Kondenssammler versehen. Diese Vorschriften müssen durch richtige Handhabung der Zugklappen und der Pumpenanlage eingehalten werden. Zur Kontrolle kann dann auch noch ein Fernthermometer, das die Temperatur eines charakteristischen Raumes dem Heizer anzeigt, angeordnet werden. Bei halbautomatischer Regelung kann dieses Fernthermometer entweder die Pumpe oder die Kesselzugklappe betätigen, während der Heizer das andere Regelorgan nach der Außentemperatur einstellt. (Der Ausdruck „Zugklappe“ wäre natürlich bei Fernheizanschluß der Anlage durch „Regelschieber“ oder „Regelventil“ zu ersetzen.)

Die beiden vorerwähnten Regelungsarten werden gewisse Ungenauigkeiten und Schwankungen in der Dampfzuführung und dem Dampfdrucke nicht vermeiden können, und die Wirtschaftlichkeit der Anlagen wird stark von der Geschicklichkeit des Heizers abhängen. Die amerikanische Praxis hat deshalb auf möglichst selbsttätige Regelung sehr viel Wert gelegt. Eine einwandfreie Lösung dieser Aufgabe ist durch die in Abb. 61 dargestellte Unterdruckdampfheizung mit Druckunterschiedsregulator gebracht worden. Die Zugklappe des Kessels wird von einem selbsttätigen Temperaturregler gesteuert. Meist wird dieser durch ein Thermometer von einem kennzeichnenden Raume des Gebäudes geregelt, obzwar auch vereinzelt die Außentemperatur zur Steuerung des Zugklappenreglers verwendet wird. Steigt die Raumtemperatur als Folge von milderer Außentemperatur oder übermäßiger Wärmeleistung der Anlage, so wird die Verbrennung selbsttätig gedrosselt. Dies würde ein Fallen des Dampfdruckes am Kessel und, falls der Druck im Niederschlagswassersammler unverändert bliebe, eine

Verringerung des Druckgefälles bedingen. Um das zu vermeiden, muß die Naßluftpumpe, die den benötigten Unterdruck herstellt, ausgeschaltet werden. Dies geschieht durch den Druckabfallregler nach Abb. 62. Er besteht aus einem Gefäß, das durch eine elastische Membrane in zwei Kammern unterteilt ist. Eine dieser Kammern ist mit dem Dampfverteiler, die andere mit dem Niederschlagswassersammler verbunden die Durchbiegung der Membrane zeigt somit den in der Anlage herrschenden Druckunterschied an. Diese Durchbiegung wird durch eine Hebelübersetzung auf den Pumpenmotorschalter übertragen. Ist in der Anlage der erwünschte Druckunterschied vorhanden, so ist die Pumpe außer Betrieb, fällt aber der Druckunterschied unter den gewünschten Betrag, so wird die Pumpe durch den Regler eingeschaltet und schafft im Niederschlagwassernetz einen größeren Unterdruck so lange, als der geforderte Druckunterschied nicht erreicht wird.

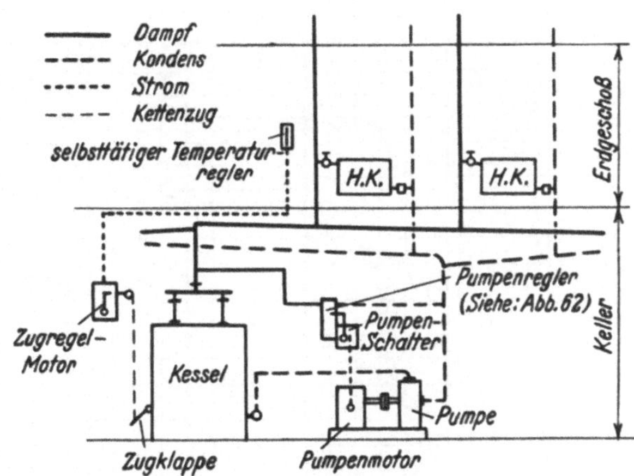

Abb. 61. Differential-Dampfheizung (C. A. Dunham Co., Chicago, Ill.).

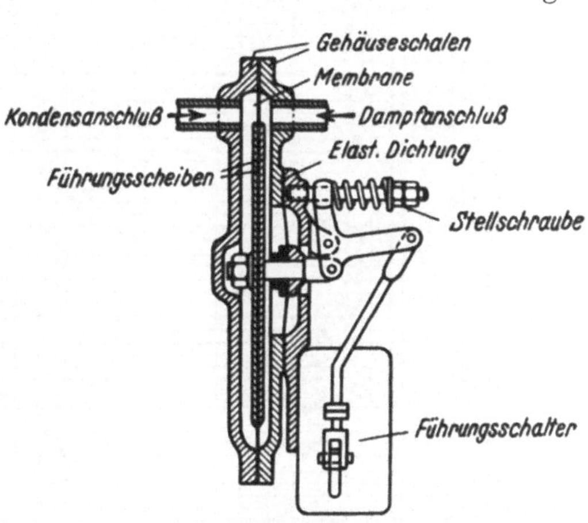

Abb. 62. Druckunterschiedsregler (C. A. Dunham Co., Chicago, Ill.).

Wie weit sich diese Anlagen in betriebswirtschaftlicher und gesundheitstechnischer Beziehung den Warmwasserheizungen nähern, kann heute noch nicht einwandfrei festgestellt werden, da die erste Versuchsanlage dieser Art erst vor wenigen Jahren in Betrieb genommen wurde. Es war dies die von der Firma C. A. Dunham in Chicago im Winter des Jahres 1926 im eigenen Bürohause errichtete Anlage, der allerdings in kurzer Zeit mehrere Hunderte „Differential-Heizungen“ verschiedenster Größe und Erzeuger folgten.

Ein Diagramm der Betriebsverhältnisse der vorerwähnten Versuchsanlage über eine ganze Jahresheizperiode ist in Abb. 63 wiedergegeben; die monatlichen Mittelwerte sind in Zahlentafel 11 zusammen-

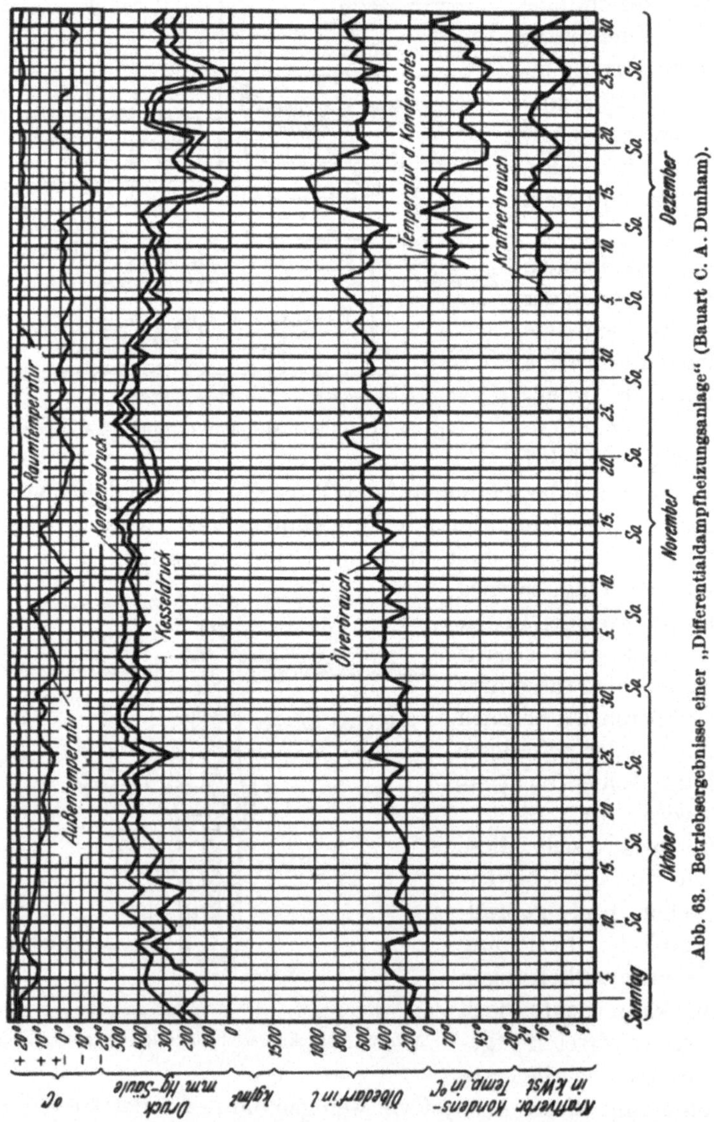

Abb. 63. Betriebsergebnisse einer „Differentialdampfheizungsanlage“ (Bauart C. A. Dunham).

gefaßt. Man ersieht aus diesen Angaben eine gute Übereinstimmung des Unterschiedes der mittleren Raum- und Außentemperatur mit dem zugehörigen mittleren Brennstoffverbrauch, wenn auch die Außentemperaturlinie in Abb. 63 nicht ganz einwandfrei mit der Brennstoff-

Zahlentafel 11.
Differentialvakuumheizung des Dunham-Gebäudes Chicago 1926—27.

Monat	Außen-temperatur °C	Innen-temperatur °C	Vakuum am Kessel mm Hg	Vakuum in der Kondensleitung mm Hg	Ölverbrauch in l (18°–20° Bé)	Mittl. Tagesölverbrauch in l (18°–20° Bé)	% CO_2	Rauchgastemperatur	Durchschnittl. Tagesbetrieb in Stdn.	kWh Stromverbrauch für Pumpe
Oktober	+ 12,0	22,7	352	441	8140	271	—	—	7,7	—
November	+ 2,9	22,0	412	467	13700	456	—	—	11,9	—
Dezember	— 3,2	21,3	278	340	20300	654	—	—	13,8	437,0
Januar	— 4,2	21,7	329	376	18960	612	10,4	110	16,7	532,0
Februar	+ 1,8	21,4	353	370	10710	384	8,46	120	12,8	318,0
März	+ 5,9	21,6	427	445	9570	308	10,25	—	12,3	469,0
April	+ 9,4	21,9	436	455	7470	249	10,23	—	10,3	407,0
Mai	+ 14,6	21,6	502	520	4340	140	9,65	107	7,1	382,0
Mittelwerte	+ 4,6	21,8	384	427	11625	384	9,8	112	11,6	424,0

Raumheizfläche eingebaut . . . . 715 m²
„ in Betrieb . . . . 558 m²
Jahres-Brennölverbrauch (18°—20° Bé) . . . 93190 l

bedarfslinie übereinstimmt. Allerdings kann dieses Diagramm ohne zusätzliche Angaben über Wind- und Wetterverhältnisse nicht als verläßlicher Führer angesehen werden. Auffallend ist ferner, daß der Energiebedarf der Pumpenanlage weder mit dem Brennstoffverbrauch noch mit dem erzeugten Unterdruck oder Druckunterschied in Einklang zu bringen ist. Es war beispielsweise der monatliche Stromverbrauch im Dezember 437,0 kWh bei 20300 l Ölbedarf, 62 mm Hg-Säule mittleren Druckunterschied und 278 mm Hg-Säule mittleren Unterdruck am Kessel, während er im März 469,0 kWh bei nur 9570 l Ölbedarf 15 mm Hg-Säule Druckunterschied und 427 mm Hg-Säule Unterdruck am Kessel betrug. Dieser Umstand ist durch den verhältnismäßig niedrigen Wirkungsgrad und die hohe Leerlaufarbeit der Pumpenanlage zu erklären. Auch ist bei mildem Wetter und niedrigem Ölverbrauch die Pumpenanlage höher belastet.

In Zahlentafel 12 sind die Ergebnisse eines Vergleichbetriebes einer Heizungsanlage vor und nach Umbau in eine „Differential"anlage zusammengestellt; es zeigt sich die Überlegenheit der letzteren Anlage. Allerdings sind solche Werte mit Vorsicht zu behandeln, da sie weder auf den Stand der Anlage vor dem Umbau noch auf die Art der Bedienung und auch andere Einflüsse Rücksicht nehmen.

Eine bessere Vergleichsgrundlage bieten allerdings die neueren Werte der Zahlentafel 13. Die in den beiden Gruppen angeführten Angaben beziehen sich nämlich auf neue, während der letzten Jahre erstellte Niederdruck- oder handgesteuerte Unterdruckdampfheizungen einerseits und „Differential"dampfheizungen andererseits, die wieder in den beiden Untergruppen „Mietshäuser" bzw. Bürogebäude ähnliche Vorbedingungen erfüllen, da einige von ihnen von demselben Architekten ent-

Zahlentafel 12. Vergleich der Betriebsergebnisse in einem (14 Stock hohen) 68 Wohnungen enthaltenden Mietshaus.

Beheizter Rauminhalt . . 46300 m³ Lage . . . . allseits frei
Gesamtfußbodenfläche . . 16800 m² Gesamte Raumheizfläche . 3680 m²

Monat	Vakuumheizung 1925/26		Differential-Vakuumheizung 1926/27[1]		Differential-Vakuumheizung	
	Mittlere Monatstemperatur °C	Kohlenverbrauch t	Mittlere Monatstemperatur	Kohlenverbrauch t	Effekt. Ersparnis t Kohle	Theoret. Ersparnis je °C/Tag
Dezember	—3,7	145	—3,0	112	33	20 %
Januar	—3,2	183	—3,9	131	52	31 %
Februar	—0,6	147	+1,7	91	56	29,2 %
März	—1,0	165	+5,6	83	82	24,1 %
April	+5,6	106	+9,4	60	46	24,0 %
Durchschnittswerte	—0,6	(746)[2]	+1,7	(477)[2]	(269)[2]	25,7 %

Zahlentafel 13. Betriebsergebnisse verschiedener Gebäude in der Heizperiode 1929—30 (Montreal).

Name	Kubikinhalt m³	Eingebaute Heizfläche m²	Jahres-Kohlenverbrauch t	Preis Mk/t	kg Kohle per m² Heizfl. u. Jahr	kg Kohle per m³ Raum/Jahr
	Mietshäuser — Niederdruckdampfheizung					
Acadia	40000	1550	700	31,00	452	17,5
Adams[3]	20000	640	296	40,00	463	14,8
Barat	22700	635	273	40,00	432	12,1
Chateau St. Louis	43000	1675	760	33,40	454	17,7
					450 = Mittelwert	
	Mietshäuser — Differentialheizung[1]					
Mount View[3] . .	20000	605	205	40,00	339	10,25
Royal York . .		996	250	40,00	251	
St. Foye . . .		332	82	40,00	247	
Whitehall . . .		695	205	36,00	295	
					280,5 = Mittelwert	
	Bürohäuser — Niederdruckdampfheizung					
Castle	42500	1495	545	gemischt	365	12,8
Confederation .	72000	2330	690	gemischt	295	9,6
					330 = Mittelwert	
	Bürohäuser — Differentialheizung[1]					
Handelsbank . .	6200	455	104	gemischt	229	16,8
Balfour	66000	2460	523	24,00	213	7,9
					221 = Mittelwert	

worfen, im gleichen Baublock liegen, ähnlicher Größe und Verhältnisse und sogar in einem Sonderfall zwei gleiche Flügel desselben Baues sind. Außer geringen Abweichungen, die durch kleine Verschiedenheiten in der Lage, Ausführungsdetails, Brennstoff u. a. m. erklärt werden

[1] Bauart C. A. Dunham Co., Chicago, Ill.
[2] Gesamtbedarf je Heizperiode. [3] Zwei Flügel desselben Baues.

können, zeigen diese Werte, — für die Gesamtheizdauer des Winters 1929—30 ermittelt —, eine sehr gute Übereinstimmung der Jahresbrennstoffkosten für die Heizflächeneinheit. Diese Übereinstimmung hat sich für ähnliche Verhältnisse der Bauwerke ganz allgemein nachweisen lassen und führte zur Einführung eines Vergleichbehelfes durch ein „Kennziffernverfahren" (siehe Fernheizung). Bemerkenswert ist auch die Zusammenstellung in Abb. 64, welche die Anzahl der Heiztage bei verschiedenem mittlerem Druck im Dampfsammler für die gleiche Heizperiode und Anlage, für die Abb. 63 und Zahlentafel 10 aufgestellt wurde, enthält. Dieses Diagramm enthält die Bestätigung der im Abschnitt über Mitteldruckwarmwasserheizungen aufgestellten Behauptung, daß es gesund-

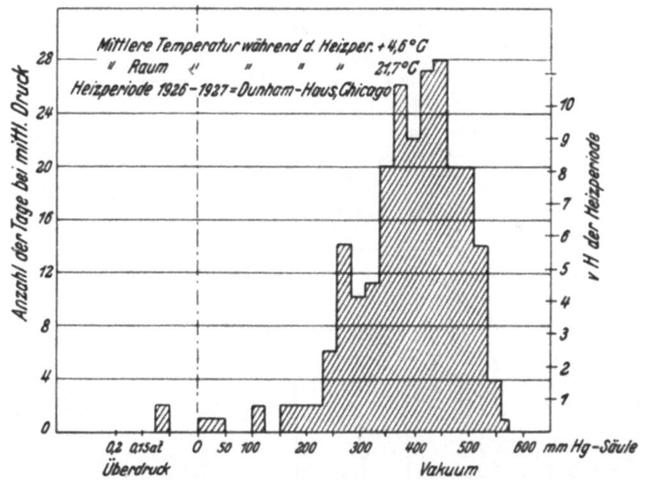

Abb. 64. Betriebsergebnisse einer „Differentialdampfheizungsanlage".

heitstechnisch nicht von großer Bedeutung sein dürfte, wenn Heizungsanlagen für Heizflächentemperaturen von über 100° C bei Höchstleistung berechnet werden. Die Tage, an denen die Anlage während des halben Jahres Betriebsdauer bei einem mittleren Drucke über Atmosphärendruck arbeitete, erreichen nicht 1 vH der Heizperiode. Beachtenswert ist weiter noch, daß dieselbe Anlage im Winter 1928—29 überhaupt an keinem Tage einen mittleren Dampfdruck von 1 Atm. abs. erreichte, also praktisch mit Dampftemperaturen unter 100° C betrieben wurde.

Allerdings weist die Warmwasserheizung bei sehr mildem Wetter einen gewissen Vorteil gegenüber der Differentialdampfheizung auf, und zwar arbeitet sie, falls gut berechnet und ausgeführt, schon bei 40° C Vorlauftemperatur, während Unterdruckdampfheizungen bei 60° C niedrigster Dampftemperatur bereits an den Grenzen der gegenwärtigen Ausführungsmöglichkeiten stehen.

Bei ausgedehnten Anlagen, die aus wirtschaftlichen Gründen nicht mit Schwerkraftwarmwasserheizungen, sondern mit Pumpenheizung ausgerüstet werden müßten, hat die Unterdruckheizung vorbeschriebener Bauart noch den Vorteil, daß sie auch bei Versagen der Pumpenanlage mittels Umführungsleitung als Schwerkraftdampfheizung auch bei Volllast betrieben werden kann, falls nicht „Saugstufen“ im Netze angeordnet sind. Allerdings sollen Saugstufen tunlichst vermieden werden und kommen auch meist nur an Niederschlagswasserleitungen von Kellerradiatoren

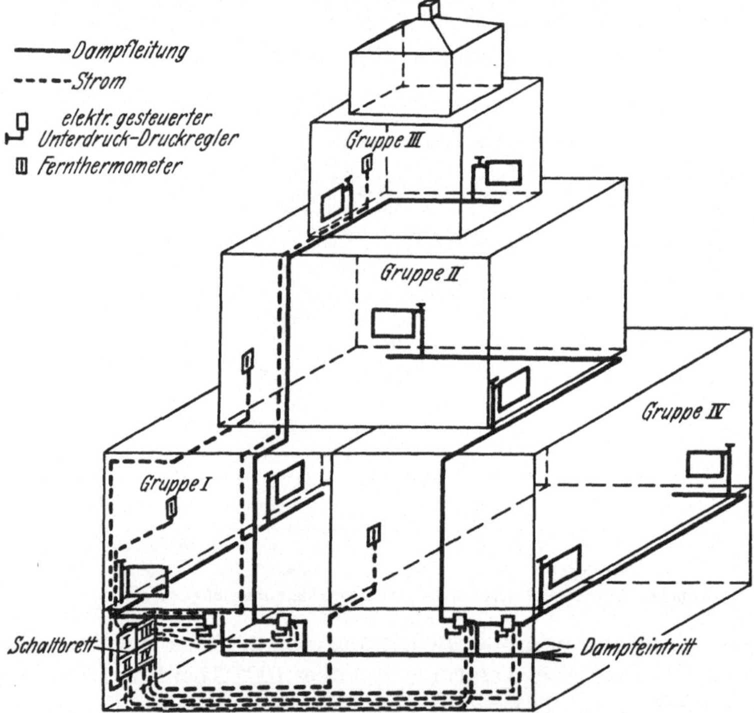

Abb. 65. Gruppenteilung einer Hochhausheizung.

oder ähnlichen, untergeordneten Heizkörpern vor. Bei Bedarf könnte die Heizung auch mit Ausschluß dieser Heizkörper anstandslos betrieben werden.

Die Regelfähigkeit der Differentialdampfheizungen wird bei ausgedehnten Anlagen durch geeignete Gruppenunterteilung noch weiter getrieben. So kann eine solche Anlage nach Himmelsrichtungen oder sonstigen Eigentümlichkeiten der Lage in Gruppen eingeteilt und jede derselben mit einer unabhängigen Nachregelung versehen werden. Bei Hochhäusern dürfte es sich empfehlen, falls ein Aufbau die umgebende Häusergruppe überragt, diesen als besondere Heizungsgruppe zu betrachten. Bei solchen Anlagen ist allerdings eine Zugregelung nicht mehr angebracht und es werden für die einzelnen Gruppen, die getrennte Dampf- und Niederschlagswasserhauptleitungen erhalten, entsprechende Druckminderungsventile in die Dampfzuleitungen eingebaut, die vom Temperaturregler der betreffenden Gruppen gesteuert werden und die Dampfzufuhr regeln. Die Gruppen werden dann entweder mit unabhängigen Pumpenanlagen mit Druckabfallregler versehen, oder auch nur mit einer gemeinsamen derartigen Anlage ausgerüstet und die Aufsicht wird durch eine entsprechende Schalttafel unterstützt. Ein schematisches Bild einer solchen Heizungsanlage ist in Abb. 65 gegeben, während Abb. 66 die Anordnung der Regler, Pumpen, Umführungen mit Rückspeiser und sonstigen Zubehör in einer größeren Anlage wiedergibt. Diese

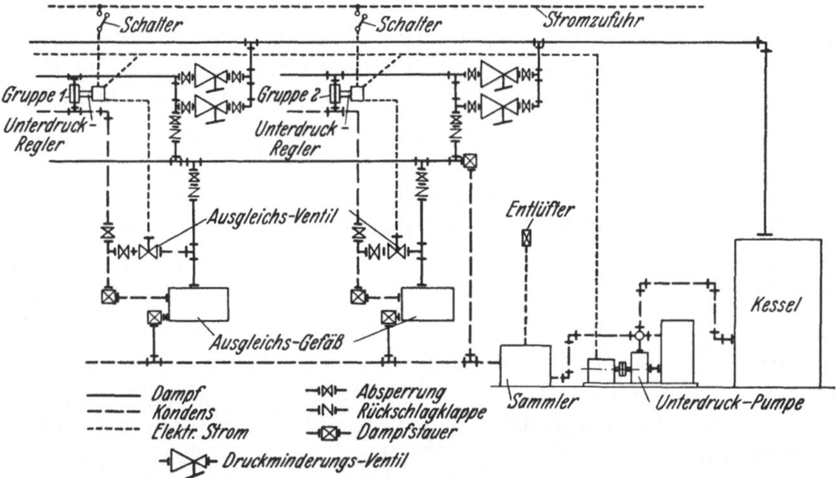

Abb. 66. Mehrzonen-Unterdruckkesselhaus (C. A. Dunham, Chicago).

Anordnung wird sich grundsätzlich nicht ändern, wenn die Kesselanlage durch einen Fernheizungsanschluß ersetzt wird.

Es ist noch zu bemerken, daß die Erzeugung von Unterdruckdampf in der Kesselanlage selbst nur auf kleinere Anlagen beschränkt bleibt. Größere Anlagen erhalten Kesselanlagen, in denen Dampf von 2,5 bis 4 Atm. Überdruck (und mehr) erzeugt und in dieser Form für Warmwasserbereitungs-, Koch-, Wäscherei- und andere Gebrauchszwecke verwendet wird, während für Lüftung häufig der Dampfdruck auf 0,3—0,5 Atm. Überdruck herabgemindert wird und für die Heizungsanlage eine weitere Minderung auf den gewünschten Druck erfährt. (Es soll hierauf kurz im Abschnitte über „Wärmewirtschaft" eingegangen werden.) Wieweit diese Druckminderung durch die hierbei unvermeidliche Dampfüberhitzung die vorbesprochenen Bedingungen der generellen Regelfähigkeit von Dampfheizungen, insbesondere aber der „Differentialheizungen" beeinflußt, ist noch nicht festgestellt worden.

In vielen Fällen (Fernheizanschluß) dürfte diese Überhitzung gerade ausreichen, den durch die Abkühlung in den langen Leitungen „naß" gewordenen Sattdampf zu „trocknen", ohne die erwarteten oder rechnerisch ermittelten Dampftemperaturen wesentlich zu erhöhen.

Es ist auch von Interesse, daß bei derart niedrigen absoluten Drücken, wie sie bei vielen Unterdruckdampfheizungen gelegentlich vorkommen, die Niederschlagssammelleitungen mit Vorteil unisoliert verlegt werden. An sich ist die mittlere Jahrestemperatur des Niederschlagswassers und hierdurch auch der zu gewärtigenden Wärmeverlust gering, außerdem ist zu befürchten, daß das Niederschlagswasser der Heizkörper in der Nähe der Pumpe bei Eintritt in die Sammelleitung teilweise wieder verdampfen könnte, falls nämlich der Druckabfall in den Leitungen größer ist, als dem Temperaturabfall durch die Wärmeverluste entspricht. Durch diese Dampfbildung in der Sammelleitung wäre dann eine Schädigung des erreichten Unterdruckes, unregelmäßiger Kondensatfluß und Unregelmäßigkeiten in der Leistung einzelner Heizkörper, überdies aber auch eine Herabsetzung des Wirkungsgrades der Pumpe zu erwarten.

Bei Anlagen mit weitverzweigtem Netz kann den hieraus gelegentlich erwachsenden Unannehmlichkeiten durch passende Einregelung des Druckabfalles nach Abb. 82 nur teilweise abgeholfen werden. Bei Mehrzonendifferentialanlagen nach Abb. 66 wird deshalb meist zum Einbau einer besonderen Ausgleichleitung mit Ausgleichgefäßen und elektrisch gesteuerten Ventilen gegriffen. Arbeitet beispielsweise die Heizgruppe 1 durch Einfluß von Sonnenbestrahlung oder anderer Umstände bei niedrigeren Drücken als andere Gruppen, so wird ihr Regler den Unterdruck in der Kondenssammelleitung festlegen. Das Niederschlagswasser der anderen Heizgruppen wird aber auf einen etwas höheren Unterdruck eingestellt sein und in Kesselnähe teilweise wiederverdampfen müssen. Dieser Dampf wird dann durch die Ausgleichleitung in die Dampfleitungen der Gruppen niedrigen Druckes eingelassen werden und wieder verwendet. Entsprechend eingebaute Rückschlagklappen verhindern unerwünschte Dampfströmung u. a. m.

Die Anordnung von zwei Druckmindergruppen in jeder Heizgruppe ist nicht eine Sicherheitsmaßnahme, sondern eine dieser Gruppen dient der Versorgung des Netzes mit Dampfmengen von höheren Drücken, während die andere Gruppe bei geringem Wärmebedarf mit sehr geringen Drücken arbeitet. Die Anordnung von nur einem Minderventil hat sich nicht überall vollkommen bewährt.

c) Ausführungseinzelheiten von Dampfheizungen.

α) **Rohrleitungen.** Aus dem Vorangeführten ist ohne weiteres verständlich, daß die verschiedenartige Entwicklung der Dampfheizung in Amerika sich auch in der Entwicklung der Berechnungsmethoden und in der Ausführung der einschlägigen Einzelteile wiederspiegeln und dieselbe beeinflussen muß. Die Berechnung der Rohrleitungen für die Ausführung wird ganz allgemein nur in Sonderfällen genau durchgeführt. In der Regel beschränkt sich der Projektant auf eine Durchdimensionierung des Entwurfes der Anlage aus Leitungstafeln, welche die zulässige Belastung von Rohren bestimmter Durchmesser bei entsprechender gleichwertiger Entfernung[1] des äußersten Heizkörpers von der Dampfquelle enthalten. In letzter Zeit empfiehlt die A. S. H. V. E. sogar[2], nähergelegene Rohrstränge, Anschlüsse u. a. m. unter Zugrundelegung der für den längsten gleichwertigen Weg erhaltenen Werte zu berechnen, da Versuche und Untersuchungen an bestehenden Anlagen diese Methode empfehlenswert erscheinen lassen sollen[3]. Interessehalber ist eine solche Rohrleitungstafel, wie sie als Norm für Niederdruckdampf-Schwerkraftheizungen aufgestellt worden ist, in Zahlentafel 14 wiedergegeben. Eine einfache Vergleichsrechnung zeigt, daß die darin enthaltenen Werte gute Sicherheit bieten. Allerdings ist dies auch das Ziel dieser Berechnungsweise. Es ist einfacher und billiger, besonders bei den unverhältnismäßig hohen Kosten der Handarbeit, verglichen mit Materialkosten, eine Anlage etwas zu überdimensionieren, da dann durch entsprechende Drosselung der gewünschte Erfolg gesichert werden kann, als eine einzige Leitung irgendwo zu „sparsam“ herzustellen und dann gezwungen zu sein, im vollständig fertigen Bau Änderungen vorzunehmen. Wer je Gelegenheit hatte, festzustellen, wie hoch sich in Amerika Änderungen und Nachtragsarbeiten gegenüber der ursprünglichen Erstellungsarbeit stellen, wird diesen Standpunkt vollkommen begreifen.

Eine weitere Ursache hierfür ist auch in der Ausarbeitung der Entwürfe größerer Anlagen zu finden. Während in Europa der Bauherr meist mehrere Heizungsfirmen zum Wettbewerb auffordert und diese dann unentgeltlich die Pläne liefern und auf diesen den Kostenanschlag aufbauen, wird — wie schon erwähnt — in Amerika die Ausarbeitung der Pläne einem hierfür bezahlten Architekten oder Ingenieur übertragen, der nachher nur mit der Überwachung der Herstellung zu tun hat. Die Kostenvoranschläge werden auf Grund dieser alle Abmessungen enthaltenden Pläne und der sie begleitenden technischen Beschreibungen ausgearbeitet und die Arbeiten ausgeführt. Da der „beratende“ Architekt oder Ingenieur nicht im Wettbewerb steht (nach den Vorschriften verschiedener Staaten oder Fachverbände darf er sogar nicht an einem ausführenden Ge-

---

[1] Unter gleichwertiger Entfernung versteht man die tatsächliche Länge der Leitung zuzüglich der Einzelwiderstände ausgedrückt in zugehöriger Rohrlänge, wie in Amerika allgemein üblich.

[2] Guide A. S. H. V. E. **1930.**

[3] Dies entspricht auch den, im nachfolgenden besprochenen Höchstdampfgeschwindigkeiten.

Zahlentafel 14. Rohrleitungstafel für Niederdruck-

Lichte Rohrweite mm	25		34		39		49		64		75	
Reibungsverlust kg/m² je lfd. m	WE/st	v. m/s	WE/st	v. m/s	WE/st	v. m/s	WE/st	v. m/s	WE/st	v. m/s	WE/st	v. m/s
0,358	1750	2,3	3810	2,75	5940	3,35	12050	4,25	19900	5,2	36300	6,4
0,716	2440	3,65	5430	4,6	8380	5,2	17100	6,4	28000	7,3	51400	9,15
1,43	3500	5,2	7630	6,4	11850	7,3	24100	9,5	39700	11,0	72700	12,8
2,86	4940	7,6	10820	9,2	16800	10,4	34100	13,1	56100	15,2	103000	18,3
4,29	6000	8,5	13230	11,6	20550	12,8	41800	15,2	68800	18,9	125500	22,6
5,72	6950	10,7	15300	13,1	24700	15,0	48200	18,9	79500	21,9	145000	25,9
7,16	7750	11,3	17100	14,3	26600	16,8	54000	21,0	88800	24,4	162500	29,0
8,59	8500	12,2	18750	15,9	29150	18	59100	23,5	97300	26,8	178000	32,0
10,02	9200	13,1	20250	17,1	31400	20,1	63700	25,3	105000	29,0	192000	34,5
11,44	9800	14,3	21600	18,6	33600	21,3	68100	27,1	112000	31,0	205500	37,2
14,3	11000	15,8	24200	21	37600	24,1	76300	30,2	125600	34,8	229500	41,2
17,3	12000	17,7	26500	22,6	41150	26,5	83500	33,2	137800	38,1	252000	45,1
20,0	13000	19,2	28600	24,4	44500	28,7	90300	36	148500	40,8	272000	50,0
22,9	13900	21,3	30600	26,2	47500	30,5	96500	38,4	159000	44,0	291000	53,4
28,6	15550	22,8	34300	29,3	53100	34,2	113000	45,0	177800	49,0	325000	59,7
34,35	17050	25,0	37500	32,3	58200	37,8	118000	47,0	194500	54,0	355000	65,5

schäft beteiligt sein), so wird er natürlich nicht bestrebt sein, den Preis der Anlage durch unberechtigtes Sparen zu drücken und behält in erster Linie die Zuverlässigkeit und Gesamtwirtschaftlichkeit der Anlage im Auge.

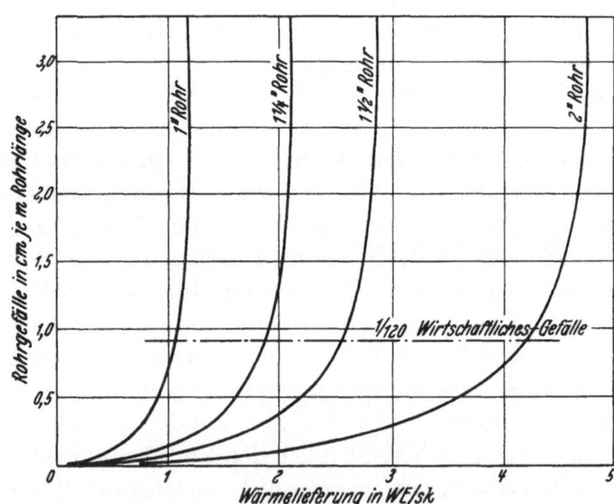

Abb. 67. Höchstleistungen von Heizkörperanschlüssen mit gegengerichteter Dampf- und Wasserströmung bei geräuschlosem Betrieb.

Die Grundlage der verschiedenartigen Dampfheizungsrohrleitungstafeln bildet außer dem vorhandenen Druckgefälle noch die zulässige Dampfgeschwindigkeit in den Leitungen. Diese zulässige Geschwindigkeit spielt überall dort eine bedeutende Rolle, wo Niederschlagswasser ampfheizungen (aufgebaut auf Gl. 20).

88		100		125		150		200		250		300		400	
Tausend WE/st	v. m/s	Tausend WE/st	v. m/s	Tausend WE/st	v. m/s	Tausend WE/st	v. m/s	Tausend WE/st	v. m/s	Tausend WE/st	v. m/s	Tausend WE/st	v. m/s	Tausend WE/st	v. m/s
56	7,0	76,8	7,9	142	8,85	253	10,7	485	12,8	885	14,6	1420	16,85	2650	18,9
72,7	10,0	108,7	11,3	201	12,5	330	14,9	687	18,3	1250	21,9	2005	23,2	3760	26,8
08,5	14,3	154,5	15,8	283	14,9	467	21,3	970	26,2	1770	30,5	2840	32,9	5300	38,1
53	20,7	217	22,6	402	25,6	660	28,7	1370	34,1	2500	42,7	4020	16,3	7560	54,9
87,5	25,6	266	27,7	492	31,7	808	36,9	1680	43,9	3060	52,5	4925	56,0	9200	67,1
17	29,5	307	32,0	567,5	36,9	933	42,3	1940	50,0	3540	58,5	5680	64,5	10630	76,5
42,5	33,2	343,5	36,0	635	41,1	1042	47,5	2170	56,2	3960	68,1	6350	73,2	11850	85,5
66	36,0	376	39,0	695	45,1	1140	51,4	2380	62,1	4330	74,5	6960	80,5	13000	94,0
87	39,0	407	42,4	755	48,7	1232	53,0	2565	67,0	4680	80,5	7520	88,0	14100	102,5
07	41,5	135	45,1	804	52,3	1320	59,8	2750	71,1	5000	86,5	8050	93,0	15000	108,5
43	46,0	485	50,7	897	58,7	1470	65,9	3070	82,0	5600	95,1	9000	103,8	17400	122,0
76	51,0	532,5	55,5	985	64,5	1630	70,8	3360	88,0	6130	105,0	9850	113,5	18400	133,0
06	55,0	574	29,3	1065	68,4	1742	79,3	3630	96,3	6630	113,3	10620	123,0	19850	144,2
34	59,5	614	64,1	1135	71,5	1868	84,0	3880	103,8	7080	120,0	11350	132,0	21250	155,0
85	65,5	686	71,5	1270	79,4	2080	96,4	4340	116,0	7920	135,0	12700	146,2	23700	173,5
32	72,8	752,5	76,0	1390	85,4	2280	101,0	4755	122,3	8680	147,6	14050	158,6	26000	190,0

im Gegenstrome zur Dampfströmung im selben Rohre auftritt, also in Steigleitungen, die von unten gespeist werden, dann in Heizkörperanschlüssen u. a. m. Aus Versuchen, die zur Ermittelung eines wirt-

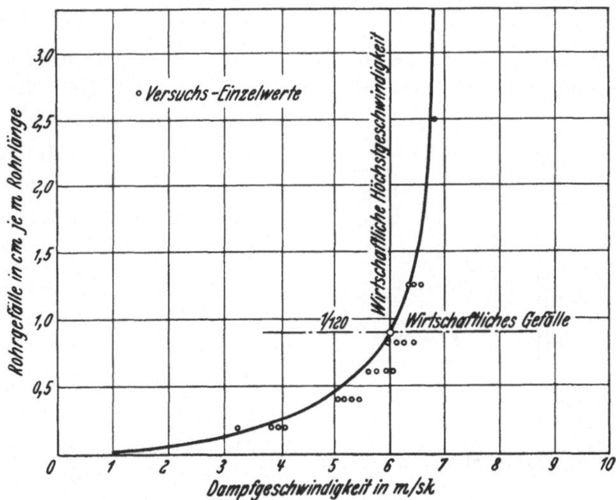

Abb. 67 a. Kritische Dampfgeschwindigkeit in Heizkörperanschlüssen bei gegenläufiger Dampf- und Wasserströmung.

schaftlichen Höchstgefälles wagrechter Dampfleitungen von 1—2 Zoll lichter Weite gemacht worden sind, ergaben sich die Wertetafeln in Abb. 67 und 67 a[1]. Aus diesen ersieht man, daß in Rohrleitungen von

[1] Steam Heating. Siehe Anm. 2, S. 62.

in den Versuchsgrenzen beliebigen Durchmessern und bei höheren Gefällen als 1:120 die zulässige Geschwindigkeit, bei der keinerlei Geräusche durch Wasserschläge verursacht werden, wenig mehr als 6 m/s beträgt. Bei kleineren Gefällen nimmt diese Geschwindigkeit sehr rasch ab. Ob die Leitungen isoliert sind oder nicht, ist nur von untergeordnetem Einfluß. Auch die Länge der wagrechten Leitung ist nur von geringem Einfluß, solange das Gefälle unverändert ist. Das Gefälle von 1:120 ist hieraus als das wirtschaftliche Mindestgefälle von derartigen Rohrstrecken zu betrachten. Für horizontale mit dem als Norm angesehenen, wirtschaftlichen Gefälle verlegte Leitungen und für vertikale Leitungen und Ventile errechnen sich die in Zahlentafel 15 angegebenen Leistungshöchstwerte, wenn vorausgesetzt wird, daß die Leitung geräuschlos arbeiten soll. Wird aber lediglich geräuschloser Normalbetrieb der Anlage angestrebt und sind Wasserschläge beim Anheizen als zulässig zu betrachten, so können die aus der Zahlentafel entnommenen Werte um etwa 10 vH höher gesetzt werden.

Zahlentafel 15. Höchstleistungen von Niederdruckdampfleitungen in WE/st bei gegenläufiger Kondensatströmung.

Lichte Rohrweite mm	25	34	39	49
Gefälle: 3 mm im lfd.m	2700	4500	6350	10900
Gefälle: 10 mm im lfd.m und mehr (auch Steigstränge)	3650	6800	9100	16400

Die Zahlentafeln 14 und 15 haben im Rahmen dieser Arbeit Aufnahme gefunden, da sie als Rechnungsgrundlagen für Niederdruckdampf-Schwerkraftheizungen (in Amerika) eine gute Vergleichsbasis liefernund außerdem auch als Nachprüf- und Kostenvoranschlagsbehelfe von Interesse sein könnten. Die Zahlentafel 15 ist außerdem von besonderem Interesse, da sie Werteangaben enthält, die in Handbüchern zwar meist erwähnt, aber in ihrer Bedeutung für ein geräuschloses Arbeiten der Anlage wesentlich unterschätzt werden[1].

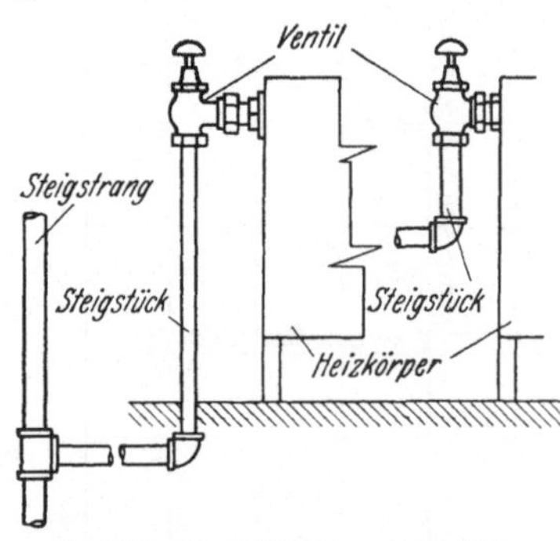

Abb. 68. Typische Dampfanschlüsse.

Als Ausführungsdetail, das vortreffliche Dienste leistet und überall wo tunlich angewendet wird, ist zu erwähnen, daß meist Radiatorenabsperrungen in Eckform angewandt werden und ein vertikales Steigstück

[1] Rietschel u. Brabbées Leitfaden z. B. empfiehlt in einem Rechnungsbeispiel den Grundsatz, den Reibungsabfall in Niederdruckdampfleitungen, die Niederschlagswasser im Gegenstrom zum Dampfstrom führen, nicht größer als 7—5 mm WS je Meter Rohrlänge zu wählen. Sogar diese Werte geben aber schon höhere Leistungen als Zahlentafel 12.

in den Anschluß eingebaut wird (Abb. 68), das auch bei unvorhergesehenen Dampfgeschwindigkeiten ein Aufsteigen des Niederschlagswassers in das Ventil verhindert. Außerdem bilden sich im Eckventil keine Wasseransammlungen wie bei vielen Durchgangsformen, und der Einzelwiderstand ist an sich geringer. Da das Steigstück naturgemäß viel länger ausgeführt werden kann als ein wagrecht angeordneter Bogen im Anschluß, der durch den Abstand des Ventiles von der Wand begrenzt ist, so ist auch der Ausdehnung und Anstrengung der Leitungen unter Dampf besser Rechnung getragen, allerdings manchmal auf Kosten des schönen Aussehens.

β) **Die Voreinstellung der Heizkörperabsperrungen.** Eine weitere Eigentümlichkeit der amerikanischen Praxis ist der Mangel an Voreinstellabsperrungen für Heizkörper. Es sind zwar vereinzelt solche auf den Markt gebracht worden, der Großteil der Anlagen wird aber ohne dieselben ausgeführt. Selbst wenn aber Voreinstellventile verwendet werden, so geschieht dies in anderem Sinne als in Europa. Die verschiedenen Grade der Voreinstellung erhalten dann nämlich häufig eine Teilung, auf der jeder Teilstrich mit dem Ausmaß der Heizfläche bezeichnet ist, für das die entsprechende Voreinstellung verwendet werden soll. Der Monteur hat dann für beispielsweise 2,3 m² Heizfläche die Voreinstellung auf den Teilstrich 2,3 zu setzen. Allerdings ist auch kaum zu erwarten, daß in einem Bau mit etlichen Tausenden von Heizkörperventilen an eine vollkommene Voreinstellung gedacht wird, besonders da solche Bauten oft innerhalb eines Jahres entworfen, fertiggestellt und bezogen werden.

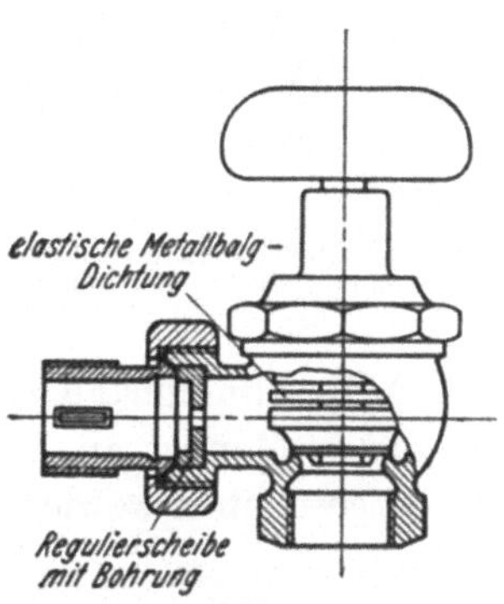

Abb. 69. Heizkörperventil mit Voreinstellscheibe (C. A. Dunham Co., Chicago Ill.).

Gleichen Zweck, d. h. teilweise, vorbestimmte Drosselung des Ventilquerschnittes erfüllt auch eine von einzelnen Firmen mit dem Ventil auf Wunsch mitgelieferte Scheibe mit entsprechender Bohrung, die in die Ventilverschraubung eingebaut wird und ebenfalls die Bezeichnung der entsprechenden Heizkörpergröße trägt (Abb. 69). Man ist sogar noch weiter in Anwendung dieser Scheiben gegangen und baut sie auch in Hauptleitungen und Steigstränge als Drosselstücke ein, überall dort, wo die Leitungen ungleichmäßig belastet sind. (Diese Methode wird in letzter Zeit besonders von Warren Webster & Co, Camden, N. J., mit augenscheinlich sehr gutem Erfolg angewendet.)

Bemerkenswert ist die allgemein, — besonders bei neueren Anlagen — verbreitete elastische Metalldichtung (siehe Abb. 69), die aus einem mit dem Gehäuse und dem Ventilteller dicht verbundenen Metallbalg besteht und ein Tropfen des Ventiles oder aber ein Festsetzen der Ventilspindel in der Packung unmöglich macht. Diese Form hat sich durch die ungeheuere Verbreitung der Zentralheizung und den Mangel an Arbeitskräften für regelmäßiges Nachsehen und Nachdichten der Ventile unentbehrlich gemacht und zeichnet sich durch gefällige Form und leichte Handhabung aus.

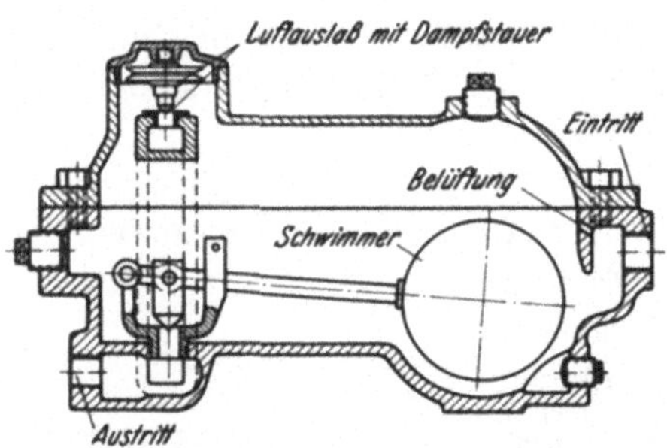

Abb. 70. Schwimmerkondenstopf mit geschlossenem Schwimmer (Warren-Webster Co., Camden N.J.).

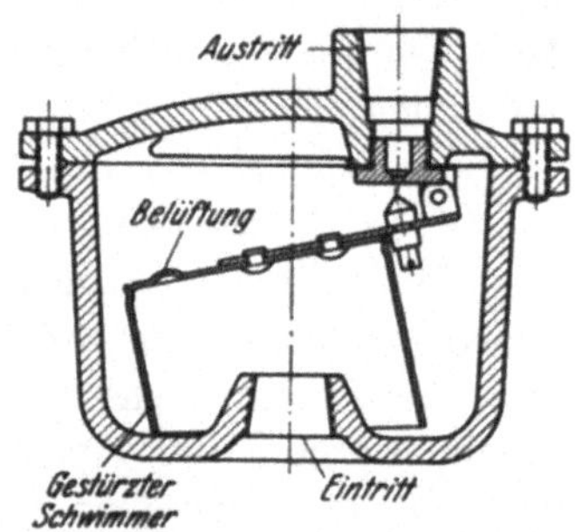

Abb. 71. Schwimmerkondenstopf mit gestürztem, offenem Schwimmer (Armstrong Engg. Corp.).

γ) **Der Dampfstauer und der Belüfter.** Der Heizkörperdampfstauer ist durch Mangel an Ventilvoreinstellung sehr stark in den Vordergrund geschoben worden. Er tritt in folgenden Ausführungsformen auf:

1. Schwimmerstauer
2. Druckunterschiedsstauer
3. Widerstandsstauer
4. Dehnkörperstauer.

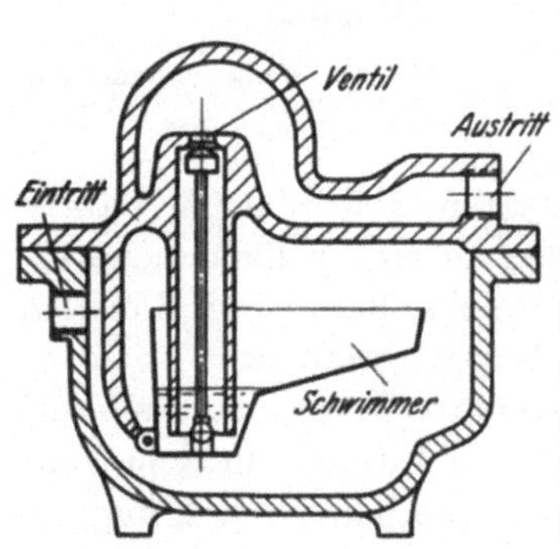

Abb. 72. Schwimmerkondenstopf mit aufrechtem, offenem Schwimmer.

Der Schwimmerstauer oder Kondenstopf ist in mehreren Ausführungsformen bekannt, wie mit geschlossenem Schwimmer, weiter mit offenem, aufrechtem oder offenem, gestürztem Schwimmer. Vertreter dieser verschiedenen Bauarten sind in den Abb. 70, 71 und 72 dargestellt ihre Arbeitsweise ist zur Genüge bekannt. In neuerer Zeit werden die Entlüftungsventile der Kondenstöpfe häufig durch einen Dehnkörper gesteuert, der schließt, wenn er vom Dampf getroffen wird. Der Schwimmerkondenstopf eignet sich für große, unregelmäßig und stoßweise auftretende Niederschlagswassermengen.

Der Druckunterschiedsstauer öffnet den Kondensanschluß durch den Druckabfall zwischen dem wassergesperrten Heizkörper und der luftverdünnten Kondensseite. Er wird wegen großer Dampfverschwendung nicht viel verwendet.

Der Widerstandsstauer hält den Dampf im Heizkörper durch sehr hohen Durchgangswiderstand. Er besteht aus einer Verengung im Leitungsquerschnitt, die beliebig eingestellt werden kann (Abb. 73). Trotz augenfälliger Nachteile ist er wegen seiner Einfachheit und Billigkeit beliebt.

Die wichtigste Gruppe von Dampfstauern in der Heizungspraxis sind die Dehnkörperstauer. Sie bestehen aus einem Ventil, dessen Kegel durch

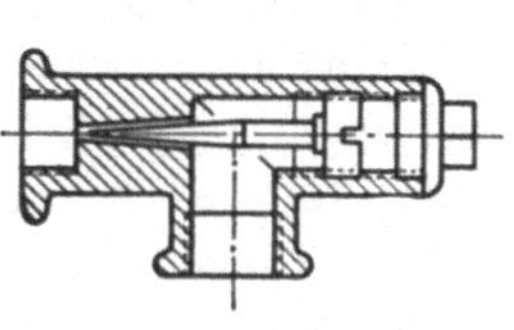

Abb. 73. Widerstandsstauer.

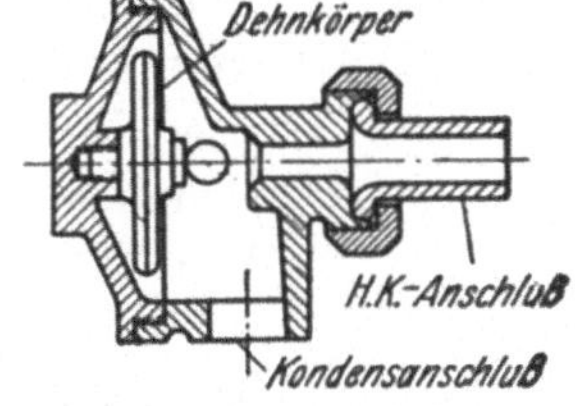

Abb. 74. Außenstauer (Illinois Engg. Co., Chicago, Ill.)

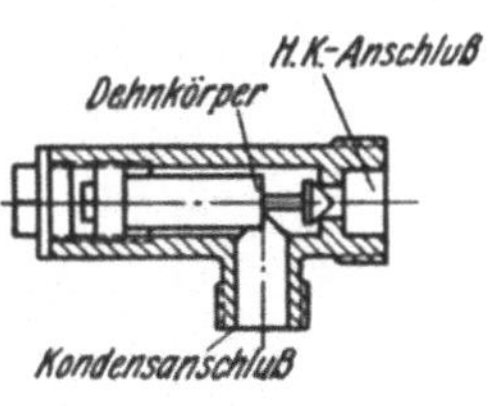

Abb. 74 a. Außenstauer.

die Zusammenziehung oder Ausdehnung eines wärmeempfindlichen Regelkörpers gesteuert wird. In Europa hat sich der Stauer mit Regelkörper hinter dem Ventil (Abb. 74 u. 74a) eingebürgert, während die amerikanische Fachwelt dem Stauer mit Regelkörper auf der Dampfseite des Ventiles den Vorzug gibt (Abb. 75). Man spricht in diesem Falle vom Innenstauer zum Unterschiede vom Außenstauer. Während der Innenstauer theoretisch schon schließen kann, wenn der Dampf den Dehnkörper erreicht, also ohne Dampf in die Niederschlagswasseranbindung zu lassen, kann der Außenstauer erst nach Eintritt des Dampfes in den Anschluß schließen.

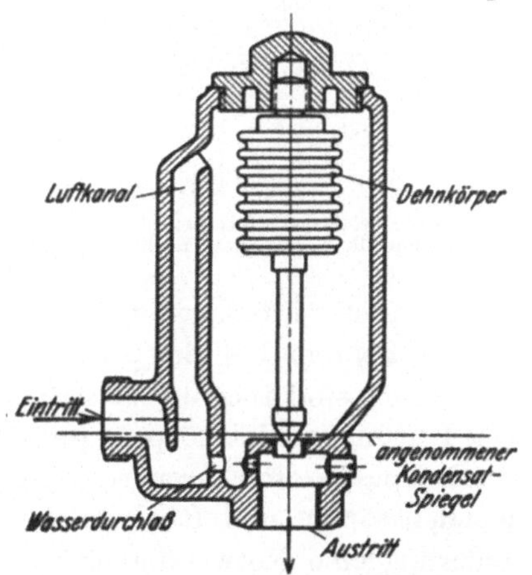

Abb. 75. Innenstauer mit niedrigem Wasserstand (Warren Webster & Co., Camden N.J.).

Der Hauptgrund aber für die Ausscheidung des Außenstauers aus dem Wettbewerb ist seine ungenügende Eignung für die Unterdruckdampfheizung. Der verschieden hohe Dampfdruck solcher Anlagen mit den wechselnden Temperaturen fordert einen Dampfstauer, der diesen Änderungen gewachsen ist. Der Kegel des Innendampfstauers wird in der Regel von einem dünnwandigen, äußerst elastischen, balgartigen Metallkörper, der teilweise mit einer Flüssigkeit von niedrigem Siedepunkte gefüllt ist, gesteuert (Abb. 75)[1]. Durch

[1] Der dargestellte Stauer ist nicht typisch, da der „niedrige Wasserstand" nur selten angestrebt wird.

Versuche und Berechnung wird eine Zusammensetzung und Menge der Füllflüssigkeit und eine Form des Dehnkörpers bestimmt, die „selbstberichtigend“ wirkt. Das heißt, daß beispielsweise bei Dampf von Atmosphärendruck oder bei beliebigem Unterdruck im Heizkörper der Stauer immer dann öffnen wird, wenn das den Dehnkörper umgebende Kondenswasser eine etwas geringere Temperatur erreicht, als die Sättigungstemperatur bei diesem Drucke beträgt und schließen muß, wenn die Sättigungstemperatur erreicht ist, d. h. Dampf den Dehnkörper berührt. Diese Bedingung verlangt auch, daß der Dehnkörper auf der Dampfseite des Ventilkegels sei, da die Niederschlagswasserseite durch Einwirken des größeren Unterdruckes in dieser die Empfindlichkeit benachteiligen würde.

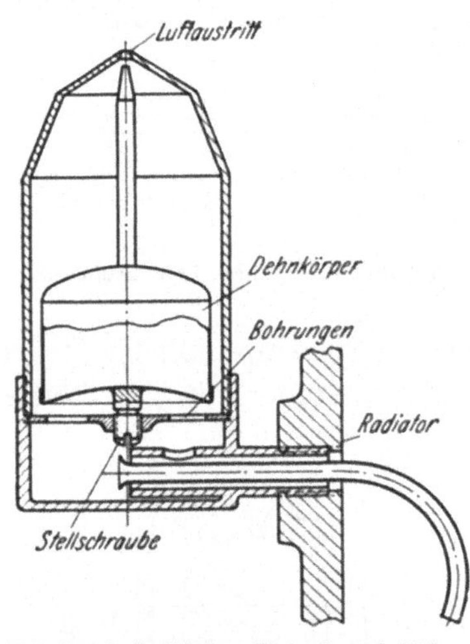

Abb. 76. Selbsttätiger Heizkörperbelüfter (Amer. Rad. Co., New York).

Bei Niederdruckdampf-Schwerkraftanlagen ist der Stauer lediglich auf eine bestimmte Temperatur eingestellt und öffnet, wenn diese Temperatur unterschritten wird. Dies ist völlig ausreichend, da die Betriebsdrucke nur um Bruchteile von einem Zehntel Atmosphäre schwanken und die Verdampfungstemperatur nahezu konstant 100^0 C ist. Deshalb können diese Dampfstauer auch unbeschadet ihres Wirkungsgrades mit vom Druck unbeeinflußbarem Dehnkörper ausgeführt werden (Abb. 74a).

Ähnlich sind auch die Verhältnisse bei der Belüftung und Entlüftung von Leitungen, Heizkörpern (falls dies durch eine Eigenheit der Anlage, wie beispielsweise Einrohrverteilung, notwendig erscheint) und größeren Kondenstöpfen und Rückspeisern. Auch hier bringt die stete Druckänderung eine Notwendigkeit von „Selbstkorrektur“ der Dehnkörper, welche die Luftventile steuern, mit sich. Häufig verwendet man deshalb für diese Zwecke einen Stauerdehnkörper wie z. B. in Abb. 70 dargestellt. Einen typischer Heizkörperbelüfter zeigt Abb. 76. Auch die Dehnkörper der Heizkörperbelüfter sind häufig selbstberichtigend, d. h. sie übertragen auf die Sperrnadel eine Resultierende aus Druck- und Temperaturschwankung.

Bei den vielen bestehenden und gelegentlich neuauftauchenden Ausführungsformen der Dampfstauer und Belüfter werden die Hersteller immer mehr gezwungen, die Erzeugnisse von unvoreingenommener Seite auf ihre Eigenschaften prüfen zu lassen. Die Hauptanstrengungen werden sich nach folgenden Punkten richten:

1. Der Stauer muß eine Höchstleistung der Heizfläche sichern.
2. Der Wasserabfluß muß ohne Dampfdurchschlag erfolgen.
3. Die Arbeitsweise des Stauers muß in möglichst weiten Temperatur- und Druckgrenzen vollkommen sein (mindestens aber in den Betriebsgrenzen der Anlage).

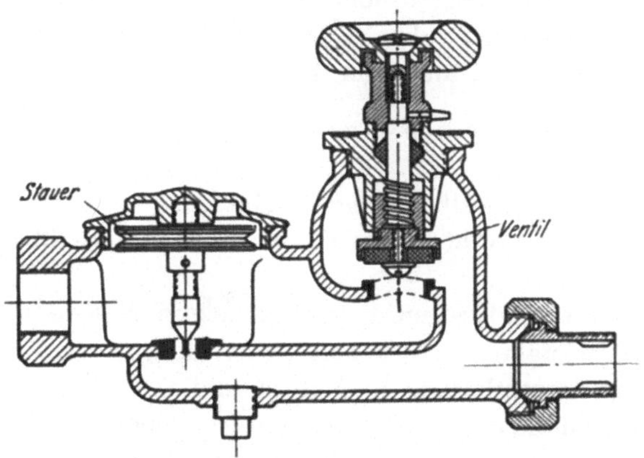

Abb. 77. Entwässertes Heizkörperventil (Warren Webster & Co., Camden N.J.).

4. Der Stauer muß dauerhaft sein.
5. Der Stauer muß verläßlich auch bei stark wechselnden Anforderungen und derart gebaut sein, daß kleinere Schlamm- und Schmutzansammlungen weder die Dichtheit in geschlossenem Zustand, noch die Empfindlichkeit im Betrieb beeinträchtigen können.

Eine interessante Ausführungsform des Dampfstauers ist das entwässerte Heizkörperventil, das am Fuße von Dampffallsträngen oder Deckenanschluß von Heizkörpern gelegentlich angewandt wird, besonders wenn eine Anbohrung des Ventilsitzes wegen Einfrier- oder Verstopfungsgefahr nicht tunlich ist (Abb. 77 und 77a). Der Zweck ist die Entwässerung von Leitungen bei geschlossenem Heizkörperventil; auf gute Entwässerung von Leitungen und fallenden Heizkörperanschlüssen wird besonders geachtet und wird durch einen Stauer meist unmittelbar zur Kondensleitung vorgenommen.

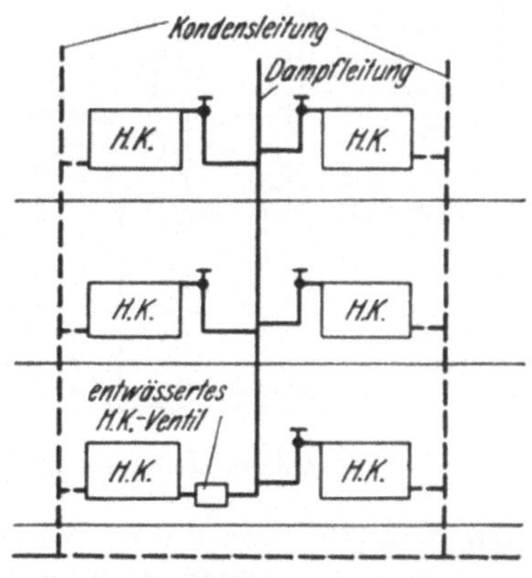

Abb. 77a. Anwendung des entwässerten Heizkörperventiles.

δ) Vorrichtungen zur Rückspeisung des Niederschlagswassers. Außer in Niederdruckdampf-Schwerkraftheizungen mit ausreichender Kesselhaushöhe werden Rückspeisevorrichtungen an allen Dampfkesselanlagen vorzusehen sein. Sie werden ausgeführt als:

1. Selbsttätige Rückspeiser.
2. Dampfstrahlpumpen.
3. Pumpen mit Kraftbetrieb.

Die notwendige Kesselhaushöhe für den Betrieb und Rückspeisung des Niederschlagswassers ohne Rückspeisevorrichtungen bei Dampfkesselanlagen ergibt sich an Hand der Abb. 78 zu mindestens:

$$\mathfrak{H} = w + p + g_1 + g_2 + c_1 + c_2\,, \tag{22}$$

worin

$\mathfrak{H}$ die benötigte Kesselhaushöhe in Metern,
w den Abstand des höchsten Kesselwasserstandes über Fußboden in Metern,
p den höchsten zulässigen Betriebsdruck in Metern WS,
g_1 und g_2 das Gefälle der trockenen Niederschlagswassersammelleitung bzw. der Dampfleitung in Metern und
c_1 und c_2 Sicherheitszuschläge in Metern bedeuten.

Bei Anlagen mit nasser Niederschlagsleitung können Werte g_1 und auch c_2 gespart werden, allerdings hat diese Anordnung gewisse Nachteile. Bei oberer Verteilung des Dampfes kann eine weitere Verringerung der Kesselhaushöhe erreicht werden, es muß aber in jedem Falle die Unterkante des tiefstgelegenen Heizkörpers der Anlage so hoch liegen, daß der Abstand von Unterkante des Heizkörpers zum Kesselwasserstande mindestens beträgt:

$$h = p + c_1\,. \tag{22a}$$

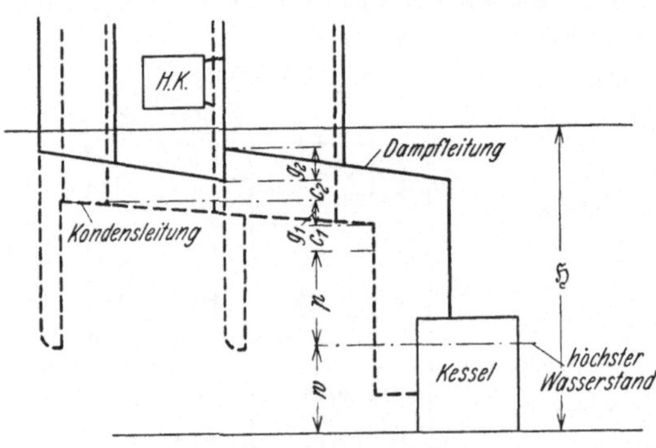

Abb. 78. Kesselhaushöhe.

Bei Anordnung eines selbsttätigen Rückspeisers in der Niederschlagswassersammelleitung nach Abb. 79 kann die in Wassersäule gemessene Größe des Betriebsdruckes p einschließlich des Sicherheitszuschlages c_1 auf einen durch die Bauart festgelegten Wert a herabgesetzt werden. Wird dann zur Rundführung der Dampfverteilungsleitung (fliehender Rücklauf — siehe Abb. 54) gegriffen, so kann, da Dampf- und Niederschlagsleitung parallel laufen, die benötigte Kesselhaushöhe auch bei unterer Verteilung und trockener Niederschlagsleitung auf den Wert herabgesetzt werden:

$$\mathfrak{H}_1 = w + a + g_1\,. \tag{23}$$

Eine schematische Darstellung eines Rückspeisers ist in Abb. 79a gegeben, seine Arbeitsweise ist unter Bezugnahme auf Abb. 79 leicht verständlich. Das Niederschlagswasser tritt durch eine Rückschlagklappe in die Kondensleitung ein und hebt den Schwimmer, bis dieser eine Hebel- und Gewichtsanordnung, die das Luftventil offen und die

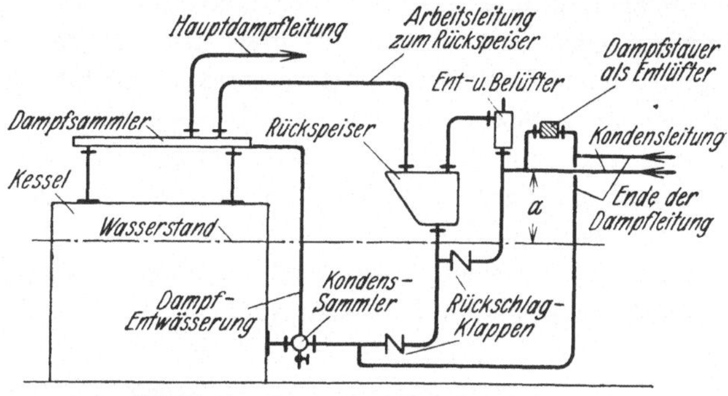

Abb. 79. Anordnung eines Kesselrückspeisers.

Arbeitsdampfleitung geschlossen hält, in die gestrichelt eingezeichnete Lage kippt und damit das Luftventil schließt, das Arbeitsdampfventil öffnet. Der in den Rückspeiser eintretende Dampf bewirkt einen Ausgleich der Wasserspiegel im Kessel und Kondenssammler, wodurch der Schwimmer sinkt und die Hebel- und Ventilvorrichtung in die ursprüngliche Lage zurückwirft, worauf das Spiel erneuert wird. Eine zweite Rückschlagklappe im Kondenssammleranschluß verhindert das Zurücktreten des Kesselwassers in den Rückspeiser.

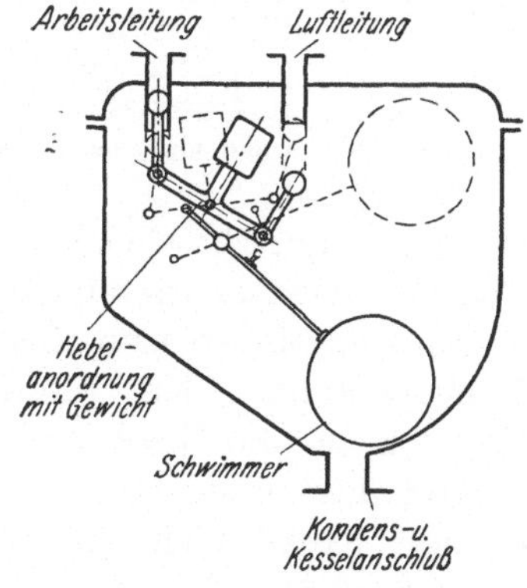

Abb. 79a. Schema eines Kesselrückspeisers.

Anstatt eines hebelgesteuerten Luftventiles wird manchmal ein dehnkörpergesteuertes Ventil eingebaut, ähnlich dem in Verbindung mit dem Kondenstopf, Abb. 70, dargestellten. Das verhindert das Entweichen des im Rückspeiser gestauten Dampfes bei Öffnen des Luftventiles, hält aber den Dampfdruck im Gehäuse für kurze Zeit, oft zum Nachteil der Gleichmäßigkeit im Arbeiten der Niederschlagswassersammelleitung, aufrecht.

Dampfstrahlpumpen kommen in der Heizungstechnik nur ganz ausnahmsweise zur Anwendung, ihre Konstruktion und Wirkungsweise ist allgemein bekannt.

Die Pumpen für Kraftbetrieb kommen in letzter Zeit in der Dampfheizungspraxis vorwiegend als Kreiselpumpen, weniger häufig als

Kolbenpumpen und nur in besonderen Fällen als Schraubenpumpen u. a. m. zur Anwendung. Je nach Art der Anlage arbeiten sie entweder als Kesselspeisepumpen — besonders bei Hochdruckanlagen — oder als kombinierte Unterdruck- und Kesselspeisepumpen oder schließlich als reine Unterdruckpumpen.

Die Kesselspeisepumpen, die in der Heizungspraxis Verwendung finden, werden meist mit einem mit der Atmosphäre frei verbundenen (sog. „offenen“) Niederschlagswassersammelgefäß oder Speisewassersammler ausgerüstet, in den die Niederschlagswassersammelleitungen, möglichst mit stetigem Gefälle verlegt, ausmünden wie in Abb. 80 schematisch dargestellt ist. Bei solchen Anlagen ist auch, besonders wenn ein Teil des Dampfes zu gewerblichen Zwecken oder Wirtschaftsbetrieben verwendet wird und das Niederschlagswasser verloren geht, ein Schwimmergefäß zwecks Nachspeisung von Frischwasser in die Anlage am Speisewassersammler vorgesehen. Bei Hochdruckanlagen werden die Speisepumpen als Kolbenpumpen für Dampfantrieb ausgeführt. In der eben besprochenen Ausführungsform mit Speisewassersammler werden die Pumpen meist für intermittierenden (unterbrochenen) Betrieb mit selbsttätiger, vom Kesselwasserstand gesteuerter In- und Außerbetriebnahme ausgeführt.

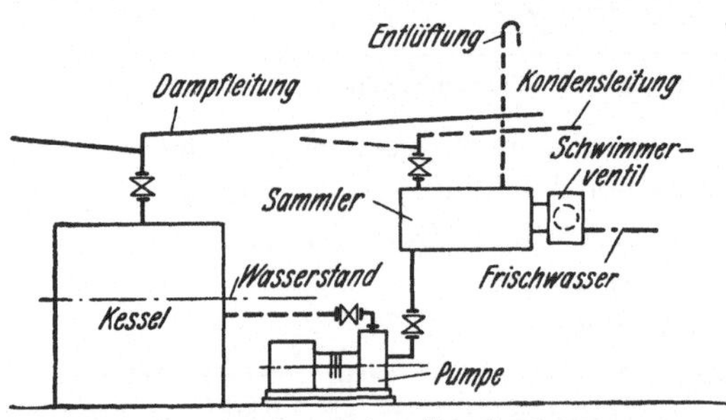

Abb. 80. Anordnung einer Kesselspeisepumpe.

In Anlagen, wo kein Niederschlagswasser verloren geht, könnten die Pumpen ähnlich den Umwälzpumpen von Warmwasserheizungen unmittelbar in die Niederschlagswassersammelleitung eingebaut und unbesorgt als ununterbrochen arbeitende Anlagen ausgeführt werden, da dem Kessel nicht mehr Wasser zugeführt werden kann, als verdampft worden ist. Während aber die Pumpen der Warmwasserheizungen lediglich den Wasserinhalt umwälzen, muß bei Dampfheizungen in irgendeiner Weise die Luft, die aus dem Niederschlagsnetze angesaugt wird, vor Eintritt in die Kesselanlage ausgeschieden werden. Dies geschieht in einfacher Weise, falls der Kessel mit Niederdruck arbeitet, durch Zwischenschaltung eines offenen Sammlers, der — über dem bei Höchstdruck erreichbaren Kondenswasserstande angeordnet — den Kessel durch Schwerkraft speist. (Es wäre zwar in einer solchen Anlage einfacher, die Niederschlagswasserleitungen ohne Pumpe anzuschließen, in Sonderfällen ist aber die beschriebene Anordnung von Vorteil.) Ist dies nicht durchführbar, so kann der Sammler in beliebiger

Lage angeordnet werden, muß dann aber mit einer schwimmergesteuerten Entlüftung versehen werden, wie in den Abb. 81 und 81a dargestellt ist. Der Schwimmer hält das Luftventil bei niedrigem Wasserstande im Sammler geöffnet und die Luft kann frei entweichen. Mit zunehmendem Wasserstande wird das Ventil geschlossen und die von der Pumpe geförderte Wassermenge preßt das im Gefäß verbliebene Luftpolster bis

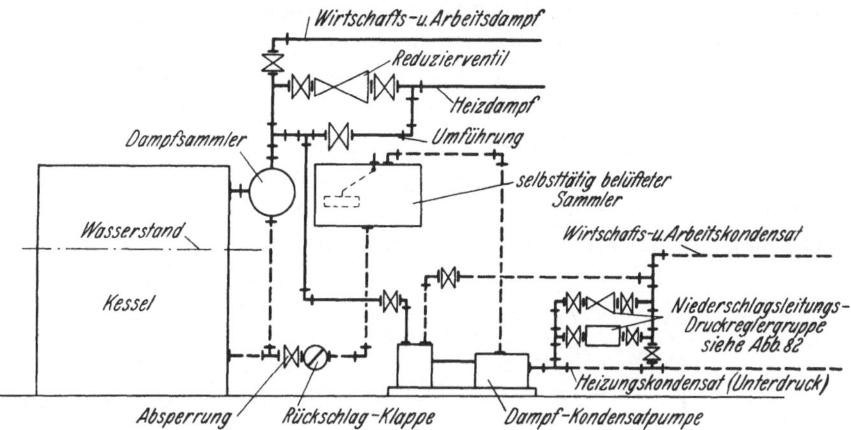

Abb. 81. Unterdruck-Dampfheizungsanlage mit Arbeitsdampfnetz.

auf Kesseldruck zusammen, worauf das Wasser in den Kessel überfließt. Fördert die Pumpe weitere Luftmengen in den Sammler, so wächst das Luftpolster, und der sinkende Wasserstand öffnet jeweils die Entlüftung und läßt den Luftüberschuß entweichen. Rückschlagklappen in der Speiseleitung zu den Kesseln verhindern ein Zurückdrängen des Wassers unter Kesseldruck. (Rückschlagklappen sind überhaupt ein Allheilmittel der verschiedensten Übel, wie aus einer Reihe der vorgeführten Abbildungen ersichtlich ist.) Diese Ausführung der Entlüftung des Speisewassers eignet sich besonders für Kolbenpumpen und es wird in dem Niederschlagsnetz ein bedeutender Unterdruck auch bei Hochdruck oder Mitteldruck am Kessel auftreten.

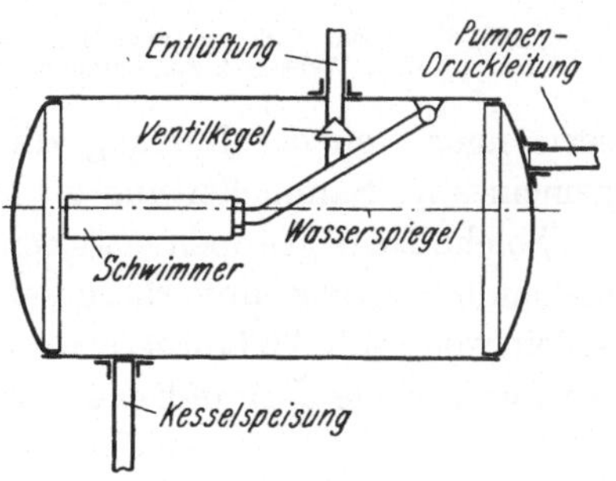

Abb. 81 a. Speisewasser-Entlüftungsgefäß.

Der Unterdruck ist besonders bei weitverzweigten Anlagen beabsichtigt, wird aber häufig durch Dampf, der durch kesselnahe Heizgruppen durchschlägt oder aber durch das Niederschlagswasser von Arbeits- und Wirtschaftsdampf, das teilweise wieder verdampft, ungünstig beeinflußt und könnte auch zu ungenügender Leistung entfernter

Heizgruppen Anlaß geben. Der Anschluß von kesselnahen Heizgruppen an eine besondere Niederschlagswassersammelleitung ist zwar ein sicheres, aber kostspieliges Hilfsmittel. Andererseits können aber diesen Unzulänglichkeiten auch bei gemeinsamer Sammelleitung durch Einregelung des Druckabfalles in den einzelnen Gruppen des Netzes behoben werden, was durch den Einbau von Unterdruckregelanordnungen in die verschiedenen Niederschlagswasserleitungen ermöglicht wird.

Diese bestehen aus einem Schwimmerstauer (Abb. 82), der an sich dauernd entweder wassergesperrt oder geschlossen ist, so daß auf der Zulaufseite ein beliebig höherer Druck aufrecht erhalten werden kann als auf der Ablaufseite, sofern es gelingt, dieselbe Bedingung auch für die Entlüftungsleitung des Kondenstopfes zu erfüllen. In diese Entlüftungsleitung baut man zu diesem Zwecke einen Druckregler mit Gewichtsbelastung ein, der einen beliebigen Druckunterschied zwischen Kondenstopf und Hauptsammelleitung sichert und den Druckabfall kesselnaher Heizungsstränge geringer hält, als den der entfernten Stränge. Durch Einbau einer solchen Regelgruppe wird es auch möglich, ohne Benachteiligung der Druckgefälle anderer Gruppen des Netzes die Niederschlagswassermengen von der Lüftungsanlage oder Warmwasserbereitung in die gemeinsame Sammelleitung zu leiten.

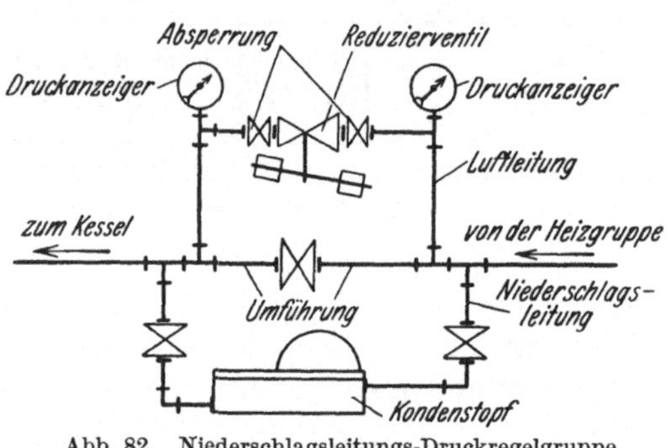

Abb. 82. Niederschlagsleitungs-Druckregelgruppe (Warren Webster & Co., Camden N.J.).

Solche Regelgruppen erweisen sich von besonderem Werte, wenn bestehende Anlagen unvorhergesehen erweitert oder umgebaut werden sollen, weiter für Abdampfverwertungsanlagen in gewerblichen Betrieben, wo nur geringe Dampfdrucke erforderlich sind[1].

In letzter Zeit werden die Unterdruckdampfheizungen und besonders die Differential-Vakuum-Heizungen mit besonders gebauten Kreiselpumpen, mit Sammler und einem auf der Wasserstrahlsaugwirkung aufgebauten Saugstück in besonderen Gruppen ausgeführt und haben sehr rasche Ausbreitung gefunden. Abb. 83 zeigt die Wirkungsweise. Die Kreiselpumpe saugt aus dem teilweise mit Wasser gefüllten Sammler das Kondensat und drückt es bei niedrigem Wasserstande im Sammler wieder

[1] In letzter Zeit fing Warren Webster & Co. an, diese Regelgruppe für gruppengeteilte Unterdruckdampfheizungen in ähnlichem Sinne zu verwenden, wie die Ausgleichsgruppen in Abb. 66. („Oriface“-Heizung — Werbematerial der Fa. Warren Webster & Co., Camden N. J.)

in diesen zurück, da der Schwimmer das Kesselspeiseventil geschlossen hält. Das durch die Düsen hindurchtretende Wasser saugt ein Luft- und Wassergemisch aus der mit einer Rückschlagklappe versehenen Kondensleitung an und erzeugt in dieser einen Unterdruck. Die Luft entweicht durch die Ent- und Belüftungsleitung und das Spiel wiederholt sich so

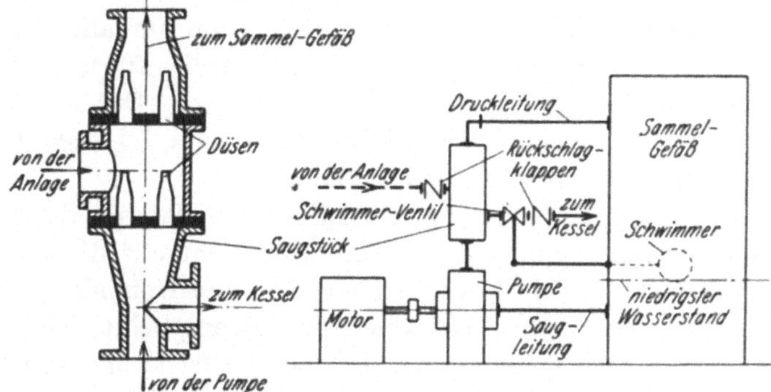

Abb. 83. Unterdruck-Pumpenanordnung.

lange, bis der Schwimmer das Speiseventil öffnet und die Pumpe in den Kessel zu speisen beginnt. Rückschlag von Wasser durch den Kesseldruck wird durch eine Rückschlagklappe verhindert. Solche Gruppen arbeiten zufriedenstellend bis zu etwa 1,5—2,0 Atm. Überdruck am Kessel.

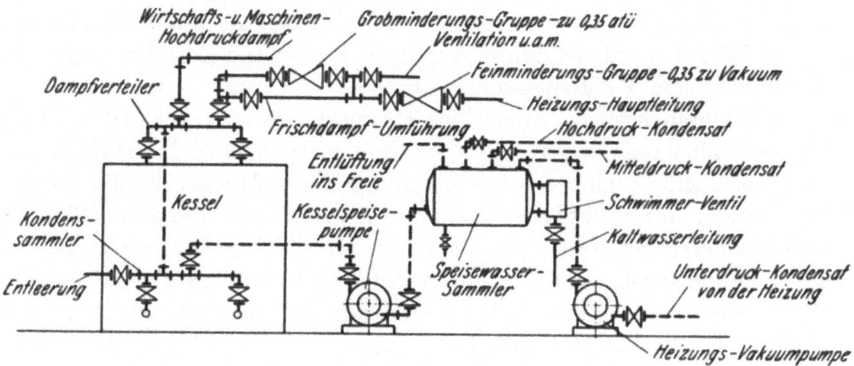

Abb. 84. Kesselanlage mit Speisepumpe.

Für größere Drucke empfiehlt es sich, die Unterdruckpumpe in einen Speisewassersammler drücken zu lassen und dann eine Kesselspeisepumpe für die Kesselspeisung einzubauen, ähnlich den vorbesprochenen Anlagen (Abb. 84). Die Unterdruckpumpen werden entweder ununterbrochen betrieben oder durch automatische Regler nach Bedarf eingeschaltet. Ein typischer Vertreter dieser Regler ist bereits besprochen worden (Abb. 62), der den Druckunterschied zwischen Dampf- und

Niederschlagswassernetz konstant hält. Andere Regler werden nach Bedarf auf einen bestimmten Unterdruck voreingestellt und halten diesen in der Niederschlagswasserleitung konstant. Gelegentlich kann der Unterdruck auch von einem Temperaturregler aus gesteuert werden.

Die benötigte Wasserhöchstförderung der Speisepumpen kann aus der Höchstleistung der Kesselanlage leicht ermittelt werden; es empfiehlt sich, diese nicht zu knapp zu wählen, um für allmählich auftretende mechanische Unzulänglichkeit und überdies für unvorgesehene Überlastungen bei Anheizen u. a. m. zu sorgen. Die Berechnungshöchstleistung der Anlage bei der Wahl der Pumpe ist deshalb zweckmäßig um etwa 20—25 vH zu überschreiten.

Der wirklich vom Kolben oder Laufrad der Pumpe durchlaufene Kubikinhalt (Verdrängung) ist aber mit Rücksicht auf die geförderten Luftmengen und die bei Unterdruckheizungen auftretenden Luft- und Dampfgemische weit höher zu wählen und es empfiehlt sich, die Verdrängung von Kolbenspeisepumpen auf das dreifache und von Kreiselspeisepumpen auf das doppelte des größten Wasservolumens anzusetzen. Bei Unterdruckheizungspumpen wird dieses Verhältnis noch ungünstiger; bei Kolbenpumpen ist deshalb die Verdrängung auf etwa das 8—10fache geförderte Wasservolumen zu vergrößern, während für Kreiselpumpen mit etwas kleinerer Verdrängung gerechnet werden kann.

Der Inhalt von Kondenssammlern für Hochdruck- und Niederdruckdampfanlagen, gemessen zwischen Hoch- und Niedrigwasserstand, sollte die höchstmögliche Niederschlagsmenge während 2—3 Minuten Betrieb fassen. Für Unterdruckdampfheizungen kommt man in der Regel mit einem kleineren Kondenssammler aus.

ε) **Normalisierung.** Einer der Hauptgründe für die Ausbreitung der Zentralheizung in Amerika ist die weitreichende Normalisierung. Diese ermöglicht eine rasche Erstellung einer Anlage, da die Hauptbestandteile immer auf Lager geführt werden können und gibt außerdem dem Bauherrn oft die Möglichkeit, ohne kostspielige Umbauten die Anlage zu modernisieren oder umzugestalten. So werden die gußeisernen Heizkörper nur in wenigen Normalgrößen mit bestimmten Bauweiten und vor allem gleichen Heizflächenausmaßen der Glieder ausgeführt. Es ist möglich, wenn auch nicht üblich, die Erzeugnisse verschiedener Häuser untereinander zu vertauschen. Dieser Brauch wird auch in neuester Zeit weitergeführt. So werden die „neuen" (wie sie hier genannt werden) Radiatoren, die den mehrsäuligen „Classic" oder „Lollar" Radiatoren entsprechen, von allen namhaften Häusern in den seit alters her gebräuchlichen Bauhöhen (16, 20, 26, 32 und 38 Zoll Gesamtbauhöhe, einschließlich Fuß) und in einer Normalbauweite von 2 Zoll mit Normalanschluß von $1^1/_4$ Zoll hergestellt, und diese haben wieder untereinander die gleichen Heizflächenausmaße bei gleicher Bauhöhe und Säulenzahl. Interessehalber ist eine Zusammenstellung einiger verbreiteter gußeiserner Heizkörper in Zahlentafel 16 aufgenommen, die allgemein gültig ist.

Zahlentafel 16. Typische Maße mehrsäuliger gußeiserner Heizkörper.

Handelshöhe (Gesamthöhe mit Fuß) mm	Nippelhöhe mm[1]	Fuß bis Mitte Nippel	Heizfl. m² je Glied 6 säulig	Heizfl. m² je Glied 5 säulig	Heizfl. m² je Glied 4 säulig	Heizfl. m² je Glied 3 säulig
950	800	112,5	0,54	0,465	0,395	0,325
800	650	112,5	0,465	0,402	0,325	0,279
650	500	112,5	0,372	0,325	0,256	0,232
500	350	112,5	0,279	0,248	0,209	0,163

Zahlentafel 17. Normalien von Heizkörperabsperrungen[2] (Abb. 85 und 86).

Lichter Rohrdurchmesser mm	Abstand „A" mm W. W. u. Niederdruckdampf-Eckventile und Eckverschraubungen	Abstand „A" mm Niederdruckdampf- und Unterdruckdampf-Regelventile	Abstand „A" Eck-Stauer
12	56	69	81
20	69	69	81
25	75	75	—
34	88	88	—
39	94	94	—
49	106	106	—

Vor einiger Zeit[3] hat man zu den schon lange eingeführten Normalfittings, Flanschen u. a. m. auch Normaldimensionen von Heizkörperhähnen und Heizkörperstauern eingeführt. Diese sind in Abb. 85 und Abb. 86 erklärt und in Zahlentafel 17 zusammengestellt. Die Bedeutung dieses Schrittes ist klar. Geschieht etwas am Ventil, Hahn oder Stauer und sind die von den einzelnen Herstellern zwar für ihre Erzeugnisse normalisierten, aber von anderen Erzeugnissen etwas abweichenden Ersatzbestandteile nicht zur Hand, so kann ohne Verzug das Erzeugnis einer anderen Firma ohne Schwierigkeiten eingebaut werden. Es wird hierdurch auch der kleinsten Heizungsfirma die Möglichkeit geboten, mit geringen Mitteln stets gegen Zufälligkeiten geschützt zu sein.

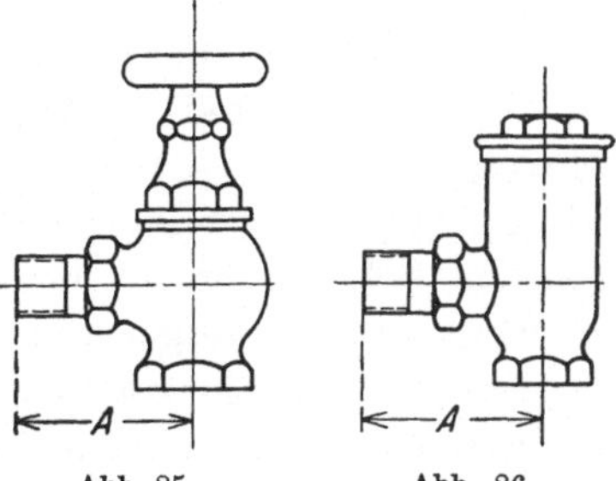

Abb. 85. Heizkörper-Normalventil.

Abb. 86. Heizkörper-Normalstauer.

Einzelne Hersteller gehen aber noch weiter. Die neuesten Ausführungen eines bestimmten Erzeugnisses werden stets mit Rücksicht

[1] Toleranz ± 2 mm. [2] Toleranz ± 3 mm.
[3] Januar 1926 — „A. S. H. V. E. Guide" 1926.

auf mühelose und billige Umgestaltung der ältesten in neue Modelle ausgearbeitet. Als Beispiel ist ein „alter“ Dampfstauer und derselbe „umgebaut“ in Abb. 87 dargestellt. Ein derartiger Umbau erfolgt ohne die geringste Änderung am Anschluß. Gelegentlich findet man auch das Bestreben, die feineren oder kostspieligeren und verhältnismäßig wenig gebräuchlichen Apparatebestandteile derart in der Anschaffung zu verbilligen, daß man die Größen derselben auf die meist gebräuchlichen einschränkt und — falls eine größere Leistung benötigt werden sollte — diese durch Anordnung mehrerer „Einheiten“ auf einen Verteiler oder durch geeignete Hintereinanderschaltung im Netz selbst erzielt (Abb. 88).

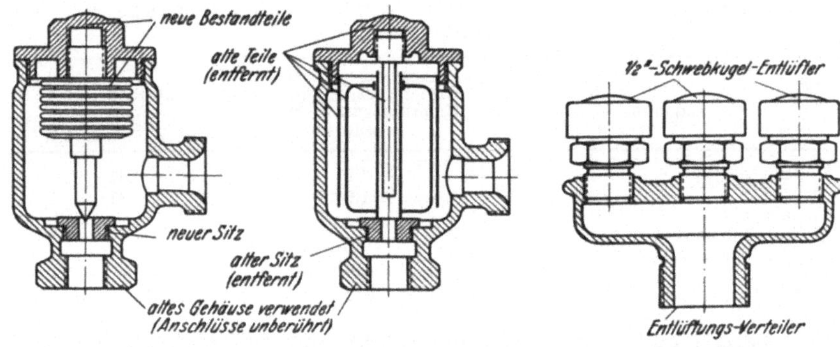

Abb. 87. Umbau bestehender Anlagenbestandteile (Warren Webster & Co., Camden N.J.).

Abb. 88. Gruppenverwendung von Bestandteilen (Warren Webster & Co., Camden N.J.).

Hier wäre auch noch zu erwähnen, daß die Heizkörperstauer in den Werken eingestellt und geprüft werden. Um die Einstellung der Dehnkörper während der Montage, Probeheizung und auch provisorischen Heizung vor Fertigstellung der Anlage nicht zu beeinträchtigen und auch den Dehnkörper vor Verölen usw. zu schützen, werden entweder die Dehnkörper herausgenommen und vom Hersteller für die Dauer der Montage provisorische Kappen leihweise überlassen oder aber es werden für diese Zeit Sonderfittings eingebaut, die erst nach vollkommener Fertigstellung und Reinigung der Anlage durch die Stauer ersetzt werden.

Ähnliche Verhältnisse herrschen auch in der Lüftungstechnik usw. So werden beispielsweise von einzelnen Firmen Lüfter gebaut, bei denen durch Auswechseln des Laufrades oder durch Versetzen des Gehäuses in den Tragstücken den verschiedensten Anforderungen entsprochen werden kann. Man kann ohne Schwierigkeiten einen Lüfter mit radialen Laufradschaufeln innerhalb weniger Stunden durch Auswechseln des Rades in einen Lüfter mit vorwärts oder rückwärts gekrümmten vom Hersteller „normalisierten“ Laufradschaufeln umändern, oder auch bei kleineren Ausführungen den Ausblasestutzen am Bau selbst nach beliebiger Richtung wenden und anordnen.

Derartige Verhältnisse ermöglichen deshalb auch bei weniger ausführlichen Vorarbeiten und Plänen eine einfache Anpassung einzelner Teile der Anlage an die gegebenen Vorbedingungen; hierauf beruht auch zum großen Teile die außerordentliche Geschwindigkeit, mit der die Anlagen erstellt und betriebsfertig werden.

5. Die Großraumheizung.

a) Allgemeines und Unterteilung.

Die Großraumheizung wird überall dort Anwendung finden, wo entweder ganze Gebäude oder größere Teile derselben ohne Unterteilung als Aufenthaltsräume dienen, oder aus anderen Gründen geheizt werden sollen, also in Versammlungs-, Fabriks-, Geschäfts-, Ausstellungs-, Sport- und Wagenhallen, größeren Gewächshäusern u. a. m. Je nach den verschiedenen, besonderen Vorbedingungen wird man entweder eine Heizung durch lokale Heizflächen, eine geeignete Luftheizung oder aber eine Vereinigung beider Heizungsarten zur Anwendung bringen.

Wird von der Luftheizung, die in ihrer Grundlage wie auch in den Einzelheiten als Lüftungsanlage betrachtet werden kann, vorläufig abgesehen, so bleiben lediglich die Heizungen mittels lokaler Heizflächen und von diesen wieder nur die Gewächshaus- oder ähnlich gebaute Ausstellungshallen-Heizanlagen wegen gewisser Eigenheiten, der Besprechung vorbehalten. In den kombinierten Luftheiz- und Heizkörperanlagen dienen die Heizkörper meist der Oberlicht-, Schneeschmelz- oder Fensterheizung und gelegentlich der Beheizung von Büros, Empfangsräumen u. a. m.; sie sind dann als gewöhnliche Dampf- bzw. Warmwasserheizungen auszuführen.

b) Die Gewächshausheizung.

In kleineren, privaten Gewächshäusern wird nur die Warmwasserheizung zur Anwendung kommen, da sie wegen des großen Wärmeinhaltes der Anlage gegen Unregelmäßigkeiten in der Bedienung wenig empfindlich ist. Diese Eigeschaft ist besonders deshalb von großem Vorteil, als die Gewächshäuser den größten Bedarf an Wärme und Bedienung in der Nacht aufweisen. Außerdem läßt die milde Oberflächentemperatur eine Anordnung der Heizflächen auch in der Nähe der Pflanzen an, ohne deren Wachstum zu beeinträchtigen. Auch die Herstellung, besonders wenn, wie allgemein üblich, gußeiserne Muffenrohre von etwa 88 mm lichte Weite zur Verwendung gelangen, ist äußerst billig und kann in weiten Grenzen Taglöhnern überlassen werden, falls die beliebte „Rostverbindung" der Rohre zur Anwendung kommt. Diese Verbindung besteht aus einer Wickelung teergetränkten Hanfes in der Muffe, wobei man den Rest der Muffe mit nassen Eisenfeilspänen vollstemmt und einrosten läßt. Da gußeiserne Rohre auch in der feuchten Gewächshausluft unverwüstlich sind und die Rostverbindung mit zunehmendem Alter dichter wird, so sind die Erhaltungskosten solcher Anlagen sehr gering.

Gewerbliche Gewächshäuser, botanische Gärten, Pflanzenausstellungen u. a. m., die oft 100—200 m lange, 20—30 m weite und gelegentlich zu 15—20 m hohe Glashallen aufweisen, verwenden neuerdings fast durchweg Dampfheizungen, seltener Pumpenwarmwasserheizungen, weniger mit Rücksicht auf Anschaffungskosten, als auf die sehr geringe „Trägheit“ der Anlage. Die zulässigen Temperaturschwankungen in gewerblichen Gewächshäusern betragen etwa 3° C, und die amerikanische Praxis legt viel mehr Wert auf gleichmäßige, beliebig einstellbare, als auf höchsterreichbare Temperatur. Es ist bemerkenswert, daß die Mittelwerte der empfohlenen Temperaturen, die in Zahlentafel 18 zusammengefaßt sind, durchweg unter 20° C liegen. Es be-

Zahlentafel 18. Empfohlene Gewächshaustemperaturen.

Verwendung	Temperatur °C.
Veilchen, Kamelien, Azaleen, Salate usw.	5—7
Nelken, nördliche Palmen	10—12
Gemischte Pflanzung, Rosen, Pilze	12—15
Treibhäuser, Orchideen, Farne, Wintergärten, Ausstellungen	15—18
Pfirsiche, Weine, tropische Palmen, vorzeitige Gurken und Liebesäpfel (Tomaten)	18—21

steht allgemein die Ansicht, daß die Heizungsanlage auch das einzige Mittel sei, die Liefermenge eines Gewächshauses, welche möglichst gleichförmig sein soll, zu regeln, um Mangel an Ware bzw. Überfluß zu vermeiden.

Die Anlage muß auch genügende Sicherheit geben, daß nach Bedarf Höchstleistungen innerhalb weniger Tage, höchstens in einer Woche ermöglicht werden, oder — falls erforderlich — die Lieferung ohne Verluste eingeschränkt werden kann.

Die Dampfheizung mit entsprechend einstellbarer Temperaturregelung gibt die einzige Lösung dieser Frage. Die Heizflächen, aus viel schwächeren Rohren (34 mm ist ein allgemein gebrauchter Innendurchmesser) hergestellt, sind leichter anzuordnen, selbst wenn sie von den Pflanzen weiter entfernt gehalten werden müssen als Warmwasserrohre.

Zur Wärmedurchgangsberechnung von Gewächshäusern ist zu bemerken, daß diese trotz der Einfachheit der Ausführung häufig Schwierigkeiten bietet. So ist vielfach berichtet worden, daß Gewächshäuser auf der dem Winde abgekehrten Seite ungenügend beheizt wurden, trotzdem die Heizfläche ausreichend erschien. Die Giebelenden sind häufig auch bei gut angelegten Heizungen ungleichmäßig in der Temperatur. Eine gewisse Bedeutung hat auch der Regen- und Schneeanfall insofern, als die wassergefüllten Fugen um die Glasscheiben die natürliche Lüftung teilweise hemmen und die Wärmeabgabe herabsetzen. Frost- und Eisschichten auf den Scheiben sind ebenfalls von Einfluß. Es ist deshalb von Vorteil für die Gleichmäßigkeit der Beheizung, die Anlage auch innerhalb desselben Raumes zu unterteilen und getrennt regelbar zu gestalten, was bei Großanlagen unerläßlich ist.

6. Fernheizung[1].

a) Allgemeines.

Die in Amerika sehr verbreiteten Dampf- und Warmwasserfernheizungsanlagen weichen in der Gesamtanordnung wie auch in Ausführungseinzelheiten nur unwesentlich von den in Europa in größerer Zahl ausgeführten Heizwerken ab; einzelne dieser Abweichungen sind bereits früher besprochen worden. Der Kongreß für Heizung und Lüftung in Dortmund im Jahre 1930 wie auch eine Reihe von in letzter Zeit ausgesprochenen Fachurteilen[2] haben allerdings gezeigt, daß diese Heizungsform, so bequem sie auch die Warmhaltung der Gebäude macht, in Europa nur in Sonderfällen eine wirtschaftliche Bedeutung annehmen kann, beispielsweise gelegentlich als Abwärmeverwertungsanlage in der Industrie, Kraft- und Heizanlage von Anstalten und Krankenhäusern oder seltener zur Beheizung dicht geplanter Siedlungen, wo die Anlage der Verteilungsleitungen auf keine Schwierigkeiten stößt, da sonst die unverhältnismäßig hohen Anlage- und Erhaltungskosten der Hauptleitungen den Marktpreis der abgegebenen Nutzwärme derart hochschrauben, daß auch die größten, erzielbaren Brennstoffersparnisse diesen Preis nicht in wirtschaftliche Grenzen bringen können.

In Amerika wird zwar die Fernheizung durch den Städtebau selbst günstig beeinflußt, da in den Geschäfts- und einzelnen Wohnvierteln der größeren Städte die mittlere Gebäudehöhe und somit auch der Anteil der Jahreslieferung an Wärme, der auf die Längeneinheit der Hauptleitungen und der hiermit verbundenen Bauarbeiten entfällt, weit höher ist als in Deutschland (Abb. 89). Dies wird noch unterstützt durch den größeren Bedarf an Warmwasser über das ganze Jahr, da eine weit größere Anzahl von Büro-, Kauf-, Schul- und anderen öffentlichen Gebäuden

[1] Über diesen Gegenstand hat die „National District Heating Association" (Greenville, Ohio) seinerzeit ein ausführliches Nachschlagbuch (s. Anm. 1, S. 8) veröffentlicht. Eine Neuauflage ist für 1932 angemeldet.

[2] M. Debesson — s. Anm. 2, S. 116 — Haustechnische Rundschau 1928, S. 111.

Abb. 89. Detroit-Edison Co., Fernheizwerk — Detroit Mich.

neben den Wohnhäusern fließendes Warmwasser als Regel eingeführt hat. Trotzdem ist aber die Fernheizung nicht überall ein wirtschaftlicher Erfolg geworden.

Man versuchte gelegentlich diese Unzulänglichkeiten durch entsprechende verwaltungstechnische Maßnahmen zu beheben, beispielsweise durch Sonderpreise für die Wärmeeinheit, die während der Heizperiode (in den nördlicheren Gebieten vom 1. Oktober bis 1. Mai angesetzt) gelten (Lockpreise). Diese Sonderpreise geben, falls vor und nach dem Stichtage mit Sicherheit ohne Heizung ausgekommen werden kann, eine noch wirtschaftliche Anlage. Wird aber außer der Heizperiode die Heizung in Betrieb genommen — und meistens sind die Stichtage derart angesetzt, daß dies durchschnittlich an 8—10 Tagen jährlich geschehen muß — so wird für das jedesmalige Öffnen des Hausabsperrschiebers eine sehr hoch angesetzte Sondergebühr entrichtet, die aber mindestens für jeden Kalendertag, an dem die Heizung außerhalb der Heizperiode betrieben worden ist, in Rechnung gesetzt wird. (Beispielsweise sei erwähnt, daß Verfasser erst kürzlich an dem Umbau einer Heizungsanlage von Fernheizungsanschluß zu unabhängiger Sammelheizung arbeitete, die eine Gesamtdampfheizfläche von etwa 2000 m^2 aufwies und wo für das einmalige Öffnen des Hausabsperrschiebers außerhalb der Heizperiode eine Gebühr von 640 M. berechnet wurde. Hieraus errechnete sich die Beheizung eines kleinen, einfenstrigen Raumes für durchschnittlich 10 Tage außerhalb der Heizperiode zu etwa 20 M., während bei einem Preise von 10 M. für 1000 kg Heizdampfes die Beheizung desselben Raumes während der 6 Wintermonate auf höchstens 40—80 M. zu stehen kam.)

Derartige Verhältnisse führen dann zur Anwendung von Hilfsmaßnahmen durch Einbau eines kleinen, öl- oder gas-, seltener kohlegeheizten Kessels, der außerhalb der Wintermonate die Warmwasserversorgung besorgt und — falls dies nicht den Vorschriften des Heizwerkes widerspricht — unter Umständen zur Heizung in den Übergangsjahreszeiten herangezogen werden kann. Daß diese Anordnung dem Grundprinzip der Fernheizungswirtschaft völlig entgegensteht, ist wohl leicht verständlich, da hierdurch eine Kesselanlage, wenn sie auch noch so klein ist, ins Haus kommt und die einfache Bedienung der Fernanschlußleitung durch die notwendigen Verbindungs- und Umführungsleitungen außerordentlich erschwert wird.

Die Ursachen von schlechter Wirtschaftlichkeit von Fernheizungen können verschieden sein, wie beispielsweise[1]:

1. Ungeeignetes Gebiet, besonders bei ungenügender Dichte der Siedlungen.

---

[1] Combe, F. A.: Central and District Heating. Ottawa: F. A. Acland 1924.

2. Unvollkommener Entwurf oder Ausführung der Anlage.
3. Schlechte Verwaltung oder unsachgemäßer Betrieb.
4. Ungenügende Pflege und Erhaltung der Anlage, mit hieraus resultierender rascher Zerstörung.
5. Unberechtigte Preislage, d. h. unvernünftige Gewinnsucht.

Hierzu kann bemerkt werden, daß auch sehr dicht besiedelte Gebiete bei einer Neuanlage unwirtschaftliche Bedingungen durch schwieriges Verlegen der Leitungen in verkehrsreichen Straßen schaffen können. Es kommt deshalb gelegentlich die Verlegung der Hauptleitungen in Seitengassen zur Anwendung. In Amerika hat dies allerdings eine viel größere

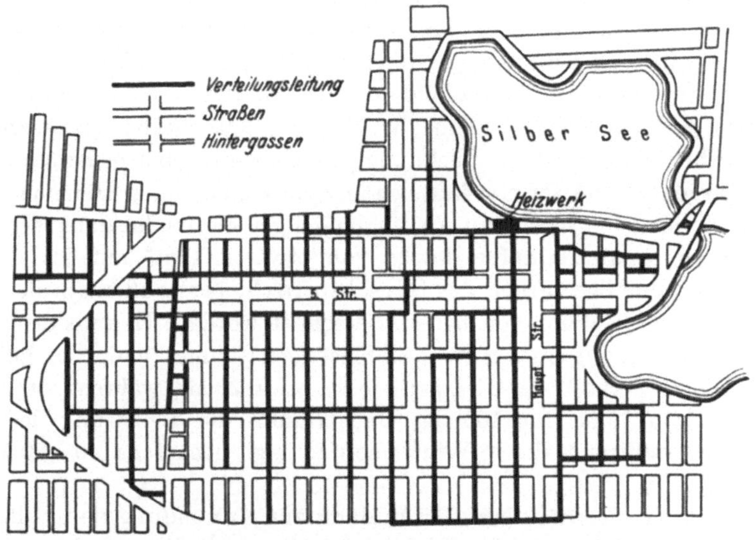

Abb. 90. Hintergassen Verteilungsnetz (Virginia-Minn.).

Bedeutung, da in vielen Städten die Straßenbaublocks durch schlecht oder gar nicht gepflasterte Seitengassen in einer Richtung halbiert werden. Auf diese Durchfahrten münden dann alle Hintertreppen, Warenaufzüge und Hilfs- oder Seiteneingänge, die nach den verschiedenen Baugesetzen etwa vorgesehen werden müssen. Sie sind nahezu verkehrsfrei und ermöglichen eine rasche und billige Herstellung der Rohrkanäle u. a. m. Ein derartiges Netz ist in Abb. 90 dargestellt.

Das einfachste Mittel zur Erstellung billiger Verteilungsleitungen auch in sehr verkehrsreichen Gebieten wäre ihre Verlegung in die Keller der Gebäude. Allerdings führt diese Anordnung zu rechtlichen Schwierigkeiten, da es den betroffenen Gebäuden „Servitute" aufbürdet, die Zugänglichkeit etwas erschwert und zu erfolgreichem Betrieb ein sehr verzweigtes und verschiedenartig kurzgeschlossenes Netz verlangt, um den Betrieb auch bei Umbau oder Niederreißen beliebiger Gebäude zu ermöglichen. Eine erfolgreiche Form dieser Anlagen ist die Blockheizung, welche die Vorteile der Fern- und Einzelgebäudeheizung vereinigt. Sie ist überall am Platze, wo die Bautätigkeit eine rasche Entwickelung mehrerer angrenzender Gebäude oder Baublocks verspricht. Ein charakteristisches Beispiel ist in Abb. 91 im Blockplan dargestellt. Die Gebäude A und B werden derzeit von einem Kesselhaus im Gebäude A beheizt, das aber bereits höchstbelastet ist. Außerdem ist das Gebäude A nicht ausreichend und es wird ein Neubau an seiner Stelle geplant, was aber nur möglich wird, falls für das Gebäude B eine provisorische Wärmequelle erstellt wird. Das Kesselhaus des Gebäudes C wurde deshalb derart festgelegt, daß es nicht nur in der Mitte der ganzen Gebäudegruppe zu liegen kommt, sondern auch sehr einfach erweitert werden kann. Außer einem oder zwei kurzen Rohrgängen bedarf dieser Umbau keiner kostspieligen Bauarbeiten und die Kesselanlage kann durch bloße Überdimensionierung der Verteiler und Kondenssammler ebenfalls nahezu ohne Mehrkosten erweiterungsfähig ausgestaltet werden, da der für weitere Kessel benötigte Raum in der Zwischenzeit als Lagerraum verwendet werden kann. Derartige Anlagen, die heute eine größere Zukunft haben dürften als ausgedehnte Fernheiznetze, erlauben bereits die Anstellung einer entsprechend geschulten Bedienungsmannschaft, auch Betriebskontrollapparate machen sich in kurzer Zeit bezahlt.

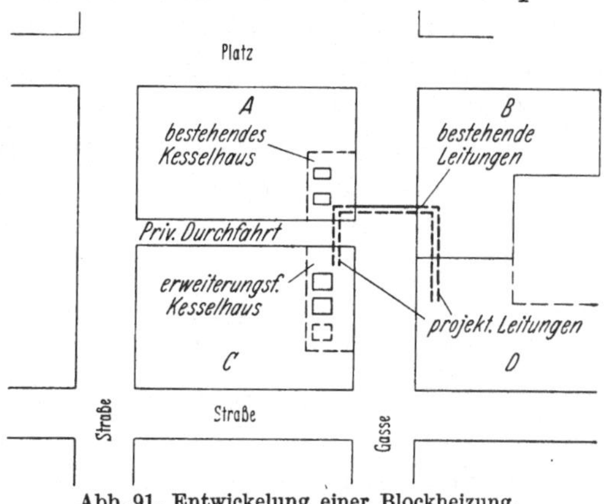

Abb. 91. Entwickelung einer Blockheizung.
C Neu — 17 Geschosse *B* Neu — 10 Geschosse.
A Alt — Neubau geplant *D* Alt — Neubau geplant.

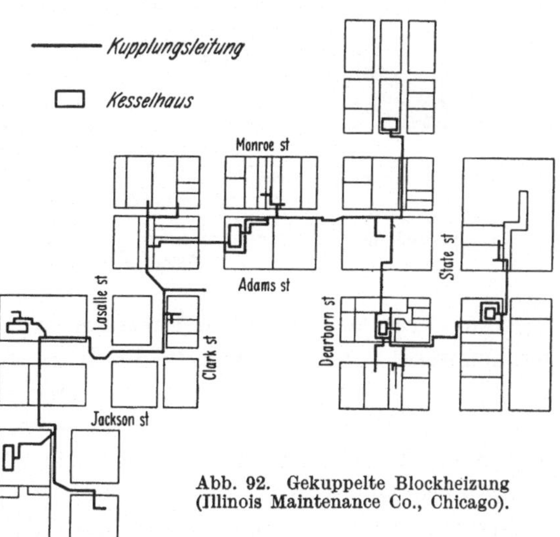

Abb. 92. Gekuppelte Blockheizung (Illinois Maintenance Co., Chicago).

Eine weitere, erfolgreiche Ausgestaltung dieses Systems ist die Verbindung mehrerer derartiger Blockheizungen durch kurze Leitungen, mit passenden Absperr- und Trennorganen, wie in Abb. 92 (Illinois Maintenance Co., Chicago) dargestellt. Die Anlage umfaßt etwa 50 Gebäude mit 6 Kesselhäusern. Bei Höchstbedarf der Anlage können vorübergehend alle Kesselanlagen betrieben werden, bei geringerem Wärmebedarf werden nur die neueren, wirtschaftlicheren und besser ausgerüsteten Kessel betrieben. Es können hierdurch die einzelnen Gruppenkesselhäuser bei der für ihren Wirkungsgrad zuträglichsten Belastung arbeiten. Es ist selbstverständlich, daß die kleinen Anlagen einen ge-

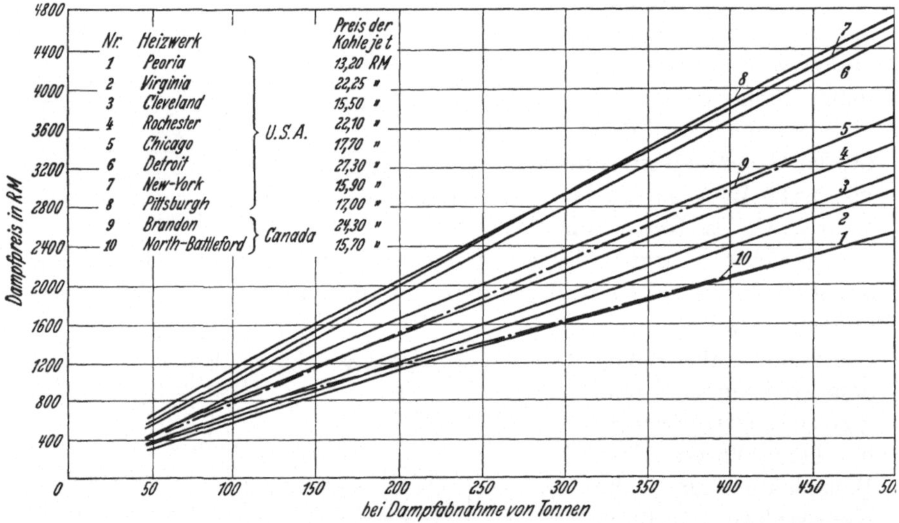

Abb. 93. Vergleich der Dampfpreise amerikanischer Fernheizwerke (F. A. Combe: Central and District Heating).

ringeren Gesamtwirkungsgrad aufweisen werden als ein gemeinsames Fernheizwerk. Die Ersparnisse durch Beibehalt der ursprünglichen Kessel und Leitungen wie auch die Möglichkeit schwächerer Rohrleitungen, geringerer Bauarbeiten u. a. m. sind aber weit bedeutender als die höheren Betriebskosten und sichern einen konkurrenzfähigen Dampfpreis, wie Abb. 93 beweist.

In dieser Abbildung sind die Grundpreise des Heizdampfes und deren Verhältnis zur Jahresabnahme in mehreren Städten Amerikas im Jahre 1924 dargestellt. Der angeführte Kohlepreis ist, da er vom Heizwert der einzelnen Brennstoffe absieht, nicht von Interesse. Bemerkenswert ist, daß der höchste der angeführten Dampfpreise etwa doppelt so hoch als der niedrigste ist und trotzdem beide Anlagen wirtschaftlich sind. Dieser große Unterschied ist von der Art der Anlage, Zahl der Abnehmer, größtem Unterschied zwischen Höchst- und Mindestbedarf und anderem mehr abhängig.

Die Schwierigkeiten, die sich der Erstellung einer wirtschaftlichen Fernheizungsanlage entgegenstellen, sind in erster Reihe auf die unregelmäßige Belastung der Anlage zurückzuführen, welche den Gesamtwirkungsgrad sehr stark herabsetzt. In Zahlentafel 19 ist die durchschnittliche, für den nördlichen Teil Nordamerikas gültige Aufteilung der jährlichen Heizkosten zusammengestellt, und es erübrigt sich eine nähere Untersuchung dieser Kosten.

Zahlentafel 19. Aufteilung der benötigten Heizleistung (in vH der Jahreswärmeleistung der Anlage).

Monat	Oktober	November	Dezember	Januar	Februar	März	April
Anteil	7%	12%	17%	20%	18%	16%	10%

Etwas günstiger gestaltet sich der Gesamtwirkungsgrad von Fernheizwerken, wenn diese nicht nur Heizdampf, sondern auch Betriebskraft in irgendeiner Form oder Leucht- und Kochkraft abgeben, weil hierdurch eine das ganze Jahr nur wenig schwankende Grundleistung geschaffen wird. Es sollte angenommen werden, daß die Elektrifizierung von großen landwirtschaftlichen Gebieten, die in den letzten Jahren sehr zugenommen hat, die durch den niedrigen Lichtbedarf und die abgestellte Heizung in den Sommermonaten stark beeinträchtigte Lieferung der gekuppelten Kraft- und Wärmewerke ausgleichen könnte, da die Landwirtschaft ihren höchsten Kraftbedarf im Sommer hat. Es ist aber bemerkenswert, daß in landwirtschaftlichen Betrieben höchstens jene Maschinen elektrisch betrieben werden, die das ganze Jahr hindurch nur für kurze Zeit täglich in Betrieb sind, während für die vorübergehenden, starken Sommerbeanspruchungen der Benzin- oder Rohölmotor, die Dampflokomobile und besonders in letzter Zeit der Motor des Traktors oder Lastautos weit wirtschaftlicher sind.

Es muß hier aber nochmals auf den erheblichen Einfluß örtlicher Verhältnisse und auch unvorhergesehener Entwicklung aufmerksam gemacht werden und es ist hervorzuheben, daß gelegentlich die wärmetechnisch vorteilhafteste Lösung nicht unbedingt auch wirtschaftlich vorteilhaft sein muß. Als Beispiel sei die Detroit Edison Co. in Detroit angeführt, die im Jahre 1904 anfing, ein Abdampfheiznetz ihren Kraftwerken anzugliedern, derzeit aber (seit 1916) in den Kraftwerken lediglich Strom erzeugt, während das sehr umfangreiche Heizungsnetz (Abb. 89) von 4 reinen Heizkesselanlagen mit Hochdruckfrischdampf gespeist wird. Die Gründe für dieses Vorgehen sind verschiedene, vor allem aber hat man sich durch das rasche und unerwartete Wachstum gewisser Viertel der Stadt gezwungen gesehen, entweder den Dampfdruck im Netze zu erhöhen, was nicht ohne Beeinträchtigung des Gesamtwirkungsgrades der Kraftheizwerke möglich war, oder aber die gesamten Leitungen durch neue zu ersetzen oder zu ergänzen, falls man es nicht vorzog, besondere Heizkesselhäuser zu erstellen. Die Vorstudien in dieser Richtung ergaben, daß man durch getrennte Kraft- und Heizwerke den Anforderungen am besten gerecht werden konnte; trotzdem eine Möglichkeit der Kuppelung von Kraft- und Heizsystem nicht aus dem Auge gelassen worden ist, hat sie sich bislang nicht als wünschenswert erwiesen. Die geringen Leitungsdurchmesser und hohen Dampfgeschwindigkeiten (bis etwa 350 m/s) mit den entsprechend niedrigen Leitungsverlusten geben auch in wärmewirtschaftlicher Hinsicht eine gute Lösung der gestellten Aufgaben.

Bei der Projektierung einer Fernheizanlage — sei es als unabhängiges Heizwerk, als Abdampfverwertungsbetrieb eines Kraftwerkes oder als Gaswerk mit gasgeheizten Einzelzentralheizungen — müssen sehr ausführliche Vorstudien und Untersuchungen betreffend Absatz und Wirtschaftlichkeit angestellt werden, da die Erfahrungen der letzten Jahrzehnte gezeigt haben, daß auch ein glänzende Versprechungen bietendes Werk diese oft nicht einlösen kann. Den Heizungstechniker interessieren vorerst die Mittel und Wege zur Veranschlagung der Jahresbetriebskosten einer Teilanlage bzw. der Gesamtanlage. Für diese Anschläge hat man ein Kennzifferverfahren aufgestellt, welches dem in Deutschland in letzter Zeit gelegentlich angewandten Verfahren[1] ähnlich ist, in erster Linie aber als Voranschlagbehelf Verwendung findet und nur gelegentlich als Kontrollverfahren angewandt wird.

b) Das Kennzifferverfahren.

Die Erfahrung verschiedener amerikanischer Gaswerke hat gezeigt, daß die Beheizung der Aufenthaltsgebäude bei mittleren Tagestemperaturen von weniger als 18° C notwendig wird. Weiter wurde durch viele Versuche und Stichproben erwiesen, daß über längere Zeitabschnitte hin — beispielsweise über ganze Heizperioden — der Brennstoff- bzw. Wärmeverbrauch einzelner Anlagen etwa proportional sei dem Unterschiede zwischen dieser Stichtemperatur und dem Mittelwert der Außentemperatur. Etwas Ähnliches zeigt auch Abb. 94, wenn in dieser auch mit Rücksicht auf Sonderverhältnisse, wie Einbezug von Warm wasserbereitung und Wirtschaftsdampf in die Verbrauchskurven, eine gewisse Grundleistung geschaffen ist, die den Vergleich etwas erschwert.

Man wählt deshalb die nach unten gerichtete, 1° C betragende Abweichung der mittleren Tagestemperatur von dieser Grundtemperatur

[1] Behrens, H.: Vergleichende Betriebskontrolle von Heizbetrieben aller Art. Wärmewirtsch. **1926**.

als Vergleichsgrundlage und bezeichnet sie als „Gradtag"[1]. Es wird dann beispielsweise die mittlere Tagestemperatur von 12° C mit 6 Gradtagen in Rechnung gesetzt, oder die Temperatur von t_m ° C mit z Gradtagen aus:

$$z = 18 - t_m \tag{27}$$

und für einen Zeitabschnitt von m Tagen, also etwa für die ganze Heizperiode

$$Z = \Sigma\,(18 - t_m)\,. \tag{28}$$

Wird eine Heizungsanlage nach bestimmten genau festgelegten und auf praktischen und theoretischen Erfahrungen aufgebauten Normen be-

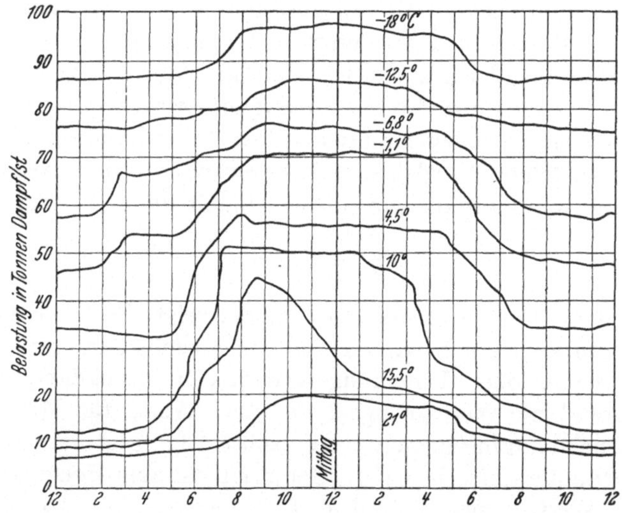

Abb. 94.
Belastung einer Heizungsanlage bei verschiedenen Außentemperaturen. (Siehe Anm. 1, S. 95.)

rechnet, so wird die jährlich im Durchschnitt für diese Anlage aufgewandte Wärmemenge proportional sein der eingebauten Raumheizfläche, im Vergleich mit anderen Anlagen ähnlicher Art an demselben Orte, in gleicher Lage und aufgebaut nach denselben Normen. Es kann aber noch weiter gegangen werden: da die Normen die Lage der Anlage bereits berücksichtigen, kann der jährliche Wärmeaufwand proportional der eingebauten Heizfläche angenommen werden.

An verschiedenen Orten wird aber der Jahreswärmeaufwand und erweitert auch der Wärmeaufwand für einen beliebigen Zeitabschnitt in geradem Verhältnis zu der Anzahl der auf diesen Abschnitt entfallenden Gradtage, d. h. proportional der durchschnittlichen Jahres-

[1] Amerikanische Gradtage stützen sich auf die Fahrenheit-Temperaturskala.

kennziffer stehen. (Solche Jahreskennziffern wurden für mehrere Hunderte amerikanischer Städte ermittelt und sind ein wertvoller Behelf bei der Ermittelung des voraussichtlichen Brennstoffverbrauches einer Anlage[1].) Ist aber der Jahreswärmeaufwand bzw. Brennstoffverbrauch Q einer bestimmten Anlage mit F m² Raumheizfläche bekannt, so kann eine Verhältniszahl q bestimmt werden, die den Jahreswärmeaufwand für die Heizflächeneinheit per Gradtag darstellt und für ähnliche Anlagen in ähnlichen Bauwerken mit guter Annäherung gültig ist und sich ergibt zu

$$q = \frac{Q}{F \cdot Z}. \tag{29}$$

Werden nun für die verschiedenen Bauarten der Heizungsanlagen und für die verschiedenen Betriebsmöglichkeiten wie z. B. Dauerbetrieb, unterbrochenen Betrieb u. a. m. derartige Vergleichszahlen aufgestellt, so können diese unabhängig von Ort und klimatischen Verhältnissen bei bekannter Jahreskennziffer gut angewandt werden.

Handelt es sich um Anlagen an demselben Ort, so kann eine ähnliche, leichter zu ermittelnde Vergleichszahl angewandt werden, welche den Jahreswärmeaufwand für die Heizflächeneinheit darstellt und beträgt

$$q_1 = \frac{Q}{F}. \tag{29a}$$

Wie gut derartige Werte übereinstimmen, zeigt die Zahlentafel 13, die in Wertegruppe 1 die Betriebsdaten von Mietshäusern mit Niederdruckdampfheizung oder aber handgeregelter Unterdruckdampfheizung enthält, während die Wertegruppe 2 derartige Werte für Mietshäuser mit Unterdruckdampfheizungen von selbsttätig gesteuertem, konstantem Druckunterschied bringt (Differential-Vakuum-Heizung). Ähnlich sind in Wertegruppe 3 und 4 Betriebsergebnisse von Niederdruckdampfheizungen bzw. Differential-Vakuum-Heizungen in Bürohäusern zusammengefaßt. Die bedeutenden Unterschiede der Vergleichszahlen zwischen Miets- und Bürogebäuden ergeben sich daraus, daß Mietshäuser eine längere tägliche Betriebszeitspanne aufweisen, während welcher die behagliche Raumtemperatur erreicht werden muß, als Bürohäuser, die häufig nur bis 6 Uhr abends geheizt werden. Über die zu erwartenden Wärmeersparnisse durch selbsttätige Druckunterschiedsregelung wurde bereits im Abschnitt über „die modernen Formen der Unterdruckdampfheizung" berichtet.

Für gasgeheizte Zentralheizungsanlagen sind brauchbare Anschlagswerte des zu erwartenden Gasverbrauches Q_1 während einer Heizperiode aus den Gleichungen

$$Q_1 = \frac{495\, F \cdot Z}{H} \tag{30}$$

[1] Heating Ventilating Mag. **1925**. Guide A. S. H. V. E. **1930**.

für Niederdruckdampfheizungen und

$$Q_1 = \frac{286\, F \cdot Z}{H} \tag{31}$$

für Warmwasserheizungen zu errechnen, worin — außer den bereits bekannten Werten — H den oberen Heizwert je m^3 des verwendeten Gases darstellt.

Gelegentlich wird für Überschlagsrechnungen eine noch einfachere Methode angewandt. Auf Grund langjähriger Beobachtungen haben verschiedene Heiz-, Kraft- oder Gaswerke Mittelwerte des Dampfverbrauches für die Heizflächeneinheit in (dampfgeheizten) Gebäuden verschiedenster Art aufgestellt und veröffentlicht, und es gilt beispielsweise für Neuyork mit einer Jahresheizperiode von 8 Monaten und für diese Zeitdauer mit einer Durchschnittstemperatur von $+ 6^0$ C nachfolgende Zusammenstellung:

Art der Verwendung	Raumtemperatur °C.	Heizdauer tgl.	Heizdauer Tage je Jahr	t Dampf je m² Heizfl. je Jahr
Fabrik und Warenhaus (10 und mehr Geschosse)	16—18	9—17 Uhr	ohne Sonn- und Feiertage, kein Nachtbetrieb, etwa 200 Tage	1,6
Bürogebäude	20—21	9—18 Uhr	ohne Nachtbetrieb, 240 Tage	1,9
Bürogebäude	20—21	9—18 Uhr	auch bis 21 Uhr, wenn benötigt, 240 Tage	2,4
Familienhäuser (Reihenanordnung)	20—21	nach Bedarf	200—220 Tage	2,8
Mietspaläste (hochklassig)	20—21	7—24 Uhr	220 Tage	3,2
Hotels (erstklassig)	20—21	24 Stunden	240 Tage	3,9

Für andere Städte und Gebiete ergeben sich je nach den klimatischen Verhältnissen und auch üblichen Baukonstruktionen schwankende Vergleichswerte.

B. Wärmewirtschaft.

1. Die Wärmequelle.

a) Allgemeines.

Ein Blick in viele der amerikanischen Industriestädte zeigt trotz der fabelhaften Entwicklung, welche die Technik hier ganz allgemein in den letzten Jahren genommen hat und die sich auch in der Entwicklung des Heizungsfaches wiederspiegelt, daß die wirtschaftlichen Fragen der Wärmetechnik noch sehr geringe Beachtung finden. Berichte verschiedener Institute, die sich mit der Rauch- und Rußfrage beschäftigen, geben ein äußerst düsteres, bei weitem aber nicht übertriebenes Bild der Verhältnisse, die eine ungeheuere Schädigung der Gesundheit von Hunderttausenden und oft von Millionen in den Städten angehäufter Menschen bedingen, aber auch, wie jedem Fachmanne bekannt, Millionen Tonnen wertvollen Brennstoffes jährlich unnützer Verschwendung zuführen.

So berichtet beispielsweise das Staatsamt für öffentlichen Gesundheitsdienst in den Vereinigten Staaten (U. S. Public Health Service), daß nach Erhebungen in typischen amerikanischen Industriestädten in diesen die Wirksamkeit des Tageslichtes besonders als Folge der starken Absorption der ultravioletten Sonnenstrahlen durch den Großstadtnebel und Rauchschleier im Mittel um etwa 42 vH herabgesetzt ist[1]. Außerdem wird auch das in Amerika in weitesten Kreisen verbreitete und in milden Epidemien jährlich auftretende Heufieber, das oft monatelang anhält, auf den Ruß- und besonders vegetabilischen Staubgehalt der Luft zurückgeführt. Die Tatsache, daß trotzdem

---

[1] Dieser Bericht widerspricht allerdings den Ergebnissen der vom „Gesundheitsamt" der Stadt Chicago geleiteten Versuche, da in der Sitzung vom 16. Oktober 1929 von der entsprechenden Arbeitsgruppe des Amtes berichtet worden ist, daß weder Staub noch Rauch oder Feuchtigkeit die gesundheitsfördernden Einflüsse des Sonnenlichtes beeinträchtige, während das Gesundheitsamt aus den in zwei Krankenhäusern im Bezirke Neuyork vorgenommenen Untersuchungen auf einen unmittelbaren Zusammenhang von Wolkenansammlungen oder Nebel und Herabsetzung der Wirksamkeit der Sonnenbestrahlung schließt. Es besteht auch eine deutliche Beziehung zwischen Luftfeuchtigkeit und Sonnenbestrahlung. (Notiz in Heating u. Ventilating Magazine — Januar 1931.)

der Sterblichkeitsfaktor der Städte niedriger ist als auf dem weiten Lande, ist nur dem Umstande zuzuschreiben, daß bei Unfällen, Erkrankungen u. a. m. die ärztliche Hilfe in den Städten näher und meist auch besser ist, und daß auch die verschiedenen in den Städten als Selbstverständlichkeit angesehenen gesundheitstechnischen Einrichtungen, wie Wasserversorgung, Abwasser- und Müllbeseitigung, Zentralheizung, Hausinstallation u. a. m. auf dem Lande noch vielfach fehlen und die Ersatzeinrichtungen nicht einwandfrei sind.

Die Bestrebungen der Wärmewirtschaft werden meist in nachfolgender Weise unterteilt:

1. Verwertung natürlicher Energie und natürlicher Wärmequellen.
2. Einrichtungen oder Mittel zwecks Verminderung von Wärmeverlusten.
3. Verwertung von Abfallenergie und Abfallerzeugnissen.

Wenn auch diese drei Gruppen einwandfrei als Bestrebungen zur Ausnutzung freier oder freiwerdender Energie zusammengefaßt werden könnten, so ist aus Gründen der Überlieferung und leichteren Übersicht die obenerwähnte Einteilung beibehalten worden.

Die Verwertung natürlicher Kraft- und Wärmequellen findet derzeit in der Heizungstechnik nur in sehr beschränktem Ausmaße statt. Es handelt sich hier lediglich um eine gelegentliche Ausnutzung von Heißwasserquellen zu Heizungszwecken; eine größere Anlage dieser Art ist in Boise-Idaho ausgeführt worden, wo durch eine solche Quelle, die etwa bis zu 5000 m³ Warmwasser von 80° C täglich liefert, an 180 Häuser bis zur Entfernung von 3000 m beheizt werden. Die Lage der Quelle ist derartig, daß nur bei Höchstbedarf an Wärme Heißwasser in einen Hochbehälter gepumpt werden muß und den tiefer gelegenen Häusergruppen durch Schwerkraft zugeführt wird. Bei Normalbetrieb genügt die natürlich geförderte Wassermenge. Die abgekühlten Wassermengen werden in die Abwasserleitung geführt.

Eine andere etwas mehr Beachtung verdienende Ausnützung der Erdwärme[1] ist die noch vereinzelt dastehende Verwendung der in Untergrundbahntunnels vorgewärmten bzw. gekühlten Luft zu Lüftungszwecken. So hat beispielsweise Chicago ein Untergrundlastverkehrsnetz von etwa 105 km gestreckter Länge, von 1,8 m $\times$ 2,3 m Querschnitt, das durchschnittlich 13 m unter Straßenniveau liegt. Der Verkehr ist elektrisch und der Wagenpark umfaßt etwa 150 elektrische Lokomotiven und 3300 Wagen von 0,6 m Spurweite. Eine Reihe von öffentlichen Gebäuden, Theatern usw. saugt die andauernd gleichmäßig auf 13° C vorgewärmte bzw. abgekühlte Luft ab und verwendet diese als Zu-

[1] Siehe Rietschel-Brabbée, Leitfaden: Kühlung der Räume.

luft. Hierdurch wird den Gebäuden, die sich in den staubreichen Geschäfts- und Fabrikationsvierteln befinden, oft bessere Luft unter Wärmeersparnissen zugeführt und außerdem im Untergrundnetz eine positive Lüftung erzielt.

Die Herabsetzung der Wärmeverluste wäre natürlich von der ersten Stufe der Wärmeerzeugung aus anzustreben, die schon mit der Brennstoffgewinnung und Versand einsetzt. Wenn auch für den Heizungsfachmann scheinbar belanglos, so zeigt dennoch der Vergleich europäischer und amerikanischer Verhältnisse einen weitreichenden Einfluß dieser Frage auf die Entwicklung der Heizungsanlagen. Es scheint nämlich die Verwendung von Koks, der in Europa die größte Verbreitung als Brennstoff für Zentralheizungen gefunden hat und auch die übliche Anlage und Anordnung der Kessel bestimmt, in Amerika

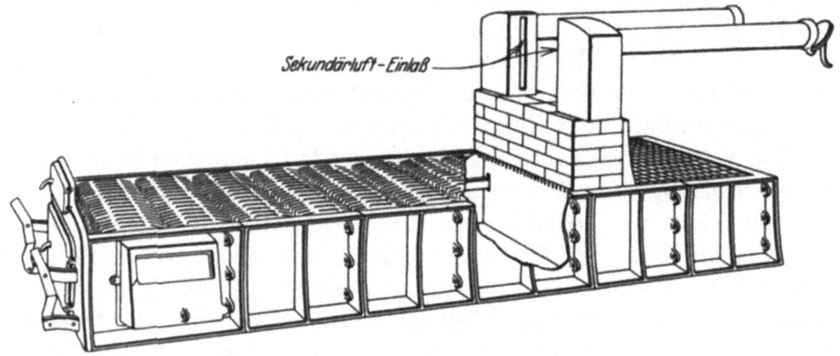

Abb. 95. Kesselrost für rauchschwache Verbrennung.

auf Widerstand oder wenigstens Gleichgültigkeit zu stoßen, obzwar andererseits die Verwendung von Leuchtgas zu Koch- und Haushaltungszwecken andere Brennstoffe zu verdrängen droht. Es ist für die Verhältnisse sehr kennzeichnend, daß auch in Gebieten, die noch keine Gasversorgung haben, häufig zu Ölgasherden oder kleinen Hausgasanlagen gegriffen und in selteneren Fällen sogar der kostspielige elektrische Strom in der Küche dem Kohlenküchenherd vorgezogen wird. Jedenfalls findet man aber auch in kleinen Haushalten gewisse elektrisch geheizte Gegenstände, wie beispielsweise Teekessel, Brotröster, Plätteisen u. a. m., die vielfach verwendet werden.

Da die Kesselanlagen vorwiegend mit bitumenreichen Brennstoffen geheizt werden und in vielen Gebieten in letzter Zeit die Rauchplage eine gewisse Aufmerksamkeit der interessierten Kreise findet, so sind die verschiedenen Kesselbauarten mit rauchschwacher Verbrennung des Brennstoffes in den Vordergrund getreten. Es sind dies meist Kessel mit Luftvorwärmung und sekundärer Luftzufuhr (Abb. 95); sie werden bei mittelgroßen Anlagen sehr häufig, bei größeren Gebäuden fast durchweg in Schmiedeisen zwecks Ersparnis an Grundfläche und Kesselaushub ausgeführt. Diese Rücksichtnahme erscheint allerdings mit zunehmender Geschoßanzahl sehr geboten, da häufig auch mit schmiedeeisernen Kesseln die Kessel- und Maschinenräume einen Großteil von einem bis zwei Kellergeschossen einnehmen. Für derartige Verhältnisse scheinen die Vorteile der gußeisernen Gliederkessel nicht mehr deren Nachteile wie großen Platzbedarf und größeren Kesselaushub zu überwiegen.

Die schmiedeeisernen Kessel haben außerdem bei Feuerungen mit plötzlichen großen Temperatursprüngen, wie Saugzug-, Öl- oder Gasfeuerungen, einige entschiedene Vorteile. Das Material ist gegen Temperaturwechsel widerstandsfähiger als Gußeisen, und wenn doch gelegentlich Beschädigungen und Risse vorkommen, so meist in den Rohren, und der Ersatz eines Rohres ist billiger und rascher zu bewerkstelligen als der Ersatz eines gußeisernen Kesselgliedes. Der Einwand, daß schmiedeeiserne Heizungskessel oft über Sommer unter Einfluß von Feuchtigkeit und in der angesetzten Rußschicht enthaltenen Schwefelverbindungen beträchtlich leiden, ist kaum gerechtfertigt, da gezeigt worden ist, daß dieser Nachteil durch gute Reinigung der Kessel vor Stillsetzung und Einreibung der bloßen Eisenflächen mit altem Brenn- oder Maschinenöl (Zerstäubung) vollkommen zu beheben ist.

Ein anderes Mittel zur Herabsetzung der Rauchplage und Besserung der Wirtschaftlichkeit von Zentralheizungskesseln ist kürzlich in Chicago zur Anwendung gebracht worden und besteht in zwangsweiser Einführung von selbsttätigen Kesselbeschickern mit künstlicher Zugsteigerung und Verbrennungsluftzufuhr. Da wegen der geringen Interessen der Städte an den fast durchwegs in privatem Besitze stehenden Gaswerken die Verwendung von Koks in Zentralheizungen von den verschiedenen Bauämtern nicht gefördert und empfohlen worden ist, so hat man sich schließlich durch die Rauchfrage gedrängt gesehen, eine Reihe von selbsttätigen Rost- bzw. Kesselbeschickern auf Wirkungsgrad und auf Rauchverminderung zu untersuchen und mit Beginn des Jahres 1929 in Chicago einen Erlaß herausgebracht, daß ihre Verwendung nach Möglichkeit von den Bauämtern zu unterstützen sei. Dies hatte zur Folge, daß in den während der ersten 10 Monate des Jahres 1929 bewilligten Bauten und Umbauten um 400 vH mehr derartige Beschicker (meist als Kolben- oder Schneckenbeschicker ausgeführt) vorgesehen worden sind, als im vollen Jahre 1928. Dieses Entgegenkommen hat dann im Jahre 1930 zu einer Ergänzung des Erlasses geführt, die eine derartige Einrichtung für alle neu bewilligten Anlagen von mehr als 1200 Quadratfuß Dampf- oder 2000 Quadratfuß Warmwasserradiatorenheizfläche (d. h. etwa 90000 WE/st Kesselleistung) vorschreibt. Allerdings ist in dieser Hinsicht Chicago noch fast alleinstehend, es dürfte aber bald Nachahmer in anderen Großstädten finden.

Das Bauwesen Amerikas erscheint, durch Überlieferung wie auch durch wissenschaftliche Untersuchungen gestützt, in mancher Hinsicht dem Wärmetechniker weit mehr entgegenkommend als in Europa. Vorerst muß erwähnt werden, daß in großen Gebieten des Landes Ziegel- oder Steinbauten größtenteils auf die Städte beschränkt bleiben und auch in Großstädten die Holzbauten, besonders in holzreichen Provinzen, nicht vereinzelte Erscheinungen sind. Allerdings sind dies nicht mehr die Blockhäuser der Pioniere Amerikas, sondern es handelt sich dann meist um einen erprobten, wohldurchdachten Rahmen- und Bretterbau, der auf Mauer- oder Holzfundamenten über einer etwa 1 m hohen Luftschicht errichtet wird, wenn nicht ein Keller vorgesehen wird. Diese Luftschicht ist mit Rücksicht auf den langen Winter und hohe Schneeschichten sehr zweckmäßig. Die Wandungen bestehen aus einer überlappten Bretter- oder Schindelwand, seltener einer flachen Bretterverschalung mit Mörtelanwurf, weiter aus einer 6—10 cm weiten Luftschicht und einer angeworfenen, tapezierten oder gestrichenen Innenverschalung, die oft aus einer sehr isolierenden, 1—2 cm starken Zellstoffpappe erstellt wird. Die Luftschicht ist auch bei Ziegel- oder Steinbauten beibehalten worden, und es wird bei diesen zur Innenverkleidung ein Hohlziegel von 5—7 cm Stärke verwendet, der einen zusätzlichen Wärmeschutz ergibt, wenn man nicht wegen Platzmangel eine Rabbitzverkleidung vorzieht. Familienhäuser oder kleinere Ziegelbauten werden oft ähnlich dem vorerwähnten Rahmenholzbau ausgeführt, wobei die Außenschalung durch eine einen halben Stein starke Ziegelschicht, welche durch Holz- oder Betonfachwerk getragen und versteift wird, ersetzt wird. Es wird deshalb die große Zahl der als Spar- oder Notbauweisen anmutenden Mauerformen, die als „Normen" Aufnahme gefunden haben und meist sehr niedrige Wärmedurchgangszahlen aufweisen, kaum wundernehmen, wenn man sich vor Augen hält, daß sie ganz alltägliche Ausführungsformen sind.

Die Geschoßhöhen an sich werden in neuerer Zeit auf das Mindestmaß herabgesetzt, gleichgültig, ob es sich um ein Büro, Fabrik- oder Wohngebäude handelt. So sind auch in den vornehmsten Wohnpalästen, Hotels oder Siedlungsgruppen, wie auch in Büro- und Werkräumen Raumhöhen von 2,7 bis 3,0 m zur Regel geworden, und man geht oft in Nebenräumen, Gängen, Badezimmern u. a. m. auf 2,1—2,5 m Raumhöhe herunter; allerdings sind in vielen Bezirken und Staaten Raumhöhen von weniger als 2,5 m gesetzlich unzulässig.

Die Fenster- und Türmaße werden auch nach Möglichkeit herabgesetzt, und man sieht heute schon allgemein von den ehemals beliebten niedrigen Fensterbrüstungen (und Fensterheizkörpern) ab. Um aber die Fensterfläche nicht zum Nachteil der Tagesbeleuchtung zu verkleinern, geht man sehr häufig zu Bauarten mit engen Rahmen (besonders bei den stark überwiegenden Schiebefenstern) über. Auch dünne Metallrahmen mit nur wenigen mm starken Rippen und metallischen Dichtungsleisten (Abb. 4a) sind recht beliebt. Der Abstand zwischen Doppelfenstern wird auf das wirtschaftliche Mindestmaß von etwa 5 cm zwecks Herabsetzung der Bautiefe der Rahmen verringert.

Alle diese Einzelforderungen werden außerdem noch durch die möglichst wirtschaftliche Anordnung der Räume selbst und Ausnutzung der freien Außenseiten der Gebäude unterstützt.

Die Verwertung von Abfallenergie und von Abfallstoffen ist meist weniger eine Aufgabe der Heizungstechnik, und eine Erörterung der wichtigsten Abschnitte dieser Verwertung fällt deshalb außerhalb des Rahmens dieser Arbeit. Es kann hier lediglich bemerkt werden, daß die Entwicklung der Unterdruckdampfheizung bis zu ihrer modernen Form sich auf reine Heizungsanlagen, bzw. auf Abwärmeverwertungsanlagen stützte und diese beiden Gruppen in ihren Grundlagen gleichartig sind.

Der Heizungstechniker wird sein Augenmerk vorerst auf die Herabsetzung der Wärmeverluste bei der Wärmeerzeugung, weiter auf die wirtschaftliche Verwertung und Ausnutzung minderwertiger Brennstoffe und Herabsetzung der Wärmeverluste der einzelnen Teile der Anlage wie auch des Gebäudes selbst richten müssen.

b) Kohlenheizung.

Die Heizung mittels Kohle ist weitaus die meist verbreitete Art der Erzeugung der Wärme und hier ist es wieder die Handbeschickung der Feuerstelle, die noch immer bei dem größten Teil der Anlagen zur Anwendung gelangt. Die Handbeschickung verlangt ganz allgemein eine entsprechende Erfahrung und praktische Kenntnis der Verbrennungsvorgänge, und es ist hiervon ein Großteil der Wirtschaftlichkeit der Anlage unmittelbar abhängig. Selbst wenn es sich um Füllschachtkessel mit selbsttätiger Zugklappenregelung handelt, so sind diese beiden Faktoren von einiger Bedeutung und bei Kesselanlagen mit flachem, ausgedehntem Brennstoffbett nehmen sie eine ausschlaggebende Stellung ein. Die Stärke der Brennstoffschicht, die Art und Weise der Erneuerung derselben, die Zeitdauer und Art der erhöhten oder gedrosselten Luftzufuhr u. a. m., sind alles Einflüsse, die für verschiedene Kohlen, Größe derselben, wie auch für verschiedene Rost- und Kesselanlagen jeweils besonders erwogen und bestimmt werden müssen.

Die Größe des zu wirtschaftlicher Verbrennung eines Brennstoffes benötigten Luftüberschusses, die wirtschaftlichen Essentemperaturen u. a. m. sind Werte, deren Bedeutung bei größeren Anlagen bereits allgemein anerkannt wird; Mittel zwecks Feststellung und Überwachung des Luftüberschusses, der Belastung der Anlage u. a. m. werden schon häufig vorgesehen. Bei kleineren Anlagen sind derartige Kontrollvorrichtungen nicht angebracht, der Heizungsfachmann verficht aber auch hier schon ganz allgemein die selbsttätige Beschickung mit mechanischem Zug und selbsttätiger Leistungsregelung, teilweise aus wirtschaftlichen Erwägungen und auch mit Rücksicht auf die gelegentlich sehr strengen behördlichen Rauchverhütungsvorschriften.

Die in Verbindung mit Sammelheizungen verwendeten selbsttätigen Beschicker werden meist als Unterschubfeuerungen mit Kolben-, Schnecken- oder Schraubenvorschub ausgeführt und eignen sich deshalb besonders zur Verfeuerung von kleinkörnigen Brennstoffen, Kohlegruß usw. Sie werden notgedrungen mit mechanischem Zuge ausgerüstet, da der feinmaschige Rost und die dichte Brennstoffschicht für natürlichen Zug unüberwindliche Widerstände bieten. Die wirtschaftlichen Erwägungen, die zu ihrer steten Ausbreitung beitragen, sind weniger die Erhöhung des Wirkungsgrades der Kesselanlage als die Möglichkeit der Verfeuerung minderwertiger Brennstoffe, deren Preis unter Umständen nur 40—50 vH des Marktpreises gleichwertiger Kohlen größeren Kornes ausmacht, wie auch die gleichförmigere Beheizung der Gebäude und die geringeren Arbeitsleistungen, die von den selbsttätig gesteuerten Anlagen verlangt werden. Die Abb. 96 stellt eine Unterschubfeuerung für Klein- bzw. gußeiserne Heizungskessel marktgängiger Ausführungen dar, die einen Umbau bestehender Anlagen mit geringstem Aufwand ermöglicht.

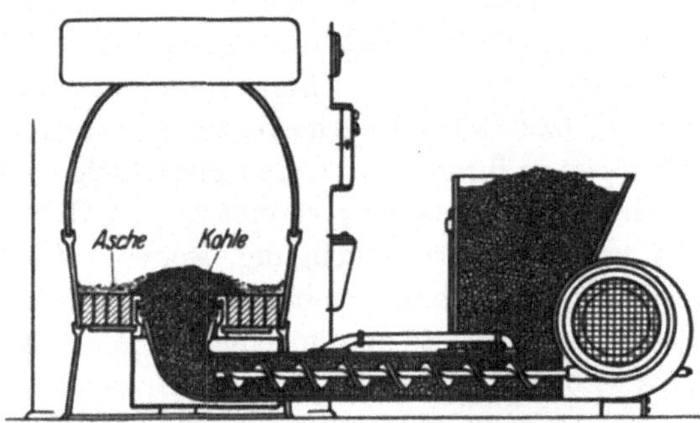

Abb. 96. Kleinkessel mit selbsttätigem Beschicker.

c) Ölheizung.

Obzwar die Verwendung von Öl als Brennstoff für Hausheizungen teuerer zu stehen kommt als Kohle, so findet diese immer weitere Verbreitung, besonders wegen der einfachen Bedienung, da ihre Vorteile, wie staub- und aschefreier Betrieb, geringe Arbeitskosten und hoher Wirkungsgrad durch leichte Regelung in vielen Fällen die erhöhten Kosten aufwiegen. Wird beispielsweise in Betracht gezogen, daß in den meisten größeren Büro-, Geschäfts- und öffentlichen Gebäuden die Warmwasserversorgung das ganze Jahr aufrechterhalten wird und dies bei Ölheizung nach den Sicherheitsbestimmungen vieler Staaten ohne dauernde Aufsicht vorgenommen werden kann, wenn Öl bestimmten spezifischen Gewichtes und selbsttätige Regelung vorgesehen wird, so ersieht man, daß auch die kostspieligere Anlage schließlich wirtschaftlicher ist. Auch dort, wo die kohlebeheizte Anlage mehrere Arbeitskräfte erfordert, genügt bei Ölheizung ein Heizer. Außerdem kann der Wirkungsgrad guter ölgeheizter Kesselanlagen um 10—15 vH höher angesetzt werden als ähnlicher kohlengeheizter Kessel.

Bei Verwendung von Öl als Brennstoff muß vorerst die Wahl des Öles selbst vorgenommen werden und auf dieses dann die Wahl der Anlage selbst zurückgeführt werden. Man wird natürlich dasjenige Brennöl wählen, das für den Ort der Anlage den geringsten Kostenpunkt der freien Wärmeeinheit aufweisen wird. Selbst wenn berücksichtigt wird, daß schweres Brennöl oft einer Vorwärmung und deshalb zusätzlicher Heizapparate benötigt, die bei leichteren Ölen unter Umständen entfallen könnten, so dürften diese Konstruktionsdetails bei der Bestimmung des zu verwendenden Brennstoffes sehr wenig ins Gewicht fallen. Aus der Praxis wäre zu bemerken, daß selbst dort, wo die Entscheidung für „Leichtöl“ getroffen worden ist, häufig Vorkehrungen getroffen werden, nach Bedarf die Anlage auf „Schweröl“ umzustellen, was im umgekehrten Falle wegfallen kann, da die Brenner meist Verwendung von leichteren Ölen durch einfache Nachstellung zulassen.

Die Brenner werden rücksichtlich der Anpassung an den Betrieb in drei Klassen eingeteilt: a) Brenner für unterbrochenen Betrieb, die stoßweise arbeiten, b) Brenner für stoßweisen Dauerbetrieb, wo bei geringem Wärmebedarf nur eine Mindestflamme, bei erhöhtem Bedarf eine Höchstflamme und bei mittlerem Bedarf an Wärme abwechselnd die Mindest- bzw. Höchstflamme angewandt wird, und c) Brenner mit dem Wärmebedarf angepaßter Flamme. Da alle drei Klassen in der Praxis hervorragende, aber auch minderwertige Bauarten aufweisen, ist eine Entscheidung nur nach sehr sorgfältiger Überlegung fallweise möglich.

Bezüglich der Zuführung von nötiger Verbrennungsluft ist zu bemerken, daß kleine Anlagen beispielsweise für Familienhäuser oft mit natürlichem Schornsteinzug, der Großteil der Ölbrenner aber mit Saug- bzw. Druckzug arbeiten, der dann im Verhältnis zum Ölverbrauch eingestellt wird und eine wirtschaftlichere Verbrennung sichert. (Die Brenner mit natürlichem Schornsteinzug erhalten zwar auch eine Zuluftregelung, da aber die Widerstände in diesen verhältnismäßig gering sind, so werden die Verbrennungsvorgänge durch Luftdruck, Feuchtigkeit, Wind und Wetter ganz erheblich beeinflußt.)

Die Ölbrenner werden bezüglich der Vorbereitung des Öles vor Eintritt in die Verbrennungskammer in Verdampfungs- bzw. Zerstäubungsbrenner eingeteilt. Bei Verdampfungsbrennern wird das Öl erwärmt, wodurch es verdampft, der Dampf wird dem Verbrennungsluftstrom beigemischt und in die Verbrennungskammer gebracht. Der Zerstäubungsbrenner bringt das Öl in flüssigem Zustand als feinen Regen in die Verbrennungskammer, die Verbrennungsluft wird in diese hereingepreßt. Die Verdampfung ist von Vorteil bei Leichtölen, während die Schwerölfeuerungen meist mit Zerstäubung ausgerüstet werden.

Die Entzündung des Öles bei den Brennern mit unterbrochenem Betriebe wird auf verschiedenste Weise vorgenommen. Es ist bei diesen Brennern notwendig, eine andauernde Gasflamme oder eine Flamme, die unbedingt mit Ölzufuhr zündet, vorzusehen, falls nicht ein andauernder elektrischer Funke oder wenigstens in sehr kurzen Zeitabschnitten aufeinanderfolgende elektrische Entladungen vorgesehen werden. Brenner für stoßweisen Dauerbetrieb und Brenner mit angepaßter Flamme bedürfen in der Regel nur Handzündung bei Inbetriebnahme. Es werden allerdings bei allen Ölbrennern Vorsichtsmaßnahmen getroffen, die ein unvorhergesehenes Versagen der Flamme, der Zündvorrichtung oder der Temperaturregler unschädlich machen. So ist bei vielen Brennern Vorsorge getroffen, daß bei Versagen der Flamme oder der Zündvorrichtung ein im Öl- und Luftgemischstrome angeordnetes Gefäß sich mit Ölniederschlag füllt, hierdurch kippt und die Ölzufuhr mittels Hilfsmotor sperrt. Außerdem ist durch mehrfach angeordnete Temperatur- und Druckregler für zusätzliche Sicherheit gesorgt (siehe Abschnitt über selbsttätige Temperaturregelung).

Für Heizanlagen und auch gewerbliche Anlagen, in denen Brennöl zur Anwendung gelangt, verwendet man noch fast allgemein Kesselanlagen, die ursprünglich für Kohleverbrennung entworfen worden sind. Für größere Anlagen, wo Rauchrohr-, Wasserrohr- oder ähnliche Kesseltypen mit langen Feuerzügen verwendet werden, ist dies ohne Nachteile möglich, vorausgesetzt, daß die Verbrennungskammer genügend groß ist und auch eine derartige Anordnung der Brenner zuläßt, daß die heiße Flamme nicht unmittelbar die wasser- oder dampfberührte Heizfläche trifft. Bei Kleinanlagen, wo die gußeisernen Gliederkessel mit kurzen Feuerzügen und allseits von wasserbenetzter Heizfläche eingeschlossenem Feuerraum eine derartige Einrichtung nicht zulassen, mußte man zur Sonderausführung oder wenigstens Verkleidung der Feuerräume greifen, es haben sich, wegen der hiermit oft verbundenen Schwierigkeiten, in letzter Zeit Kleinkessel für Ölheizung am Markte eingeführt, welche die Nachteile der normalen gußeisernen Heizungsgliederkessel nicht mehr aufweisen. Es ist von größter Bedeutung für die Lebensdauer ölgeheizter, mit keramischer Verkleidung ausgestatteter Kleinkessel oder gußeiserner Kessel, darauf zu achten, daß allfällig auftretende Sprünge in der Verkleidung baldigst gedichtet werden.

Die Installation von Ölbrennern geschieht meist unter Aufsicht der Hersteller, welche auch die Garantie für tadelloses Arbeiten übernehmen. Gelegentlich wird aber auch von diesen übersehen, daß Leitungen für vorgewärmtes Öl, selbst wenn sie unter Druck stehen, keine Luft- bzw. Dampfsäckebildung zulassen, d. h. ein stetes Gefälle vom Brenner aufweisen sollen, da sie sonst verschlammen.

d) Gasheizung.

So vorteilhaft sich die Verwendung von Gas (Leuchtgas, Erdgas u. a.) für die Zentralheizungskessel rücksichtlich Reinlichkeit, Einfachheit der Bedienung und Raumersparnis stellt, so unerschwinglich ist sie noch in den meisten Fällen. Eine Ausnahme bilden gewisse beschränkte Gebiete, wo das Heizgas entweder als Erdgas von der Natur geliefert wird oder wo es als Nebenerzeugnis anderer Industrien sehr billig zu haben ist.

Der hohe Wirkungsgrad gasgeheizter Kessel läßt leider keine Hoffnung aufkommen, daß durch weitere Vervollkommnung der Gasheizung selbst diese leichter der Verwendung zugänglich gemacht werden könnte. Die meisten gasgeheizten Kessel weisen einen Wirkungsgrad von etwa 80 vH des oberen Heizwertes des verwendeten Gases auf. In Zahlentafel 20 sind die theoretisch erreichbaren Wirkungsgrade von Gasheizungskesseln unter Voraussetzung verschiedener Essentemperaturen angegeben und es ist daraus ersichtlich, daß im besten Fall etwa 85 vH Wirkungsgrad erreichbar ist, solange der in der zweiten Zeile der Tafel angegebene Wert nicht ausgeschaltet werden kann. Dieser Wert ist die Verdampfungswärme der in den meisten Leuchtgasen enthaltenen Anteile an Feuchtigkeit. Um diesen Wärmeanteil nutzbar zu machen, müßte man die Verbrennungsgase im Kessel selbst unter den Taupunkt derselben abkühlen, was eine Essentemperatur von etwa 50° C am Austritt aus dem Kessel zum Nachteile des Schornsteinzuges erfordern würde, selbst wenn eine Abführung des Niederschlages möglich sein sollte. Da gasgeheizte Kessel fast durchwegs mit natürlichem Schornsteinzug arbeiten, so dürften Essentemperaturen von 100 bis 200° C notwendig sein.

Bemerkenswert ist der Einfluß der Verwendung von Gas auf die wärmetechnische Ausführung der Gebäude. Die Vorteile der Gasbeheizung unter Berücksichtigung der an sich üblichen und als notwendig angesehenen Versorgung der Küche und Bäder mit Gas haben vielfach Anlaß gegeben zu einer ausführlichen Durchrechnung der Kosten und Vorteile von zusätzlichem Wärmeschutz im Hausbau, was zu einer stärkeren Verwendung wärmeschützender Materialien und auch Ausführungsformen führte.

Die Kessel für gasbeheizte Sammelheizungen sind allerdings meist verschieden von Kesseln, die andere Brennstoffe verwenden. Bei Ver-

Zahlentafel 20[1].

Verbrennungsprodukte eines Leuchtgases und theoretische Wirkungsgrade bei verschiedenen Essentemperaturen.

Gas-Zusammensetzung		Essentemperatur in °C.	120	135	150	176
CO	8,6 vH	Wärme in trockenem Essengas über 15,5 °C in vH	3,57	4,05	4,52	5,48
H_2	52,5 „					
CH_4	31,6 „	Wärme in Wasserdampf über 15,5 °C in vH . . .	9,13	9,22	9,30	9,47
C_2H_4	1,1 „					
C_6H_6	1,1 „	Vom Kessel aufgenommene Wärme (Wirkungsgrad) .	87,30	86,73	86,18	85,05
O_2	0,1 „					
CO_2	1,5 „	Keine Strahlungsverluste angenommen	—	—	—	—
N_2	3,5 „					
Gesamt:	100 vH.	Gesamt:	100	100	100	100

Essengas-Zusammensetzung	
CO_2	11,18 vH
O_2	5,63 „
N_2	83,19 „

Heizwert bei 15,5° C Lufttemperatur 750 mm Hg Säule Barometerstand, 0,58 spez. Gew. (Luft = 1,0), h = 4725 WE/m³.

wendung von Gas, das nur einen sehr geringen Überdruck und folglich eine sehr geringe Austrittsgeschwindigkeit im Brenner hat, die außerdem noch zum Ansaugen der Verbrennungsluft dienen muß (ähnlich dem Bunsenbrenner), ist man bestrebt, die Flamme in viele kleine Ströme zu unterteilen; es werden mit Rücksicht hierauf Änderungen der üblichen Anordnung gußeiserner Gliederkessel notwendig. Die Feuerzüge werden nach Möglichkeit in enge Kanäle unterteilt und die Verbrennungskammer wird nach Möglichkeit klein ausgestaltet.

Es ist auch gelegentlich gebräuchlich, in kleinen mit Luftheizung ausgestatteten Gebäuden die Luftheizöfen, falls diese mit Gas geheizt werden, zu unterteilen, so daß je ein Ofen für bestimmte Räume oder Raumgruppen verwendet wird. Dies ermöglicht eine sehr wirtschaftliche Anpassung an den Wärmebedarf dieser Gruppen und vereinigt in gewisser Hinsicht die Vorteile der Sammelheizung und der Einzelofenheizung.

In letzter Zeit sind einige Bauarten von gasgefeuerten Luftheizöfen mit mechanischem Umtrieb der Heizluft, Luftfilter, Luftbefeuchter und selbsttätiger Regelung in kleinen, für Familienhäuser geeigneten Einheiten auf dem Markte erschienen und sollen bei etwas Sorgfalt ideale Luftverhältnisse in den mit diesen Heizöfen ausgestatteten Gebäuden sichern. Sie sind die modernisierte Form der amerikanischen Luftheizung und zeichnen sich durch Reinlichkeit, geringen Platzbedarf, wärmewirtschaftlichen Betrieb und viele hygienische Vorteile aus. Allerdings ist der Kostenpunkt des Leuchtgases ein schwerer Hemmschuh für die Verallgemeinerung der Verwendung.

[1] Nach A. S. H. V. E. „Guide“.

e) Elektrische Heizung.

Die Verwendung der Elektrizität zur Beheizung von Gebäuden kommt wegen der hohen Stromkosten nur äußerst selten zur Anwendung. Die Vorteile sind allerdings sehr bedeutende, besonders die Bequemlichkeit, der hohe Wirkungsgrad, vollkommenes Fehlen von Flammen und Feuerstellen, Regelbarkeit, Reinlichkeit u. a. m. Dies sind auch die Gründe für gelegentliche Verwendung, allerdings ist dann ein besonders niedriger Strompreis die wichtigste Vorbedingung.

In letzter Zeit hat man durch sogenannte „Nachtpreise" an verschiedenen Orten versucht, die „Täler" der Strombedarfskurven zu füllen. Diese „Nachtpreise", die in den Zeitabschnitten des geringsten Tagesstrombedarfes gelten, werden vom Abnehmer derart zur Heizung ausgenutzt, daß er die vom Strome geleistete Wärmeenergie in einem sorgfältig isolierten wassergefüllten Speichergefäß aufstaut und dann das heiße Wasser durch die Heizungsanlage zirkulieren läßt, oder aber für den Hausbedarf an Warmwasser verwendet.

Interessant, wenn auch etwas umständlich, ist die Verwendung des heißen Speicherwassers zum Betrieb einer Warmluftheizung, wo das Wasser vom Speicher durch einen Luftheizkörper zirkuliert und die erwärmte Luft zur Heizung verwendet wird. Wenn auch die Erstellung einer Luftheizung billiger kommt als eine Warmwasserheizung, so sind derartige Einrichtungen höchstens für Umbauten bestehender Anlagen zu empfehlen.

f) Grundsätze der Dampfverteilung.

Die amerikanische Heizungspraxis ist, wie aus dem Vorangeführten ersichtlich, in ihren Methoden und auch der Entwicklung weit weniger durch gesetzliche Bestimmungen eingeschränkt, als dies in Europa der Fall ist. Es wirkt im ersten Augenblick überraschend, im Keller eines Miets-, Büro-, Schauspiel- oder Sportpalastes, wo oft Zehntausende von Menschen zusammenkommen, einen oder mehrere Wasserrohrdampfkessel (Babcock-Wilcox u. a. m.) mit mehreren Hundert m^2 Heizfläche und bei 2—6 Atm. Überdruck arbeitend, vorzufinden, ohne daß andere Sicherheitsmaßnahmen als Sicherheitsventile vorgesehen werden. Aus betriebs- und raumwirtschaftlichen Gründen ist allerdings diese Ausführung von Vorteil. Während Antriebsmaschinen, Küchen, Wäschereien u. a. m. mit 2—4 und mehr Atmosphären Überdruck arbeiten[1], werden Lüftungs- und Warmwasserbereitungsanlagen meist mit etwa 0,35 Atm. Überdruck betrieben und der Dampf für das Heizungsnetz auf den gewünschten Niederdruck oder auch Unterdruck herabgemindert.

---

[1] Gelegentlich findet man Pumpen, Bläser und andere Maschinen, die mit Dampf von 1 Atm. Überdruck zufriedenstellend betrieben werden.

Dies ermöglicht eine Fortleitung großer Dampfmengen in engen Leitungen, was oft schon Ersparnisse bei der Anschaffung bedingt, wenn auch diese manchmal durch die Mehrkosten der Druckminder- und Druckregelstellen mehr als aufgebraucht werden. Weiter lassen sich schwache Rohre leicht unterbringen, haben geringere Wärmeverluste, sind billiger in der Erhaltung und ermöglichen jederzeit eine Erweiterung oder Mehrbelastung einzelner Teile der Anlage ohne weitläufige Umänderungen im Verteilungsnetz.

2. Regelung und Aufsicht von Sammelheizungen.

a) Vergütung der Wärmeleistungen von Sammelheizungen.

Die Vergütung von Heizleistungen in zentral beheizten Mietshäusern, Bürogebäuden und Hotels scheint für den europäischen Heizungsfachmann eine der wichtigsten Fragen der Fachtechnik zu sein und man stößt immer wieder auf gelegentliche Aufsätze, die diese Frage weitgehend behandeln[1]. Es wird deshalb überraschen müssen, daß die amerikanische Volkswirtschaft, trotz der für europäische Verhältnisse unheimlich anmutenden Verwendung und Ausbreitung der Sammelheizung, für diese Frage anscheinend kein Verständnis hat und Wärmezählung nur bei Fernheizung und sogar dann nicht durchwegs, verwendet. Es ist im größten Teile Nordamerikas ganz „selbstverständlich", daß die Gebäude durchweg mit irgendeiner Form der Sammelheizung versehen werden (abgesehen von den Wohnungen der „untersten Schichten" und vielleicht den Sommerhäusern, Bauernhöfen usw.); die Heizkosten werden aber in den Mietspreis einbezogen und — falls der Mieter diese Anordnung nicht als zufriedenstellend betrachtet — so sucht er sich eine der schon vorerwähnten Wohnungen mit unabhängiger Stockwerksheizung und zahlt für seine Heizung.

M. Debesson[2] erwähnt nun mehrere Methoden der Aufteilung der jährlichen Betriebskosten der Sammelheizungen auf den Mieter, wie folgt: Aufteilung der Heizkosten

1. nach der Höhe des Mietzinses,
2. nach dem Ausmaß (Kubikinhalt oder Grundfläche) der Wohnung,
3. nach dem Ausmaß der in der Wohnung eingebauten Heizfläche,
4. nach der Größe der wirklich verbrauchten, durch Wärmezähler aufgenommenen Wärmemenge.

---

[1] Behrens, H., Magistratsbaurat, Dipl.-Ing.: Der Bau und Betrieb von Zentralheizungen für Wohnungsbauten. Ber. über d. techn. Tagung d. Reichsforschungsges. f. Wirtschaftlichkeit im Bau- u. Wohnungswes. **1929**.

[2] Debesson, M.: Vortrag auf der Versammlung d. belg. Zivil- u. Berufsing. am 11. Feber 1928, veröffentlicht in Chauffage et Ventilation, Feber **1928**.

Die drei erstgenannten Wege werden verworfen, da sie keine „gerechte“ Aufteilung der Heizkosten ermöglichen und — wie im erwähnten Vortrage angeführt wird — der sparsame Mieter, der sich eine Winterurlaubsreise erlauben kann, während dieser Zeit nicht für die Beheizung seiner Wohnung, oder, wenn er „sparsam“ ist, nicht für den Wärmebedarf seines verschwenderischen Nachbars zahlen will. Diese Beweisführung ist die Grundlage der verschiedensten Besprechungen und Aufsätze, in denen die Wärmezählung als wirtschaftliche Notwendigkeit hingestellt wird, geworden, und sie geht häufig so weit, daß man über den wärmetechnischen Wirkungsgrad einer Anlage nicht nur den gemein volkswirtschaftlichen Wert, sondern oft sogar auch die Gesamtwirtschaftlichkeit einer Heizung gänzlich vergißt.

Man wird sich auch bei der Beurteilung einer technischen Anlage immer die ersten (und in gewisser Hinsicht auch einzigen) Bestrebungen der Volkswirtschaft, die nach möglichst vollkommener Befriedigung der Bedürfnisse der Menschen gerichtet sind, vor Augen halten müssen. Mietet aber jemand eine ohnedies meist unzulängliche Wohnung und kann während zwei Drittel des Jahres nur einen Bruchteil davon beziehen, schläft in ungeheizten, schlecht gelüfteten Räumen, versagt sich jedes Vergnügen (Rauchen, Gäste u. a. m.), da er dauernd das Gespenst der jährlichen Wärmeverrechnung durch den Wärmezähler vor Augen gerückt sieht, so wird die Zentralheizung zu einem volkswirtschaftlichen Rückschritt. Den Wärmezähler aber mit dem elektrischen Stromzähler vergleichen zu wollen, ist unrichtig, weil der Strom in den meisten Wohnungen nur für Beleuchtungszwecke verwendet wird und für diese jederzeit gebrauchsfertig ist, wogegen ein Raum, der nur wenige Stunden, geschweige Tage nicht beheizt worden ist, beim plötzlich nötigen Einschalten des Heizkörpers in der Regel mehrere Stunden braucht, bevor er beziehbar wird und selbst dann noch hygienische Unzulänglichkeiten aufweist.

Der Einbau von Wärmezählern in ein Mietshaus hat auch große technische Nachteile. Es bleibt entweder nichts anderes übrig, als Wärmezähler an jedem Heizkörper einzubauen, die hieraus folgende teuere Anlage und Kontrolle wie auch die weitaus höheren Erhaltungskosten dem Mieter aufzurechnen und hierdurch von vornherein recht beträchtliche Leerlaufkosten der Anlage zu schaffen, die einen guten Teil der Ersparnisse an Wärme zunichte machen, oder es muß das gesamte bisher übliche und bewährte System der Sammelheizungen derart umgestellt werden, daß es den Einbau von Wohnungswärmezählern zuläßt. Die erstangeführte Methode ist in der Praxis höchstens an Versuchsanlagen zu empfehlen, da es kaum für die Angestellten der Aufsicht und die Mieter angenehm ist, die Ablesungen an den vielen Heizkörperzählern vorzunehmen. Auch steigern sich die Erhaltungskosten recht beträchtlich.

Die Einführung von Wohnungswärmezählern zwingt aber, die Anlage in eine Reihe von Wohnungsheizungen mit gemeinsamer Heizmittelversorgung zu unterteilen und bringt all die Nachteile der Rohrleitungsverlegung, wie sie in Stockwerksheizungen vorkommen, mit sich. Diese sind besonders die vielen horizontalen Verteilungsleitungen, die entweder in der Fußboden- oder Deckenkonstruktion untergebracht werden müssen, falls man es nicht vorzieht, sie in die Wände einzuspitzen.

Die Mehrkosten im Betriebe einschließlich der nötigen Aufsichtsorgane und der Verzinsung der Differenz in den Anschaffungskosten stellen sich bei größeren Anlagen dieser Art so hoch, daß sie die abgenommene Wärmemenge um 15—20 vH verteuern. Selbst unter Annahme einer mittleren Ersparnis an Wärme von etwa 30 vH kann man unter Berücksichtigung der Nachteile und Unannehmlichkeiten, die eine derartige Betriebsüberwachung bringt, diese nicht als wirtschaftlich ansehen. Wenn man aber an Muster- und Versuchsanlagen Ersparnisse von bis zu 40 vH an Wärme im ersten Jahre nach Einbau von Wärmezählern ausweisen konnte, so sind diese als Vergleichsgrundlage kaum ausreichend anzusehen. Sie beruhen in gewisser Hinsicht auf der psychologischen Erscheinung, daß die neuen Einführungen für eine beschränkte Zeitdauer auf die Gewohnheiten des Bewohners einen gewissen Reiz ausüben. Es wäre nur dann auf einen Dauererfolg zu rechnen, wenn die Wärmeregelvorrichtung eines Raumes, Wohnung oder Gebäudes an auffallender Stelle (beispielsweise am Türrahmen, mit dem Lichtschalter) angebracht werden könnte.

In Amerika wendet man deshalb das Augenmerk mehr auf die vom Bewohner nicht unmittelbar oder nur in einer allgemeinen Weise abhängige Wärmeersparnis, indem man anstrebt:

1. erhöhte generelle Regelbarkeit von Heizungsanlagen,
2. einwandfreie lokale Regelung der Raumbeheizung.

b) Generelle Regelung von Heizungsanlagen.

Die erhöhten Brennstoffkosten und allgemein höheren Betriebskosten der Heizungsanlagen haben die verschiedenen Methoden zur Erhöhung der Betriebswirtschaftlichkeit der Anlagen in letzter Zeit in den Vordergrund des öffentlichen Interesses gebracht. Allgemein kann hier wiederholt werden, daß die verschiedenen, vorerwähnten Methoden des Ausgleiches von Weglängen in den Verteilungsleitungen, die unmittelbare Zuführung der Hauptverteilungsleitung zum in der Regel höchstangestrengten Teile der Anlage, möglichste Unterteilung der Vorlauf- oder Rücklaufsammelleitungen in Kesselnähe, das Streben nach den Wetterverhältnissen anschmiegbaren Dampfheizungen (Differentialheizungen) u. a. m. auf Erhöhung der Wirtschaftlichkeit zielen und deshalb die durchweg hierdurch erhöhten Anschaffungskosten in den Kauf genommen werden. Bemerkenswert ist aber, daß in letzter Zeit auch in den kleinsten Anlagen schon häufig zu zusätzlicher selbsttätiger Temperaturregelung gegriffen wird. Dies ist teilweise der immer mehr Ansehen gewinnenden selbsttätigen Unterschubfeuerung mit Kraftzug (Saug- oder Druckzug) und der Verbreitung der Ölfeuerung zuzuschreiben, teilweise aber unmittelbar mit den sozialen Verhältnissen des Landes verknüpft. Die hohen Kosten von Arbeitskräften zwingen zur Einführung arbeitssparender Einrichtungen und diese führen wieder zu selbsttätigen Regelvorrichtungen.

c) Die selbsttätige Betriebs- und Temperaturregelung.

Die selbsttätige Betriebs- und Temperaturregelung hat in Amerika seit längerer Zeit die weitgehendste Anwendung gefunden. Die Einteilung der Systeme erfolgt nach verschiedenen Gesichtspunkten. Nach der Ausführung der die Temperatur-, Druck- bzw. sonstige Betriebsschwankungen aufnehmenden Elemente der Regelvorrichtung unterscheidet man — trotzdem sie durchweg auf dem Gesetze der Formänderung bzw. Volumänderung von Körpern durch den Einfluß verschiedener Temperaturen oder Spannungen beruhen — nachfolgende Untergruppen:

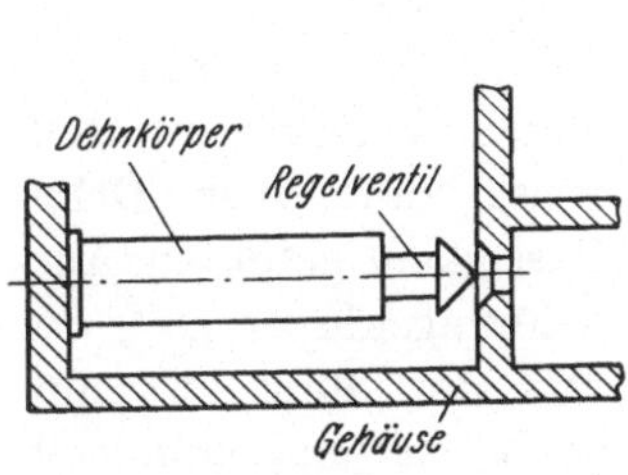

Abb. 97. Dehnstab-Temperaturregler.

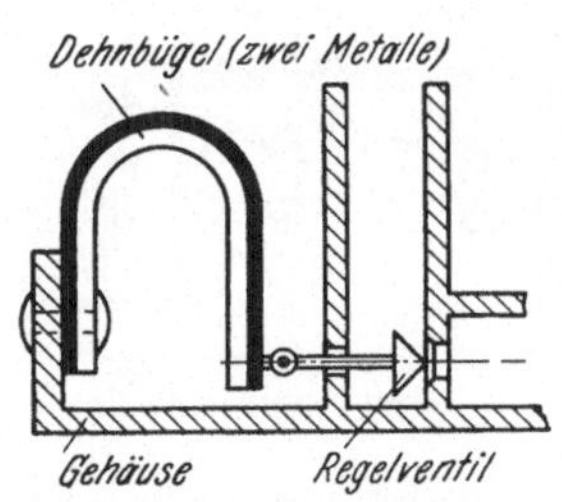

Abb. 98. Bi-Metall-Dehnkörper-Temperaturregler.

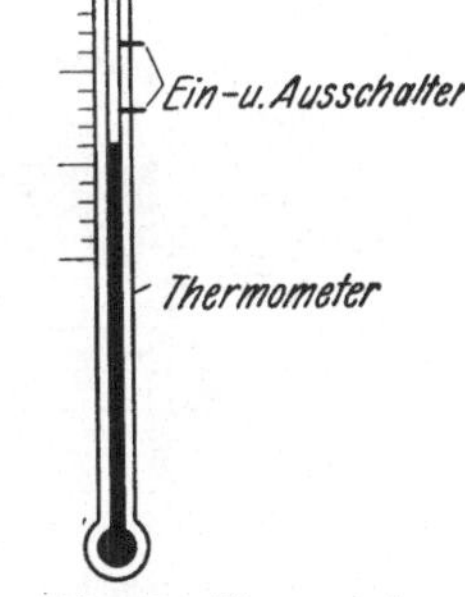

Abb. 99. Thermometer-Temperaturregler.

1. Ausdehnungselemente, bestehend aus einem festen Stab, der verhältnismäßig starke Längenänderung bei Temperaturzunahme aufweist (Abb. 97).

2. Zweikörperelemente, bestehend aus zwei Stäben verschiedener Wärmeausdehnungszahlen, die durch die Ungleichmäßigkeit der Ausdehnung und hieraus resultierendes Verbiegen die Änderung des Zustandes angeben (Abb. 98).

3. Flüssigkeitsausdehnungselemente, die durch unmittelbare Übertragung der Volumänderung einer Flüssigkeit arbeiten, wie beispielsweise eigens hergestellte Thermometer (Abb. 99).

4. Verdampfungsdehnelemente, die durch Verdampfen bzw. Kondensieren einer in einem elastischen Gefäße eingeschlossenen Flüssigkeit wirken (Abb. 100).

Die Abb. 97—100 sind ohne weitere Erklärung verständlich.

Außer dem angeführten Thermometer, das durch Ein- oder Ausschalten eines elektrischen Stromkreises arbeitet, eignen sich sämtliche angeführten Ausführungen zur Regelung:

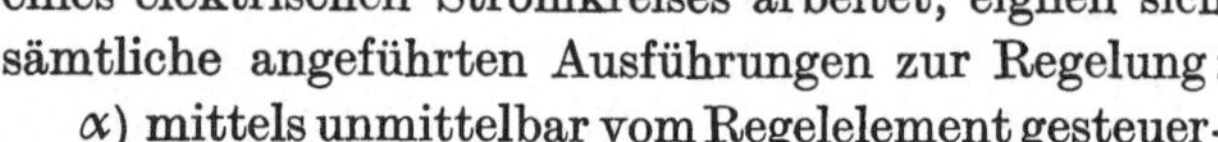

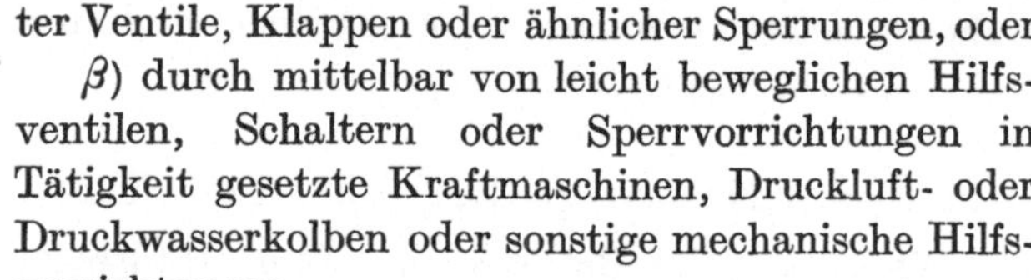

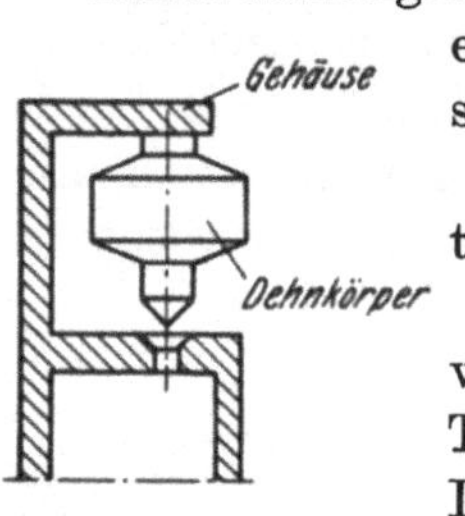

Abb. 100. Flüssigkeits-Temperaturregler.

α) mittels unmittelbar vom Regelelement gesteuerter Ventile, Klappen oder ähnlicher Sperrungen, oder

β) durch mittelbar von leicht beweglichen Hilfsventilen, Schaltern oder Sperrvorrichtungen in Tätigkeit gesetzte Kraftmaschinen, Druckluft- oder Druckwasserkolben oder sonstige mechanische Hilfsvorrichtungen.

Bekannte Vertreter der unmittelbar wirkenden Regelvorrichtungen sind die von der Kesselwassertemperatur oder dem Kesseldrucke gesteuerten Zugklappen an Heizungskesseln, weiter die verschiedenen Formen der Temperaturregler, die ein mit dem Regelkörper durch ein geschlossenes Kapillarrohr verbundenes Absperrventil in den Heizleitungen aufweisen. Eine sehr beachtenswerte Form ist das in letzter Zeit am Markt erschienene selbsttätige Heizkörperregelventil (Abb. 101). Es besteht aus einem balgartigen, teilweise mit einer Dehnflüssigkeit gefüllten Ausdehnungskörper „*a*“, der von der Raumluft umspült ist und unmittelbar den federbelasteten Ventilkegel „*b*“ steuert. Durch Drehen des den Ausdehnungskörper schützenden Kopfes im Gewinde „*c*“ kann eine beliebige, durch Zeiger „*d*“ auf einer Skala angezeigte Raumtemperatur „voreingestellt“ werden, und das Ventil wird selbsttätig bei Überschreiten derselben den Heizmittelzufluß zum Heizkörper drosseln und bei Unterschreiten weit öffnen und das Überheizen des Raumes mit der übermäßigen Fensterlüftung und ihren Nachteilen vermeiden.

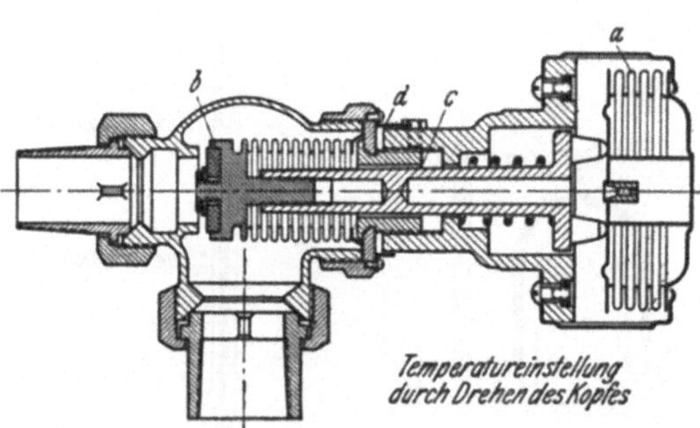

Abb. 101. Voreinstellbarer Heizkörpertemperaturregler.

Die wirtschaftliche Bedeutung solcher Heizkörperventile besteht größtenteils in der Möglichkeit, eine Anlage bei einer konstanten Wassertemperatur bzw. bei einem konstanten Dampfdruck auch bei ziemlich schwankender Außentemperatur arbeiten zu lassen und dem Heizer die

Aufsicht zu erleichtern, da er nicht mehr die Zugklappenregler nach den Schwankungen derselben einstellen muß, trotzdem die Räume selbsttätig auf einer nach Bedarf veränderlichen, leicht voreinstellbaren Temperatur (innerhalb der Fehlergrenzen der Vorrichtung) gehalten werden. Wird ein Raum für längere Zeit nicht benützt, oder aber von jemand bezogen, der niedrigere Raumtemperaturen vorzieht, so kann das Ventil entsprechend eingestellt werden, ohne daß Gefahr gelaufen wird, daß es zu stark drosselt und daß bei unerwartet starken Frösten die Leitungen einfrieren und bersten. Durch verständige Behandlung solcher Ventile sollen Brennstofferspamisse bei Niederdruckdampfheizungen von 10—25 vH erzielt worden sein. Bei Verwendung derartiger Regelventile anstatt von Wärmezählern werden außer der Ersparnis an Wärme auch die niedrigeren Anschaffungskosten, leichter Einbau — da diese nahezu dieselben Hauptmaße haben wie Heizkörperventile (Abb. 101a), — und auch die niedrigeren Erhaltungs- und Betriebskosten ins Gewicht fallen. In größeren Räumen mit mehreren Heizkörpern genügt es oft, nur einen oder zwei von ihnen mit einem solchen Regelventil auszustatten, da sie sonst unregelmäßig und ungleichmäßig arbeiten.

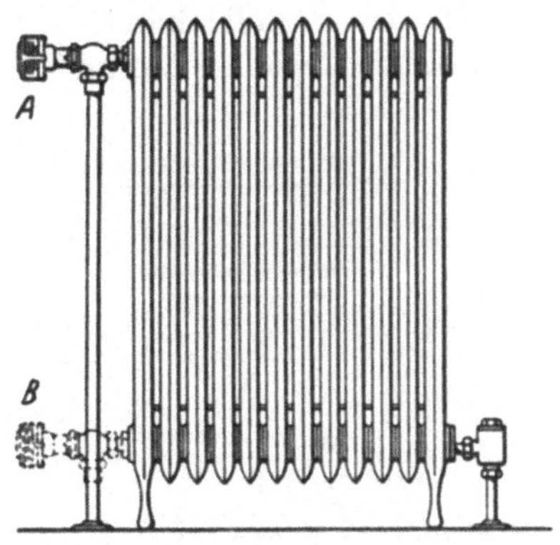

Abb. 101 a.
Voreinstellbarer Heizkörpertemperaturregler.

Gegenüber den in Sonderfällen gelegentlich gebräuchlichen, selbsttätig durch einen Temperaturregler mittels Kapillarrohres gesteuerten Ventilen hat diese Ausführung den Vorteil gut geschützter, unauffälliger dauerhafter Anordnung in einer Einheit. Ihre Anwendung ist noch nicht sehr verbreitet, wenn auch schon große Bauwerke mit mehreren Hundert Heizkörpern mit ihnen ausgerüstet worden sind, und es ist ihnen vielfach nachgesagt worden, daß sie leicht durch die geringste Verunreinigung des Ventilsitzes oder der Übersetzung versagen und daß der Dehnkörper zu steif sei und den Anforderungen der Raumtemperatur nur schwer nachkomme. Ob eine empfindlichere Einrichtung dieser Ventile ohne Benachteiligung der Dauerhaftigkeit allen Nachteilen und Unzulänglichkeiten wird abhelfen können, kann ohne weitere Versuchsergebnisse nicht entschieden werden.

Ähnlich diesen Ventilen arbeiten die ferngesteuerten Gruppenventile, die zur generellen Regelung gelegentlich herangezogen werden. Sie werden in die Verteilungsleitungen der verschiedenen Raumgruppen eingebaut und von einem Temperaturregler in einem Raume der Gruppe gesteuert. Sie sind entweder einfache Absperrventile oder kombinierte

Absperr- und Druckminderventile und werden bei größeren Gruppen mit einem elektrischen Hilfsmotor versehen. Viel wichtiger sind in der Praxis die mittelbar wirkenden Regelvorrichtungen geworden, da sie in sehr vollkommener Form seit längerer Zeit marktgängig sind und sich bei den Arbeits-Löhnen in Amerika auch eine verhältnismäßig kostspielige mechanische Anlage bezahlt macht. Die Ausführungsformen sind auch in der älteren deutschen Fachliteratur eingehend besprochen worden[1], es werden nur einzelne Anwendungsbeispiele und bemerkenswerte Details von Interesse sein.

In der Familienhaus- oder Kleinhausheizung kommt selbsttätige mittelbare Regelung nur im Verein mit selbsttätiger Beschickung, Öl- oder Gasheizung vor. In solchen Anlagen wird ein Temperaturregler vorzugsweise im Wohnzimmer oder einem wichtigen Raume angebracht und die Beschickung oder Brennstoffzufuhr nebst allfälliger mechanischen Verbrennungsluftzufuhr geschieht dann intermittierend durch Ein- und Ausschalten der Motoren, oder aber wird die Größe der Flamme durch den Regler unmittelbar nach Bedarf eingestellt. Diese Art von Reglern läuft meist mittels Uhrwerk (8 Tage) und hat häufig eine willkürlich veränderliche Voreinstellung, die selbsttätig jeden Tag die Raumtemperatur tagsüber höher und während der Nacht niedriger hält. Die Bedienung der Anlage besteht dann im Nachfüllen des Kohlenbunkers und Aschenentfernung bzw. gelegentlicher Reinigung des Kessels.

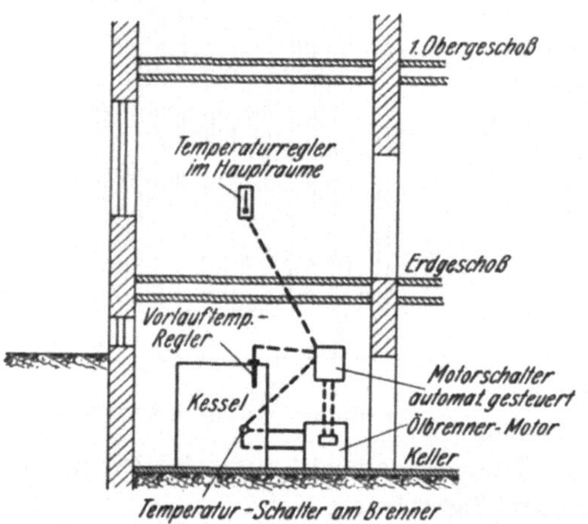

Abb. 102. Selbsttätige Regelung eines Ölbrenners.

Die Regelung durch die Kesselwassertemperatur oder Kesseldruck ist weniger empfehlenswert, da diese Größe je nach der Außentemperatur eingestellt werden muß. Bei Ölheizungsanlagen wird sie aber meist als Sicherheitsmaßnahme vorgesehen, ebenso wie am Brenner selbst ein Temperaturregler angebracht ist, der bei zufälligem Ausgehen der Flamme abkühlt und die Brennstoffzufuhr ausschaltet (Abb. 102 und 103). Diese Regler sind dann meist elektrisch betriebene Ausführungen und überall dort in Verwendung, wo durch sie das ganze Heizungsnetz zentral

[1] Dietz: Lehrbuch der Heizungs- und Lüftungstechnik, 2. Aufl. Berlin und München: R. Oldenbourg. — Rietschel u. Brabbée: Leitfaden.

geregelt werden soll. Für Anlagen, wo einzelne Räume voneinander unabhängige Temperaturregelung erhalten sollen, verwendet man Druckluft- oder Druckwassersteuerung der Heizkörperventile durch ein von einem Raumtemperaturregler aus gesteuertes Luft- oder Wasserdruckventil; dieses System ist auch in Europa gebräuchlich[1]. Die Verwendung beschränkt sich durchweg auf größere Gebäude, wie Schulen, Ämter, Kaufhäuser u. a. m. Ein Schema einer derartigen Drucklufttemperaturregelanlage ist in Abb. 104 dargestellt.

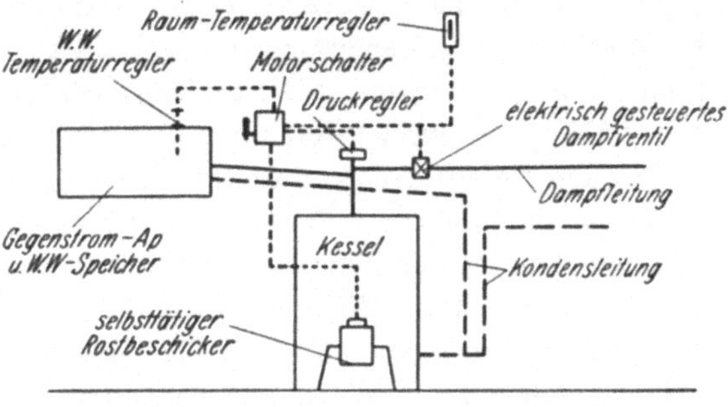

Abb 103.. Selbsttätige Regelung eines Kesselbeschickers.

Es wäre hier auch nochmals die im Abschnitt über Hochhausheizung erwähnte Gruppenunterteilung der Anlage (Abb. 65) mit Fernmeldevorrichtungen und allfälliger Fernsteuerung der Gruppenhauptleitungen

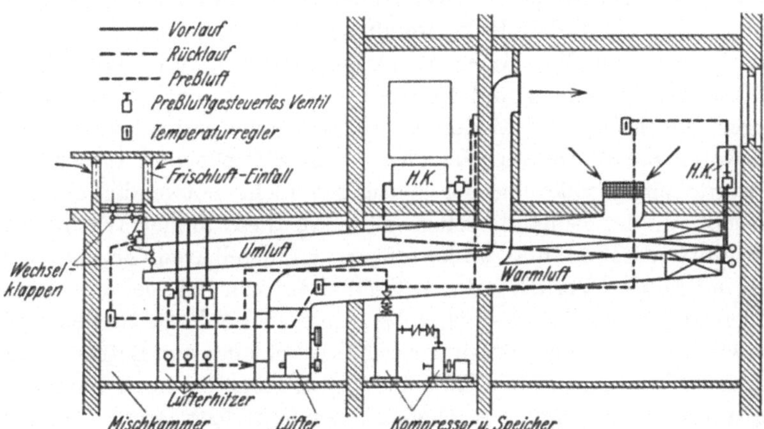

Abb. 104. Druckluft-Temperaturregelung.

zu erwähnen. Es ist hierbei womöglich immer eine Regelung von einem als für die Gruppe charakteristisch anzusehenden Raume der Regelung durch einen an der Außenwand der Gruppe im Freien angebrachten Regler, wie dies von einzelnen Firmen und Autoren empfohlen wird, vorzuziehen. Es ist bei der Regelung nämlich der Trägheit des Gebäudes mit Rücksicht auf Erwärmung bzw. Abkühlung Rechnung zu tragen, was bei der Regelung von innen naturgemäß geschieht, da der

[1] Beispielsweise die Gesellschaft für selbsttätige Temperaturregelung Berlin.

Regler die Wärmezufuhr zur Gruppe oder Anlage steigert oder drosselt, wenn die Raumtemperatur sinkt oder steigt, d. h. wenn die Regelung nötig wird. Bei den von außen gesteuerten Anlagen hingegen wird es häufig vorkommen, daß die Außenluft bereits längere Zeit stark abgekühlt oder aber erwärmt ist, bevor die Raumtemperatur hierdurch beeinflußt wird. Steigert also der Regler — durch sinkende Außentemperatur gezwungen — die Leistung der Heizungsanlage oder Gruppe, so wird diese für einige Zeit überheizt und umgekehrt. Versuche an verschiedenen Gebäuden, die in letzter Zeit ausgeführt worden sind, haben erwiesen, daß an einer Anlage mit normaler Ausführung der Mauern (ähnlich Abb. 5) der Zeitunterschied zwischen Außentemperaturverlauf und zugeordnetem Wärmebedarf je nach Witterungsverhältnissen 2—9 Stunden betrug. Derartige Schwankungen sind unerläßlich und — falls sie sich auf die Wärmelieferung der Heizung übertragen — nicht mit guter Regelung vereinbar.

3. Wärmeschutz von Leitungen und Gebäuden.

Die Materialien, die in der Heizungstechnik zur Fortleitung der Wärme bzw. der Heizmittel verwendet werden und die Baustoffe, die zum Aufbau der Gebäude Verwendung finden, sind durchwegs Körper von verhältnismäßig hoher Wärmeleitfähigkeit, was hohe Wärmeverluste der Leitungen und Gebäude mit sich bringt. Wären die Leitungen durchweg in Räumen angeordnet, die geheizt werden sollen und wären die Wärmeverluste gleich dem Wärmebedarf dieser Räume, so würde eine Isolierung der Leitungen nicht notwendig erscheinen. Hinsichtlich der Gebäude selbst gilt, daß diese immer Wärme an die Außenluft abgeben und außer diesen unmittelbaren Verlusten auch noch mittelbare Verluste durch Schmelzen von Schnee an wärmeren Stellen und Einfrieren des Schmelzwassers an kühleren Stellen der Gebäudeteile und durch Zulassung des Niederschlages von Luftfeuchtigkeit an kühlen Wandflächen, in Lufträumen, an Konstruktionsteilen u. a. m. und durch die hierdurch erfolgende chemische Zersetzung, Oxydation usw. dieser Konstruktionsteile bedingen. Es ist deshalb ein wirksamer Wärmeschutz von Gebäuden und alle Träger ungleicher Temperatur voneinander trennenden Flächen angezeigt, sofern diese Flächen nicht als Heizflächen verwendet werden.

Nach Vorangeführtem werden Wärmeschutzhüllen in drei Klassen einzuteilen sein, nämlich:

a) Schutzhüllen zwecks Vermeidung von Wärmeverlusten.

b) Schutzhüllen zwecks Vermeidung von Wärmeverlusten und von Wasserniederschlägen.

c) Schutzhüllen, die vorwiegend Wasserniederschläge vermeiden sollen.

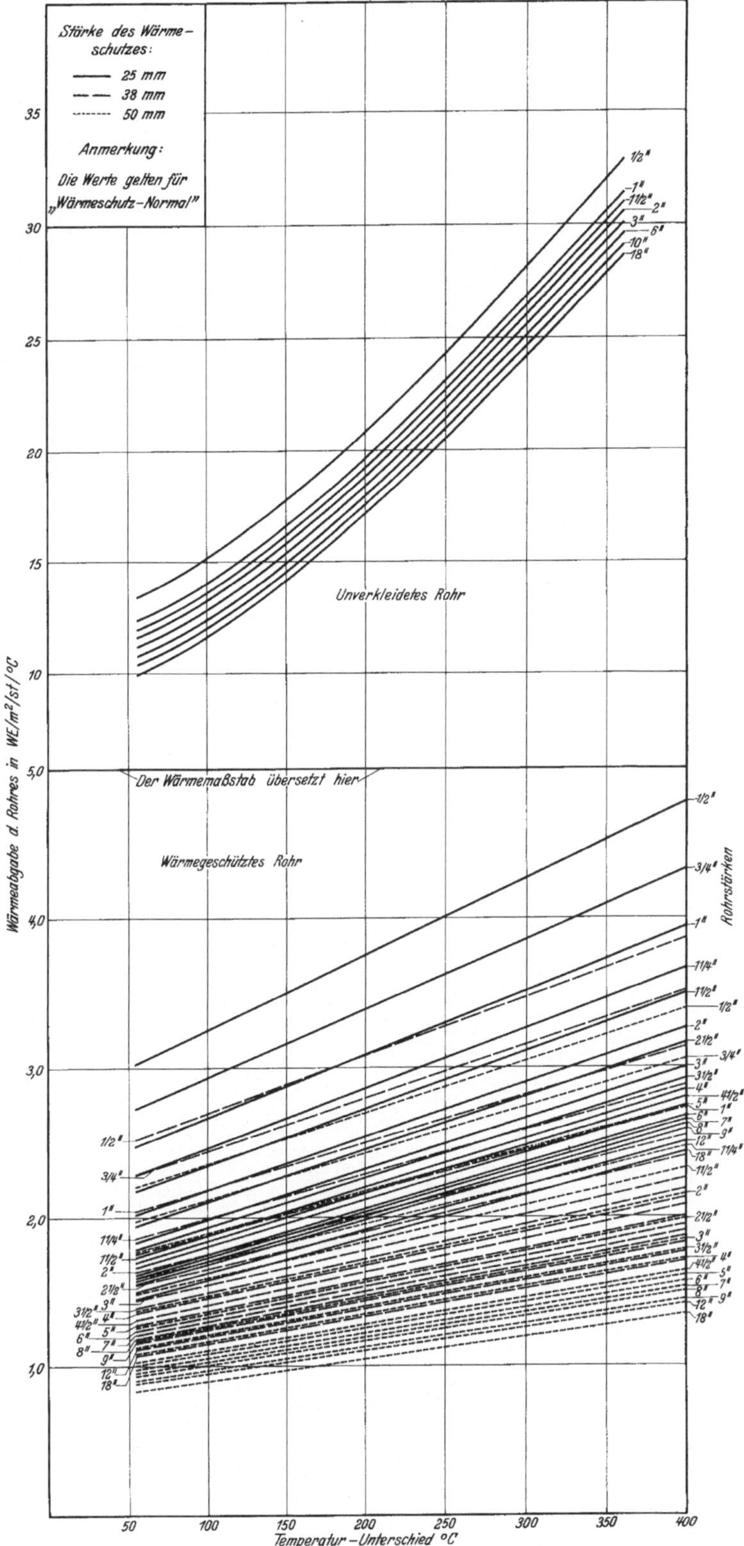

Abb. 105. Wärmeabgabe isolierter und nackter Rohre
(nach L. B. Mc Millan u. R. H. Heilman).

Während die reinen Wärmeschutzhüllen Ersparnisse bedingen, die meist unmittelbar in Wärmeeinheiten und somit auch in Geldbeträgen ausgewertet werden können, so daß sie auch eine unmittelbare Bestimmung ihrer wirtschaftlichen Berechtigung zulassen, ist

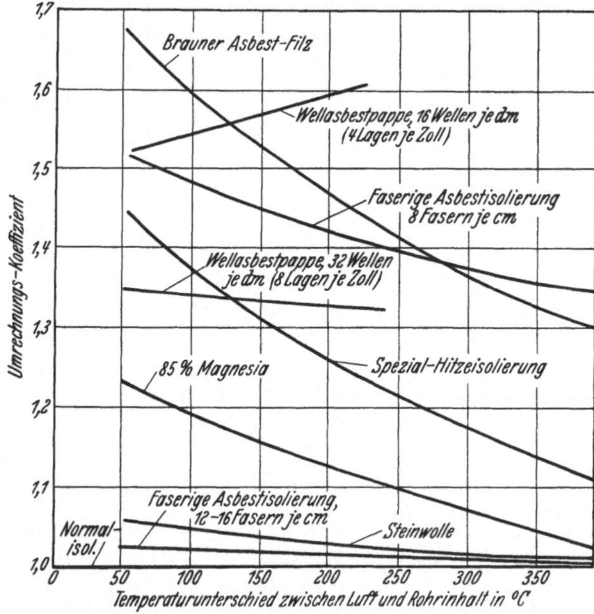

Abb. 106. Korrekturkoeffizienten von Wärmeschutzhüllen.

dies bei Schutzhüllen zwecks Vermeidung von Schwitzwasser nicht möglich, wenn auch diese Hüllen von sehr hoher wirtschaftlicher Bedeutung sind.

Zur Bestimmung der Wärmeabgabe von wärmegeschützten Rohrleitungen und auch zwecks Vergleich mit der Wärmeabgabe unge-

Zahlentafel 21[1]. Korrekturkoeffizienten von Wärmeschutzhüllen.

Bezeichnung	Temperaturunterschied ° C.						
	55	110	165	220	275	320	390
85 vH Magnesia	1,234	1,184	1,148	1,111	1,082	1,051	1,025
Faserasbestisolierung:							
8 Fasern/cm	1,515	1,474	1,441	1,409	1,383	1,360	1,345
12—16 Fasern/cm	1,022	1,019	1,016	1,013	1,010	1,007	1,005
Spezialhitzeisolierung	1,438	1,358	1,292	1,233	1,190	1,147	1,109
Brauner Asbestfilz	1,665	1,577	1,505	1,436	1,387	1,340	1,300
Steinwolle	1,058	1,045	1,035	1,022	1,020	1,014	1,010
Wellasbest, 8 Wellen/Zoll	1,349	1,340	1,333	1,323	—	—	—
„ 4 „	1,520	1,550	1,580	1,605	—	—	—

[1] Nach Guide A. S. H. V. E. **1930**.

schützter Rohre sind in Abb. 105 die Wärmedurchgangszahlen nackter und mit einem Einheitswärmeschutzmittel verschiedener Schichtstärke versehener Rohre (WE/m² st °C) eingetragen. Diese Werte sind für verschiedene Temperaturunterschiede zwischen Heizmittel und umgebender Luft aufgestellt und weichen etwas von ähnlichen Werten der deutschen Fachliteratur ab. Außerdem sind in Abb. 106 und in Zahlentafel 21 Korrekturkoeffizienten enthalten, mit welchen die aus Abb. 105 für bestimmte Fälle erhaltenen Werte der Einheitswärmeabgabe multipliziert werden müssen, um die Wärmeverluste für die Flächeneinheit eines bestimmten, handelsüblichen Wärmeschutzes gleicher Stärke zu erhalten. Beispielsweise ergibt sich aus Abb. 105 für ein Rohr von 1 Zoll Durchmesser mit 37 mm starker Einheitsisolierung bei 100° C Temperaturunterschied die Wärmedurchgangszahl 2,6 WE/m² st °C. Soll die Wärmeabgabe für 85 proz. Magnesiahülle (die für Dampf- und Warmwasser sehr beliebt ist) berechnet werden, so muß dieser Wert mit 1,2 multipliziert werden und ergibt eine Wärmeabgabe von 3,12 WE/m² st °C. Die den Tafeln zugrunde gelegten Versuchsreihen sind mit den normalen Ausführungsformen der Isolierungen einschließlich Leinwandverkleidung und Anstrich vorgenommen worden. Der Einfluß der Luftbewegung auf die Wärmeabgabe von Rohrleitungen ist in Abb. 107 graphisch dargestellt. Diese Werte beziehen sich allerdings auf unverkleidete Rohre und es ist die Zunahme hauptsächlich bedingt durch die Erhöhung der Wärmeaustrittszahl infolge von Windgeschwindigkeit, die aber in erster Linie vom Temperaturunterschiede der Rohroberfläche und umgebender Luft abhängt und somit bei umhüllten Rohren sehr gering ist. Die höchste Zunahme der Durchgangszahlen bei verkleideten Rohren ist etwa mit 30 vH der

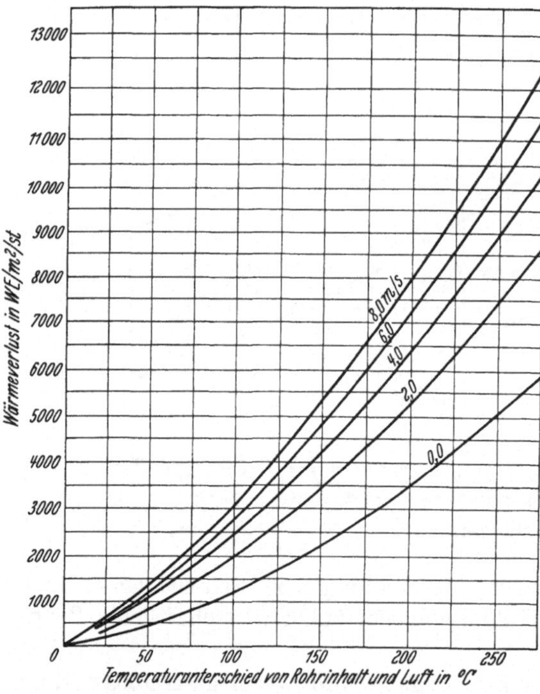

Abb. 107. Wärmeabgabe von ungeschützten Rohren in bewegter Luft. — (L. B. McMillan: Iron and Steel Engineer 1925.)

Werte für ruhige Luft und 2,5 cm starke Isolierung anzunehmen und fällt mit zunehmender Stärke der Schutzhülle bis zu etwa 10 vH für 7,5 cm Stärke. Risse in der Oberfläche, besonders wenn diese bis auf das nackte Rohr gehen, Unebenheiten u. a. m. er-

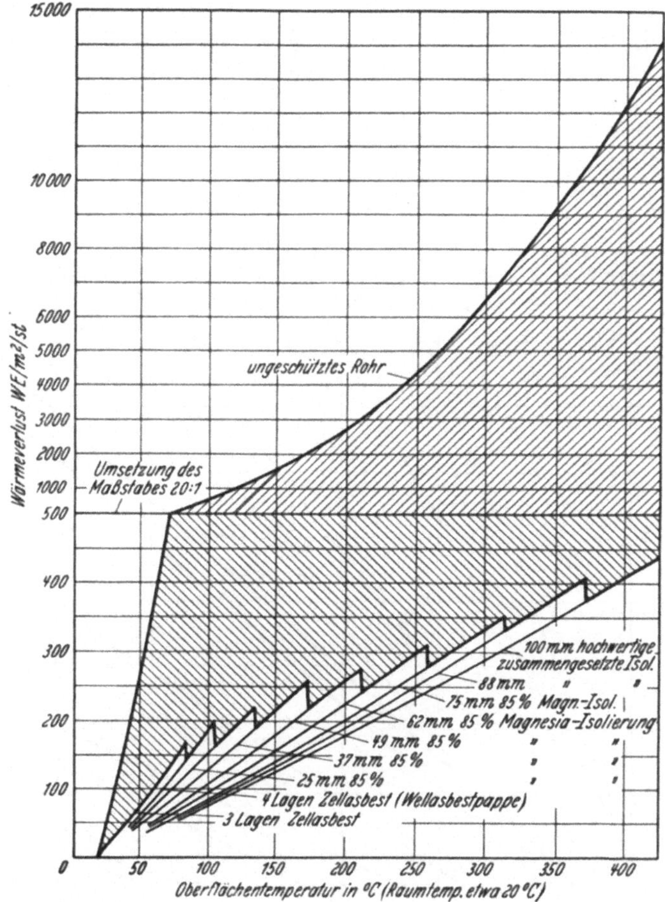

Abb. 108. Verhältnis der Wärmeabgabe von geschütztem und nacktem Rohr. (L. B. McMillan: Trans. A.S.H.V.E., 26.)

höhen die Wärmeverluste ganz erheblich und sind unbedingt zu vermeiden.

Die in Amerika gebräuchlichen Stärken der Wärmeschutzhüllen, die auf wirtschaftliche Erwägungen zurückgeführt werden können, sind in Zahlentafel 22 zusammengestellt, das Verhältnis der zu erwartenden Ersparnisse ist in Abb. 108 dargestellt, die keiner weiteren Erklärung bedarf. (Sie ist auf Rohr von 125 mm l. W. aufgebaut.)

Zahlentafel 22. Gebräuchliche (wirtschaftliche) Isolierstärken.

Dampfdruck bzw. Temperatur	Isolierstärke in mm		
	über 100 mm Rohrd.	50—100 mm Rohrd.	bis 50 mm Rohrd.
0— 2 atü	25	25	25
2— 7 „	38	25	25
7—15 „	50	38	25
bis 250° C Temperatur	62	50	38
über 250° C Temperatur	75	62	50

Rohrschutzhüllen, die Wärmeschutz und Vermeidung von Schwitzwasser erstreben, werden weniger zur Umhüllung von Heizleitungen

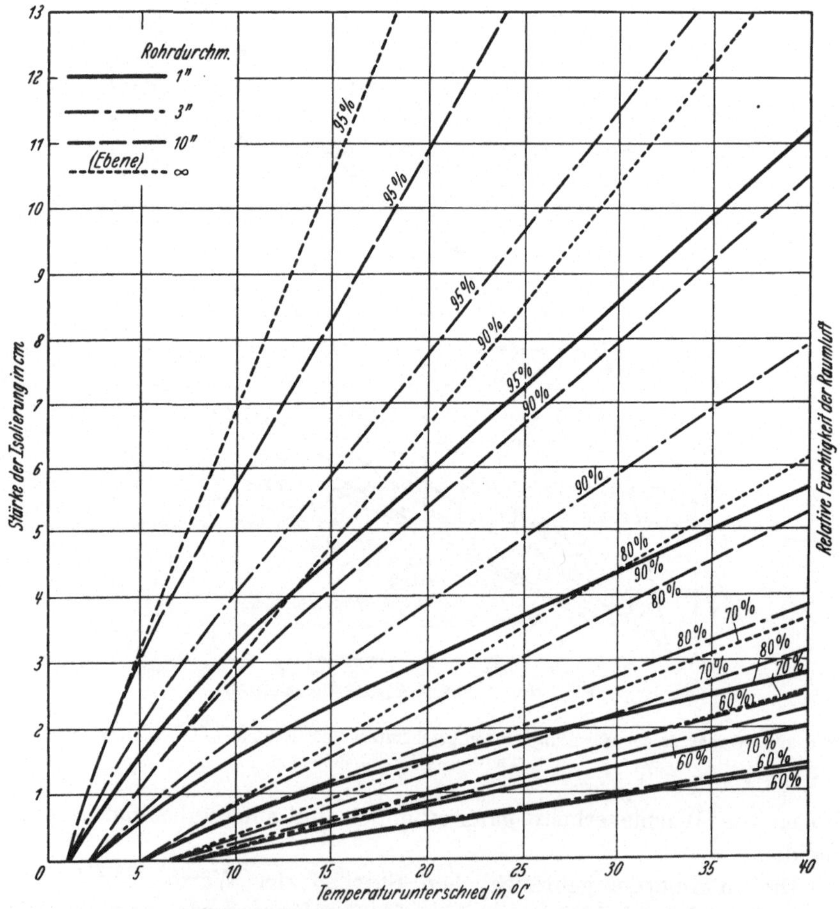

Abb. 109. Schwitzwasservorbeugung. (Nach Guide A.S.H.V.E. 1930.)

und anderen Wärme übertragenden Rohren angewandt, als zum Schutze gegen Rostschäden und auch Bauschäden an und durch Wasser-, Abwasser- und Kühlwasserleitungen, die in geheizten Räumen oder diese begrenzenden Wandungen untergebracht werden sollen. Zur Bestimmung der wirtschaftlichen Stärken solcher Leitungen kann Abb. 109 im Vereine mit Zahlentafel 23 verwendet werden. Abb. 109 ergibt die notwendige Stärke einer als „Normal" angenommenen Schutzmasse (Kork von 158 kg/m³ Einheitsgewicht) für verschiedene Temperaturunterschiede zwischen Rohrinhalt und umgebender Luft bei verschiedener relativer Feuchtigkeit und für vier verschiedene Fälle. Für andere Rohrstärken kann die entsprechende Stärke einer „Normalisolierung" durch Interpolation bestimmt werden. Die Stärken der notwendigen Schutzhüllen bei Verwendung anderer als „Normalisolierung" erhält man, für praktische Zwecke genügend genau, durch Multiplikation des aus Abb. 109 ermittelten Wertes mit dem der entsprechenden Schutzmasse in Zahlentafel 23 zugeteilten Beiwert c.

Es dürfte vielleicht diese Bestimmung der Stärke der Schutzhülle ungenau erscheinen, da die in der Zahlentafel enthaltenen Beiwerte lediglich auf die Wärmeleitfähigkeit der Schutzhüllen Rücksicht nehmen, während die Eintritts- und Austrittswiderstände unberücksichtigt

Zahlentafel 23.
Verhältnis von Handelsisolierungen und Normalisolierung.
(Normalisolierung = 1 gesetzt.)

Bezeichnung	Beschreibung	c
Kapok	Pflanzenfasern, lose geballt	0,79
Wolle	min.	0,82
„	max.	0,87
Haarfilz	Fasern, senkrecht zum Wärmestrom	0,82
Wollwerg	lose geballt	0,87
Mineralwolle	„ „	0,90
Korkbrett	ohne Bindemittel, 110 kg/m³	0,90
Baumwolle	leicht gepreßt	0,96
Insulite	gepreßter Zellstoff	0,985
Mineralwolle	gepreßt	0,985
Korkbrett	158 kg/m³ Dichte, gepreßt	1,00
„	180 „ „ „	1,03
Sil-O-Cel	Staubkieselgur	1,03
Korkbrett	mit Bitumenbindemittel	1,17
Holzfilz	elastische Papiermasse	1,21
Birkenholz	mittelschwer	1,27
Sägespäne	verschieden	1,34
Hobelspäne	„	1,38
Wellasbest	Wellasbestpappe	1,67
Asbestpappe	dünne Lagen	1,67
Pappe	dichter Zellstoff — 690 kg/m³	1,67
85 vH Magnesia	Magnesia, Asbest — 310 kg/m³	1,67
Kieselgur	in Ziegeln oder roh	1,94
Birkenholz	schwer	1,94
Eiche	gegen Faser	3,33
Gummi	vulkanisiert, weich	4,02
Paraffin	—	5,3
Gips-Verputz	—	7,8

bleiben. Da aber die Schutzhüllen meist nicht unmittelbar auf dem Rohre, sondern auf einem Gips- oder Kieselgurunterstrich angebracht werden und auch der Farbmantel in gewissen Grenzen derselbe ist, so gilt tatsächlich mit guter Annäherung die Beziehung:

$$\frac{1}{k} = \frac{1}{\frac{1}{a_1} + \frac{1}{a_2} + \frac{e}{\lambda}} = \frac{1}{\frac{1}{a_1} + \frac{1}{a_2} + \frac{c \cdot e_1}{\lambda_1}} \qquad (32)$$

worin k die Wärmedurchgangszahl in WE/m² st ° C,

a_1 den Eintrittswiderstand,

a_2 den Austrittswiderstand,

e bzw. e_1 die Stärke der Schutzhüllen in m

λ bzw. λ_1 die Wärmeleitfähigkeit der beiden Schutzhüllen in WE/m st ° C,

und c den aus der Tafel 23 ermittelten oder aber direkt bestimmbaren Wert $\frac{\lambda_1}{\lambda}$ bedeutet.

Von größerer Bedeutung für die Heizungstechnik sind die Mittel zur Vermeidung von Schwitzwasser an Bau- und Konstruktionsteilen selbst, da diese im engsten Zusammenhang mit der Wirtschaftlichkeit des Bauwesens und mit der Betriebswirtschaft der Heizungsanlage stehen. Das Schwitzwasser entsteht durch Niederschlagen der Luftfeuchtigkeit an Flächen, deren Oberflächentemperatur unterhalb des Taupunktes der Raumluft liegt, und kann deshalb durch Herabsetzung der Luftfeuchtigkeit oder durch Erhöhung der Oberflächentemperatur derartiger Flächen vermieden werden. Durch Vergleich der in Zahlentafel 24 enthaltenen Erfahrungswerte (Rietschels) des Temperaturunterschiedes zwischen Raumluft und Oberflächentemperatur verschiedener Baumaterialien mit den in Abb. 110 enthaltenen Temperaturunterschieden zwischen Taupunkt und Trockenkugelthermometerablesung bei verschiedener relativer Feuchtigkeit ersieht man beispielsweise, daß es in den Grenzen der gesundheitlich empfehlenswerten relativen Luftfeuchtigkeit (40 vH bis etwa 70 vH) nicht möglich ist, das Niederschlagen derselben auch durch Verwendung von Doppelfenstern bei tiefen Außen-

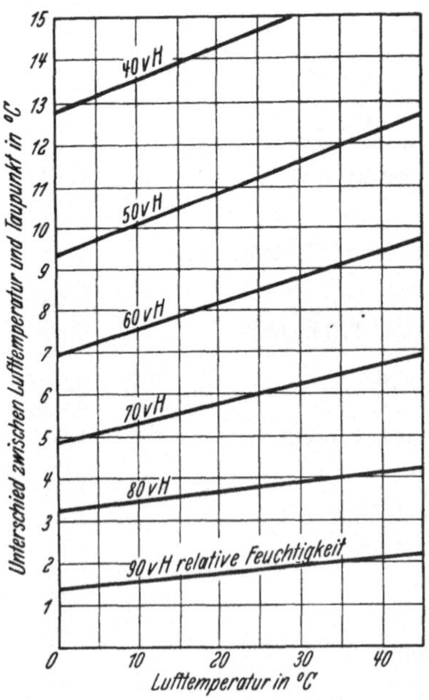

Abb. 110. Unterschied von Lufttemperatur und Taupunkt.

temperaturen zu verhindern[1]. In Abb. 111 sind entsprechende Wertereihen für verschiedene Verhältnisse zusammengefaßt, die diese Erkenntnis völlig bestätigen. (Unbeschlagene Fenster an sehr kalten Tagen dürften deshalb als ein Kriterium unzulänglicher Luftverhältnisse im Raume aufgefaßt werden.) Man kann aber in den meisten Fällen von der Forderung klarer Fenster bei beliebiger Außentemperatur Abstand nehmen, da die üblichen Fensterkonstruktionen wenig durch Feuchtigkeit leiden; wo das herabfließende Schwitzwasser unerwünscht sein sollte, kann dieses durch Rinnen abgeleitet werden. Gelegentlich kommt auch ein interessantes technisches Hilfsmittel zur Anwendung, nämlich Zirkulation von warmer, trockener Luft zwischen den Scheiben der Doppelfenster; diese sog. Fensterheizung bietet aber außer den bedeutenden Betriebskosten auch viele technische Schwierigkeiten bei der Erstellung und kommt nur in Sonderfällen zur Anwendung (Abb. 112).

Zahlentafel 24. Werte der Übertemperatur von Wandungen bei 40° C Temperaturgefälle (nach Rietschel).

Wandung	Übertemperatur °C.
Backstein . . . . 12 cm	8
„ . . . . 25 „	7
„ . . . . 38 „	6
„ . . . . 51 „	5
„ . . . . 64 „	4
„ . . . . 77 „	3
„ . . . . 90 „	2
„ . . . . 105 „	1
„ . über 105 „	0
Einfaches Glasfenster . .	20
Doppeltes Glasfenster . .	10
Außen- (Holz-) Türen . .	2
Decken mit Füllung . . .	1
Innenwände	0

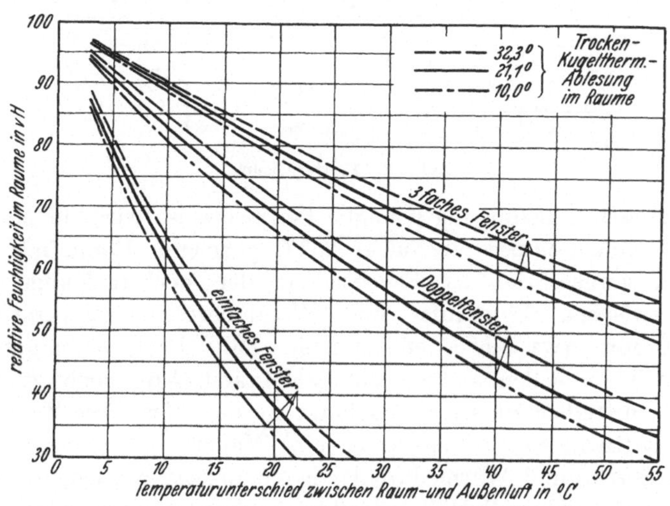

Abb. 111. Bedingungszustände für Fensterniederschlag. (Transactions A. S. H. V. E., 1930.)[1]

[1] Siehe auch Kratz: Humidification for Residences (Luftbefeuchtung in Wohngebäuden). Engg. Exp. Station-Univ. Illinois-Bericht 230. 1931.

Zur Vermeidung des Schwitzens von Wänden kann ein ähnlicher Weg, wie für Fenster angegeben wurde, eingeschlagen werden. Der Unterschied der Raumtemperatur und Oberflächentemperatur der Wandung muß möglichst gering gehalten werden bzw. die Oberflächentemperatur der Wandung muß bei ungünstigsten Temperaturverhältnissen noch oberhalb des Taupunktes der Raumluft liegen. Dies ist besonders in vielen industriellen Betrieben, wo eine bestimmte, hohe relative Luftfeuchtigkeit angestrebt wird, von höchster Bedeutung. Es ist diese Aufgabe also lediglich durch Wahl einer Wandkonstruktion von geringer Wärmedurchgangszahl zu lösen, deren bekannter oder experimentell ermittelbarer Wert des Temperatursprunges an der Oberfläche (Eintrittswiderstand)

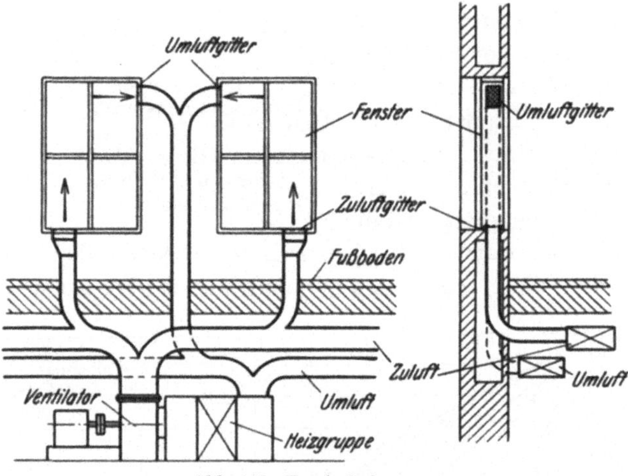

Abb. 112. Fensterheizung.

der angeführten Bedingung genügt. Beispielsweise wird für einen bei — 20° C Außentemperatur auf + 20° C geheizten Raum mit 80 vH relativer, vorgeschriebener Feuchtigkeit der höchstzulässige Unterschied zwischen Raumluft- und Wandoberflächentemperatur der Abb. 110 mit etwa 3,5° C entnommen. Falls Backsteinmauern Verwendung finden sollen, so kann aus Zahlentafel 24 die benötigte Wandstärke unmittelbar zu 0,7 m geschätzt werden. Ist diese Wandstärke unwirtschaftlich, so muß sie durch eine Mauer von entsprechend geringerer Stärke und Wärmedurchlässigkeit ersetzt werden, um an der Innenoberfläche denselben Temperatursprung zu sichern, oder es kann eine schwächere Mauer mit einer entsprechenden Wärmeschutzschicht versehen werden, um diese Bedingung zu erfüllen. Zur Berechnung der Stärke der Isolierung kann die Gleichung (32) in entsprechender Umformung verwendet werden.

C. Die Lüftungsanlagen.

1. Die Lüftungsgröße.

a) Allgemeines.

Die Notwendigkeit der Lüftung von Aufenthaltsräumen in erster Linie und auch anderen Zwecken dienenden Bauwerken ganz allgemein ist zwar eine unbestrittene Tatsache, die Grundlagen der Berechnung der für notwendig erachteten, durch die Lüftungsanlage geförderten Luftmengen sind aber noch sehr verschiedenartige und geben besonders dem entwerfenden Fachmanne so viele Ansätze und Hebel, die zu völlig abweichenden Ergebnissen führen, daß die Berechnung größter Lüftungsanlagen heute noch mehr auf gut Glück und der auf langjähriger praktischer Erfahrung von einzelnen Fachleuten gestützten Faustformelmethode aufgebaut wird, als auf sorgfältig erwogenen, verläßlichen Berechnungsgrundlagen. Diesen Mangel einer einheitlichen Berechnungsbasis hat man in Amerika vor mehreren Jahrzehnten bemerkt und hat zu einem Radikalmittel gegriffen und die damaligen auf recht unzulänglicher Versuchs- und Erfahrungsgrundlage aufgestellten „Empfehlungen von Mindestausmaßen von Lüftungsanlagen" dem Baugesetzbuch der meisten Staaten der Vereinigten Staaten eingefügt. Diese Vorschriften, die für Schulen, Anstalten, Krankenhäuser und andere öffentliche Gebäude gelten, schreiben beispielsweise eine „Mindestzufuhr" an Zuluft von 50 m^3 je Stunde und je Kopf vor, was für die üblichen „Normalklassenzimmer" einen nahezu zehnfachen Stundenluftwechsel ergibt. Derartige Luftmengen können aber, selbst wenn sie eine sehr gute Lüftung der Räume zeitigen, kaum wirtschaftlich sein, besonders wenn keine Umluftanlage angewandt wird, die Luft also nicht nur gefördert, sondern auch erwärmt werden muß.

Für außerhalb des Rahmens der vorangeführten Bestimmungen liegende Bauwerke wurden von verschiedenen Seiten „Maßstäbe" zur Berechnung der notwendigen Luftmenge festgelegt und jedes Handbuch der Heizungs- und Lüftungstechnik gibt über diese Maßstäbe ausreichende Aufklärung. Im Rahmen der vorliegenden Arbeit sollen sie bloß angeführt und es soll gezeigt werden, welchen Gebrauch die moderne amerikanische Lüftungstechnik von ihnen macht und welche Bedeutung sie ihnen zuschreibt. Es ist gebräuchlich, die Lüftungsgröße zu bestimmen nach Maßgabe von nicht zu überschreitender:

1. Temperatur (Wärme)
2. Feuchtigkeit
3. Kohlensäuregehalt
4. Druck
5. Staubgehalt
6. Krankheitserregergehalt
7. Ekelstoffe
8. schädliche Beimengungen.

Gelegentlich wird der Einfluß der Wärme und Feuchtigkeit in dem sog. Wärmeinhaltsmaßstab zusammengefaßt, da gezeigt worden ist, daß die beiden Faktoren in einem bestimmten Verhältnis zur Größe der notwendigen Lüftung stehen. Außer diesen Maßstäben bzw. im Vereine mit diesen sind noch folgende Einflüsse von ausschlaggebender Bedeutung:

1. Die Verteilung der zugeführten Luft im Raume,
2. die Geschwindigkeit der Luft im Raume[1].

Es ist natürlich äußerst schwierig, den relativen Einfluß einzelner der vorerwähnten Faktoren auf den Gütegrad der Lüftung festzulegen,

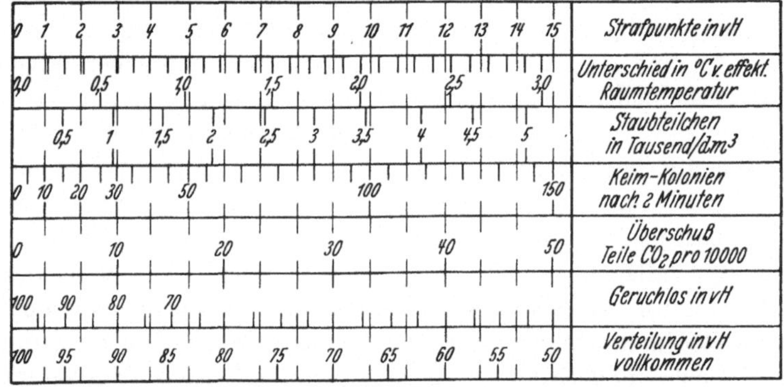

Abb. 113. Tafel zur Bestimmung des Gütegrades von Lüftungsanlagen.

wenn es auch vielleicht möglich ist, der Beeinträchtigung innerhalb desselben „Maßstabes“ jeweils einen Zahlenwert zu geben. Es wurde aber trotzdem ein Versuch gemacht, alle die vorerwähnten Einflüsse in einem Maßstabe des Gütegrades von Lüftungsanlagen zu vereinigen, und dieser Versuch zeitigte die von Dr. E. Vernon Hill und O. W. Armspach aufgestellte und vervollkommnete „synthetische Lufttafel“, die von der „A. S. H. V. E.“ in letzter Zeit in die Lüftungsnormen aufgenommen und somit zu einer offiziellen Prüfungs- und Vergleichsgrundlage ausgeführter Lüftungsanlagen geworden ist. Diese „Lufttafel“, in Abb. 113 dargestellt, enthält sechs Wertegruppen, die sich beziehen auf:

1. Wirksame Lufttemperatur,
2. Staubmenge,
3. Gehalt an Krankheitserregern,
4. Gerüche (Ekelstoffe),
5. Kohlendioxydgehalt,
6. Verteilung der Luft im Raume.

[1] Dieser Punkt wurde zwar in der deutschen Fachliteratur mehrfach gestreift (Leitfaden 1: Allgemeines über Frischluft- und Umluftbetrieb, Dietz: Lehrbuch, S. 59 ff.), die Amerikaner haben ihn aber erst richtig in den Vordergrund geschoben.

Eine weitere Wertegruppe, die in den ersten Formen der noch immer in Entwicklung begriffenen „Lufttafel“ enthalten war, bezog sich auf „andere gesundheitsschädliche Beimengungen“, sie wurde aber fallen gelassen, da die vorstehende Zusammenstellung alle im gewöhnlichen Leben entstehenden, gesundheitsschädlichen Beimengungen enthält und die Stoffe, die in verschiedenen gewerblichen Betrieben frei werden, durch außerhalb der allgemeinen Lüftungstechnik liegende Verfahren entfernt oder in unschädlicher Verdünnung gehalten werden.

b) Die wirksame Raumtemperatur.

Wie schon erwähnt worden ist, kann weder die Raumtemperatur selbst, noch die Feuchtigkeit der Raumluft als Grundlage des Behag-

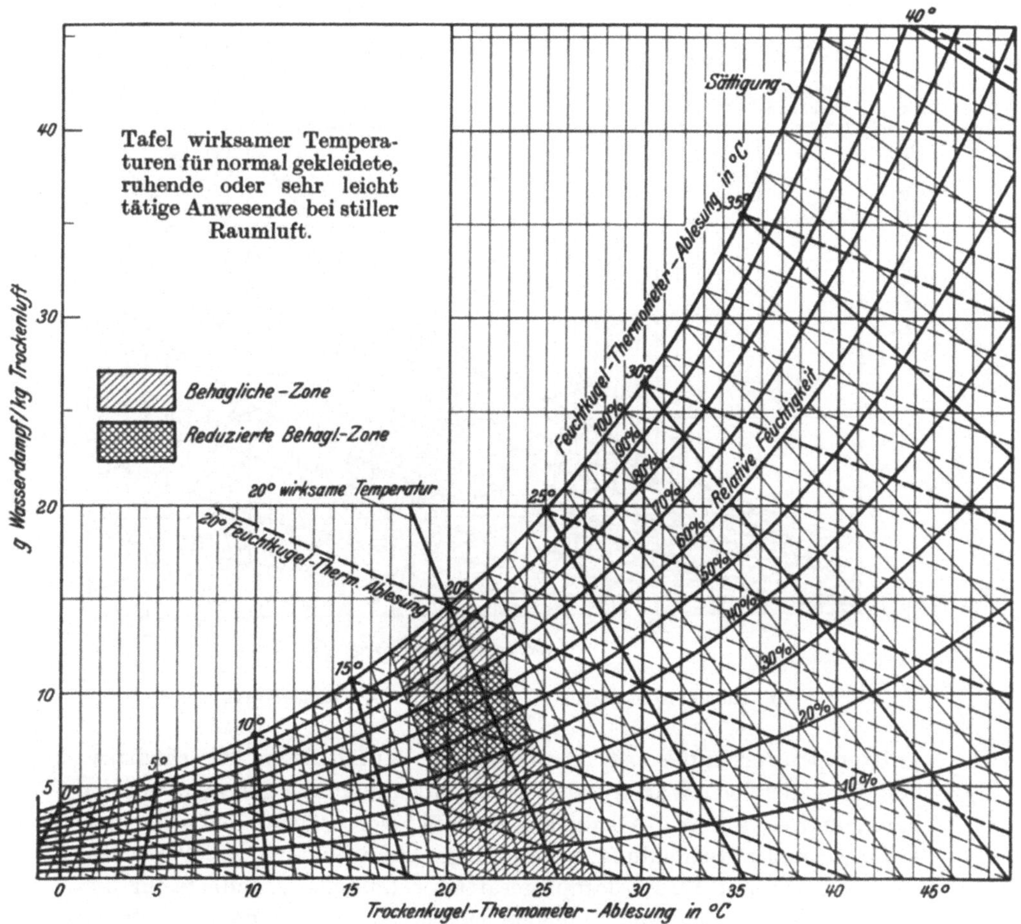

Abb. 114. Psychrometertafel. (Nach „A. S. H. V. E.-Guide“ 1930.)

lichkeitsgefühles — das Hauptziel guter Raumlüftung und Heizung — betrachtet werden. Der auf einer Verquickung von Temperatur- und relativer Feuchtigkeit aufgebaute Wärmeinhaltsmaßstab leistet hier bessere Dienste. Es ist durch Versuche ermittelt worden, daß durch Änderung der relativen Luftfeuchtigkeit bei entsprechender Änderung der

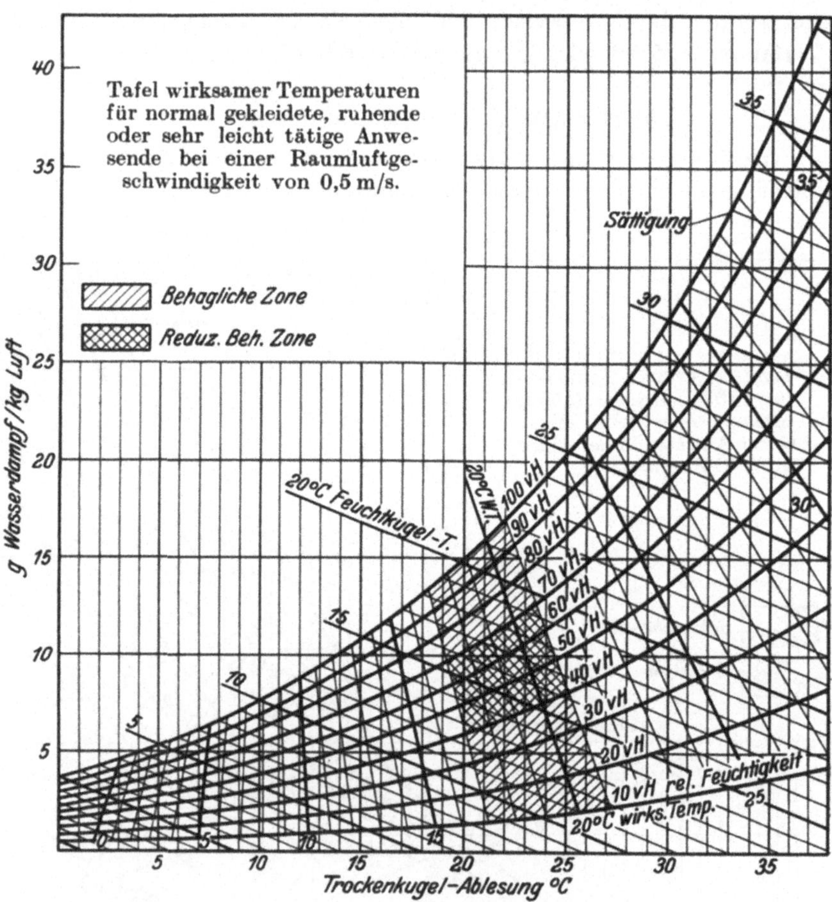

Abb. 115. Psychrometertafel. (Nach „A. S. H. V. E.-Guide“ 1930.)

Lufttemperatur und sonst unveränderten Verhältnissen der Eindruck von Behaglichkeit, Wärme oder Kälte unveränderlich gehalten werden kann, und es wurde das subjektive Gefühl von Wärme bei ruhender Luft, normaler Bekleidung und mäßiger Anstrengung der Versuchspersonen bei mit Wasserdampf gesättigter Luft als Grundlage für die weiteren Folgerungen und Versuche genommen und mit dem jeweiligen Temperaturgrade bezeichnet. Zustände höherer oder niedrigerer Temperatur und veränderter Feuchtigkeit, Luftbewegung, weiter verschiedener Bekleidung und Anstrengung der Anwesenden, die das gleiche Gefühl von Wärme erzeugen, werden mit demselben Temperaturgrade gekennzeichnet und da dieser Temperaturgrad meist weder mit der Trockenkugel- noch der Feuchtkugelthermometer-

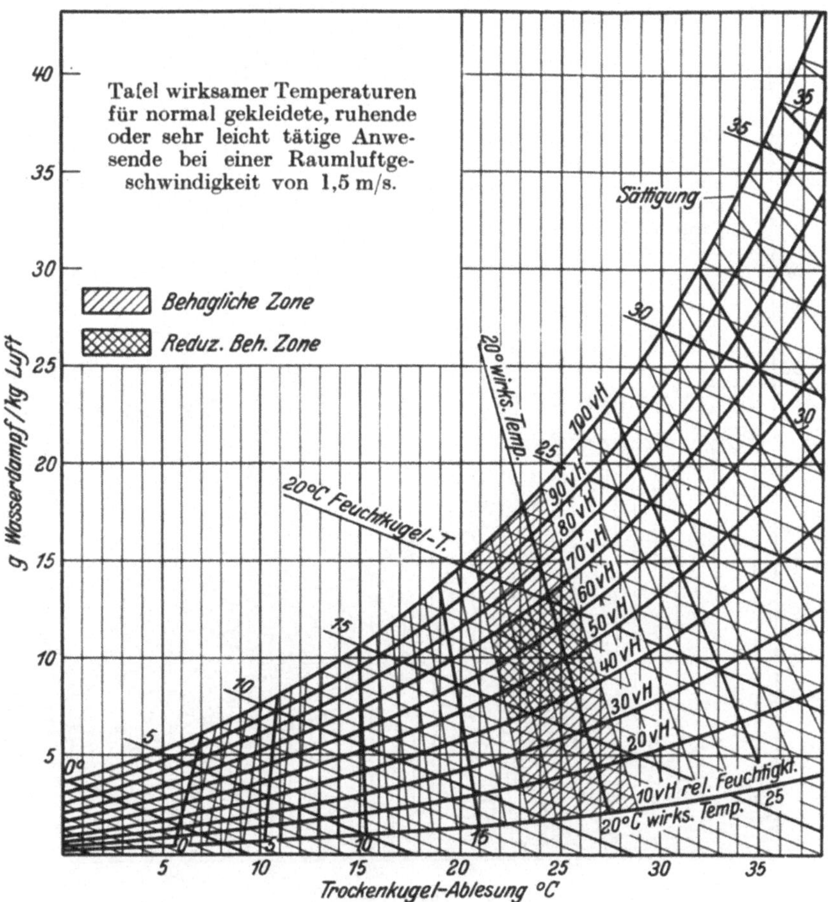

Abb. 116. Psychrometertafel. (Nach „A. S. H. V. E.-Guide“ 1930.)

ablesung übereinstimmt, wurde dieser empirische Wert als wirksame Temperatur bezeichnet[1]. Es ist gezeigt worden, daß die Feuchtigkeitszunahme bei den üblichen Raumtemperaturen ein erhöhtes Wärmegefühl schafft, erhöhte Luftbewegung hingegen das Gefühl abnehmender Temperatur gibt. Für gewisse Fälle sind dann ausführliche Wertetafeln aufgebaut worden, mehrere derselben sind in Abb. 114—117

[1] Die amerikanische Praxis arbeitet natürlich mit Fahrenheitgraden.

aufgenommen worden. Bemerkenswert ist, daß für die Vorbedingungen der Abb. 114, d. h. für ruhende Luft, normale Bekleidung und Ruhe der Anwesenden, die Linie der Lufttemperatur (Trockenkugelthermometerablesung) mit der Linie der wirksamen Temperatur etwa bei + 8° C zusammenfällt, so daß hieraus gefolgert werden kann, daß eine

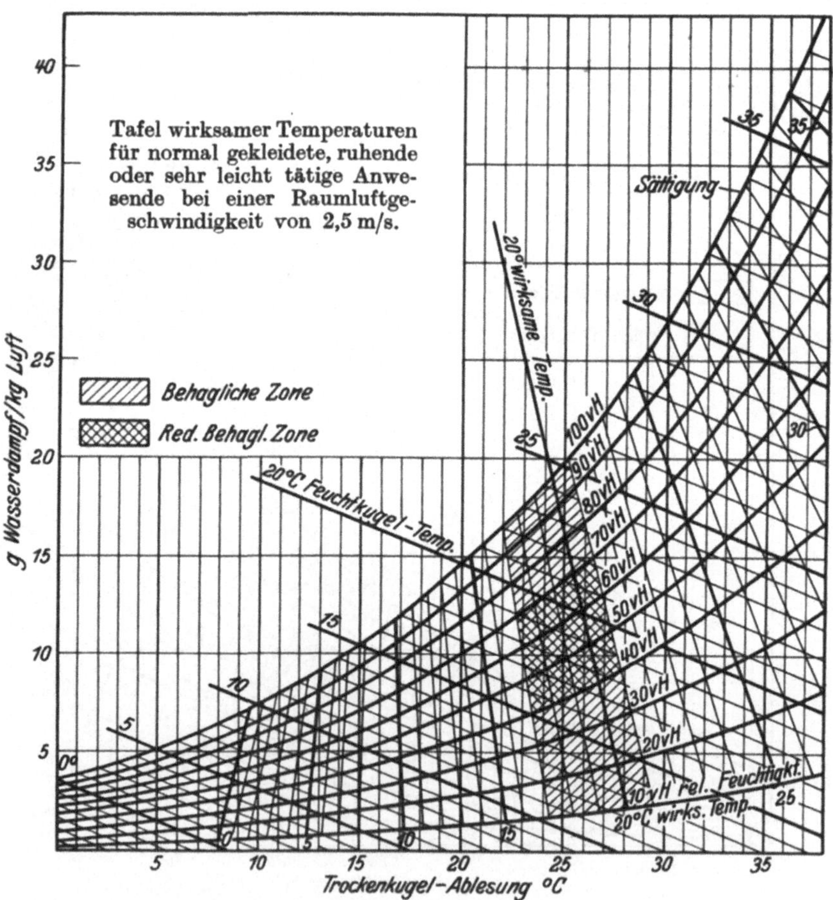

Abb. 117. Psychrometertafel. (Nach „A. S. H. V. E.-Guide" 1930.)

beliebige Änderung der Luftfeuchtigkeit von völliger Trockenheit zu Sättigung keine Änderung des Behaglichkeitsgefühles bei dieser Lufttemperatur hervorruft. Oberhalb dieses Wertes erzeugt zunehmende Luftfeuchtigkeit den Eindruck höherer Temperatur, unterhalb desselben den von Temperaturabnahme. Für andere Verhältnisse, d. h. für bewegte Luft, tritt diese Grenzlinie bei etwas höherer Temperatur auf, beispielsweise für 0,5 m/s Luftgeschwindigkeit bei etwa 10,5° C oder für

1,5 und 2,5 m/s bei etwa 13 bzw. 15° C. Zwecks Vergleiches des Einflusses von Luftbewegung auf die wirksame Temperatur und mithin auf das Behaglichkeitsgefühl sind in Abb. 118 einzelne Werte der wirksamen Temperatur bei verschiedenen Luftgeschwindigkeiten dargestellt und man ersieht hieraus, daß bei niedrigeren Temperaturen die Luftgeschwindig-

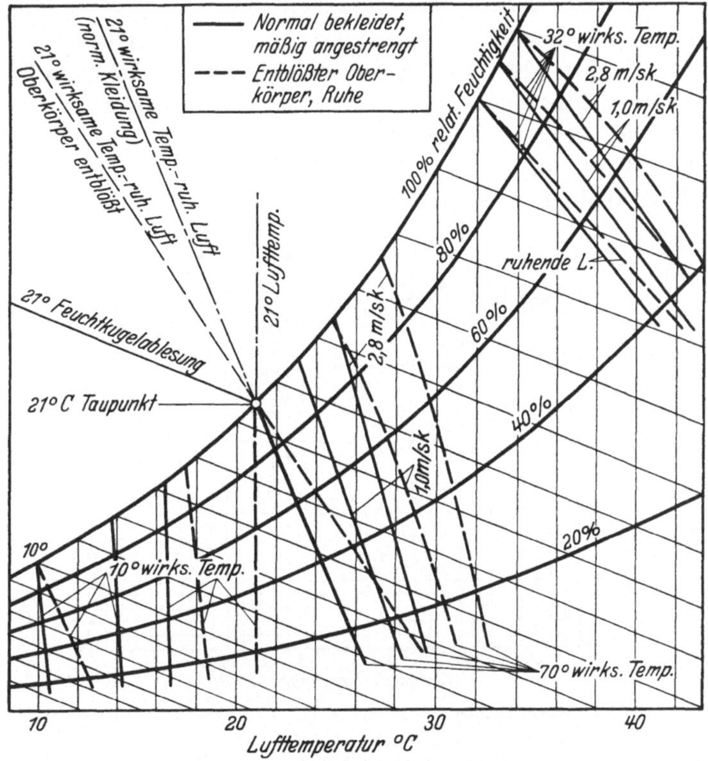

Abb. 118. Vergleichs-Psychrometertafel.

keit in viel weiteren Grenzen zur Änderung des Temperaturgefühles verwendet werden kann als bei Temperaturen von 30° C und mehr.

Diese Erscheinung wird auch durch die in Abb. 119—122 zusammengefaßten Erfahrungs- bzw. Versuchswerte aus der Versuchsanstalt der A. S. H. V. E. bestätigt[1]. Die Abb. 119 gibt die von einer erwachsenen Person (Mann) bei verschiedenen wirksamen Temperaturen abgegebene Gesamtwärme. Die Abb. 120 zeigt die Abhängigkeit der Gesamtwärmeabgabe von Lufttemperatur und Luftgeschwindigkeit. Abb. 121 gibt das Verhältnis des fühlbaren freien Wärmeanteiles der Gesamtwärmeabgabe zur Verdampfungswärme, die in der vom Körper abgegebenen

[1] Siehe auch Dipl.-Ing. M. Hirsch: Einfluß der Luftbeschaffenheit auf das Behaglichkeitsgefühl nach Versuch und Theorie. Gesundheits-Ing., Kongreßhefte 1930.

Feuchtigkeit enthalten ist. Aus dieser Tafel kann für verschiedene Verhältnisse die Temperatursteigerung bzw. Feuchtigkeitserhöhung einer bestimmten Luftmenge durch die Anwesenden im Mittel abgelesen werden; den Wertekurven ist durchwegs ein „Einheitsmensch" mit einer Körperoberfläche von 1,81 m² zugrunde gelegt worden. Die Abb. 122 gibt den Einfluß der Luftgeschwindigkeit auf die Schweißbildung bzw. den Gewichtsverlust durch Verdunstung von Feuchtigkeit an[1].

Während aber Abb. 119 für den Bereich von 17° bis etwa 31° wirksamer Temperatur eine nahezu unveränderliche Gesamtwärmeabgabe aufweist und somit den Schluß zuläßt, daß über diesem ganzen Bereich bei Ruhe oder sehr leichter Tätigkeit und normaler (Straßen-) Bekleidung auch ein unveränderliches Behaglichkeitsgefühl zu erwarten

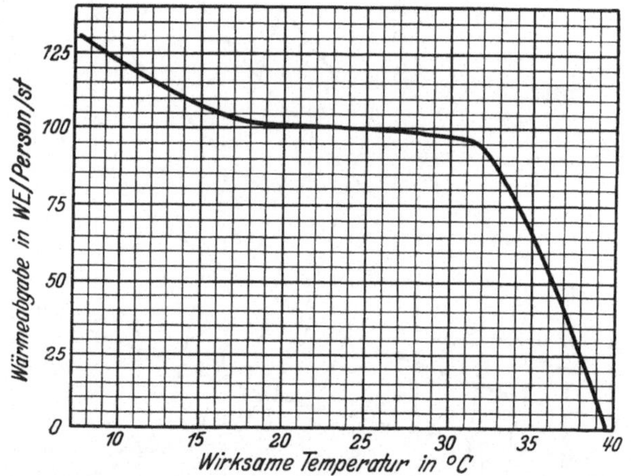

Abb. 119. Wärmeabgabe von Menschen (Houghten und Mitarbeiter[1]).

wäre, haben die in Zahlentafel 25 zusammengefaßten Versuchsergebnisse gezeigt, daß das Behaglichkeitsgefühl (falls Schweißbildung als mit demselben unvereinbar aufgefaßt wird) lediglich in den Grenzen von 17° bis etwa 21° wirksamer Temperatur erwartet werden kann. Dies erscheint auch in Abb. 121 einwandfrei bestätigt; es wird die Zone zwischen 17° und 21° C, die in der Psychrometertafel (Abb. 114) durch Schraffierung hervorgehoben worden ist, als Behaglichkeitszone und die Linie der wirksamen Temperatur von 18,5°, bei der nach amerikanischen Massenversuchen 97 vH der Versuchssubjekte sich behaglich fühlten, als Behaglichkeitslinie bezeichnet. Bei bewegter Luft wird erfahrungsgemäß eine etwas höhere

[1] Houghten, Teague, Miller u. Yant: Heat and Moisture Losses from the Human Body and their Relation to Air Conditioning Problems (Wärme- und Feuchtigkeitsverluste des menschlichen Körpers und ihre Beziehung zu lufttechnischen Aufgaben). Transactions A. S. H. V. E. **1929**.

Temperatur behaglich empfunden, hierauf ist in den Abb. 115—117 Rücksicht genommen worden. Eine weitere Änderung erfährt die Behaglichkeitszone durch verschiedenen Grad von Anstrengung bei Arbeit, oder durch verschiedenartige Bekleidung der Anwesenden. Allerdings kann die tafelmäßige Bestimmung des Behaglichkeitsgefühles nicht zu weit getrieben werden, denn es ist bekannt, daß beispielsweise der moderne Gesellschaftsanzug des Mannes und der Frau recht weitgehende Unterschiede bezüglich des Verhältnisses von bekleideten und entblößten Stellen der Hautoberfläche, wodurch das Behaglichkeitsgefühl außerordentlich beeinflußt wird, aufweist, und trotzdem kann ohne große Schwierigkeiten eine allseitig befriedigende wirksame Temperatur erzielt werden.

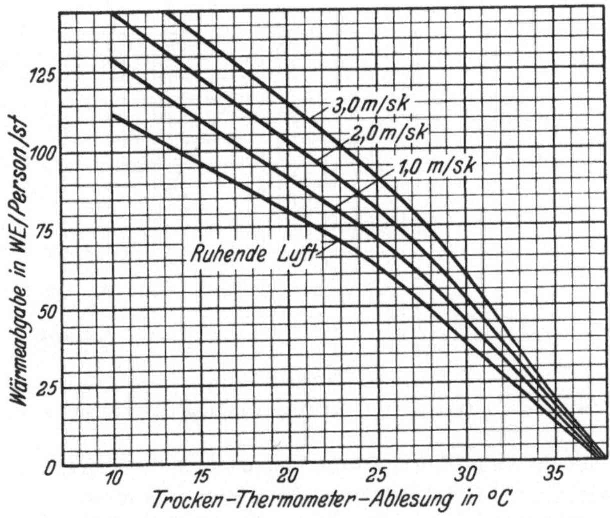

Abb. 120. Wärmeabgabe in bewegter Luft (Houghten und Mitarbeiter[1]).

Zahlentafel 25[1]. Einfluß von Feuchtigkeit und Temperatur auf das Behaglichkeitsempfinden von Menschen.

Zustand der Versuchspersonen (40 v. H. der Personen verzeichneten untenangeführten oder größeren Grad von Schweißbildung).	95 v. H. rel. Feuchtigk.			20 v. H. rel. Feuchtigk.		
	wirksame Temp. °C	Trockenkugelablesung °C	Feuchtkugelablesung °C	wirksame Temp. °C	Trockenkugelablesung °C	Feuchtkugelablesung °C
Körper und Stirne klebend . . .	22,8	23,1	22,5	23,9	30,5	16,0
Körper feucht	26,1	26,5	25,7	27,2	36,5	20,4
Schweißperlen auf der Stirn . . .	26,6	27,1	26,3	30,5	43	24,1
Körper naß	29,1	29,7	28,9	30,3	42,5	23,8
Rinnender Schweiß auf der Stirne	31,1	31,7	31,0	34,4	51,8	29,7
Rinnender Schweiß am Körper .	31,3	32,0	31,4	32,2	46,5	26,5

[1] Siehe Anm. 1, S. 140.

Für praktische Verhältnisse dürfte es sich aber empfehlen, die auf subjektiver Beobachtung aufgestellten vorerwähnten Zonen noch weiter einzuschränken, ob zwar sie im Laboratorium einwandfrei gültig sind, und zwar hinsichtlich der relativen Luftfeuchtigkeit. Es sollte vorerst unbedingt ein zulässiges Mindestmaß von 40 vH Sättigung nicht unterschritten werden[1], da sonst Gegenstände im Raume rasch austrocknen, feine Gewebsfasern spröde werden und zerstäuben und bereits gebildeter, feiner, trockener Staub leichter in der Luft schweben wird als bei größerer Feuchtigkeit. Dies ist aber die Ursache vieler gesundheitlicher Schäden, sei es unmittelbar durch Reizung der Schleimhäute oder

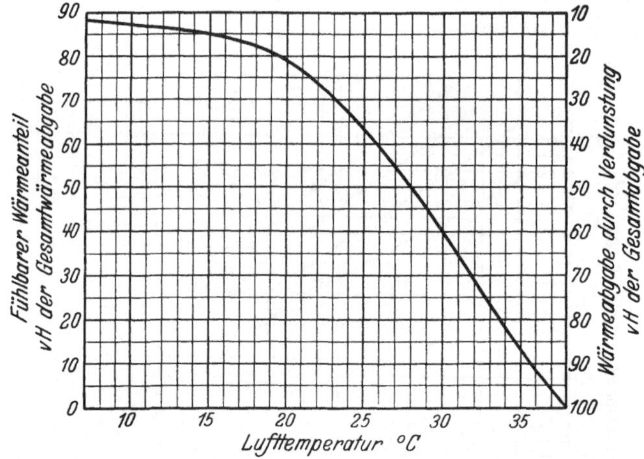

Abb. 121. Verhältnis von Wärme- und Feuchtigkeitsverlust (Houghten und Mitarbeiter[2]).

mittelbar durch Keimübertragung und ist mit dem Begriffe guter Lüftung unvereinbar. (Die Reizung der Atemorgane in derartig untersättigter Luft beruht aber nicht auf einer erhöhten Feuchtigkeitsabgabe der Atemorgane an die ausgeatmete Luft, wie oft fälschlich angenommen wird; es ist erwiesen worden, daß die Feuchtigkeitsabgabe durch Atmung in kalter, hohe relative Feuchtigkeit aufweisender Luft dieselbe ist, wie in warmer Luft geringer relativer Feuchtigkeit.)

Andererseits soll aber tunlich die relative Luftfeuchtigkeit nicht 70 vH Sättigung überschreiten, da bei höherer Sättigung kleine Abweichungen von der wirksamen Temperatur leichter bemerkbar und unangenehm empfunden werden. Außerdem wird eine derartige Feuchtigkeit Niederschläge an Wänden und Fensten verursachen, die an sich unangenehm empfunden werden, chemische Vorgänge durch Bildung von Kohlensäure und anderen Säuren durch Einfluß von Atmungsluft

[1] Kratz: Humidification of residences — siehe Anm. 1, S. 131.
[2] Siehe Anm. 1, S. 140.

und Verbrennungsprodukten einleiten und für die Dauer gesundheitlich unzuträglich werden. Diese beiden letztgenannten Grenzen sind in den Abb. 114—118 durch dunklere Schattierung hervorgehoben und ergeben die Zone der empfehlenswerten wirksamen Temperaturen. Man ersieht hieraus, daß die Temperatur bzw. die relative Feuchtigkeit der Luft nur in engen Grenzen zur Regelung des Behaglichkeitsgefühles dienen kann, so daß häufig zur Änderung der Luftgeschwindigkeit im Raume zwecks Erreichung eines bestimmten Zustandes gegriffen werden

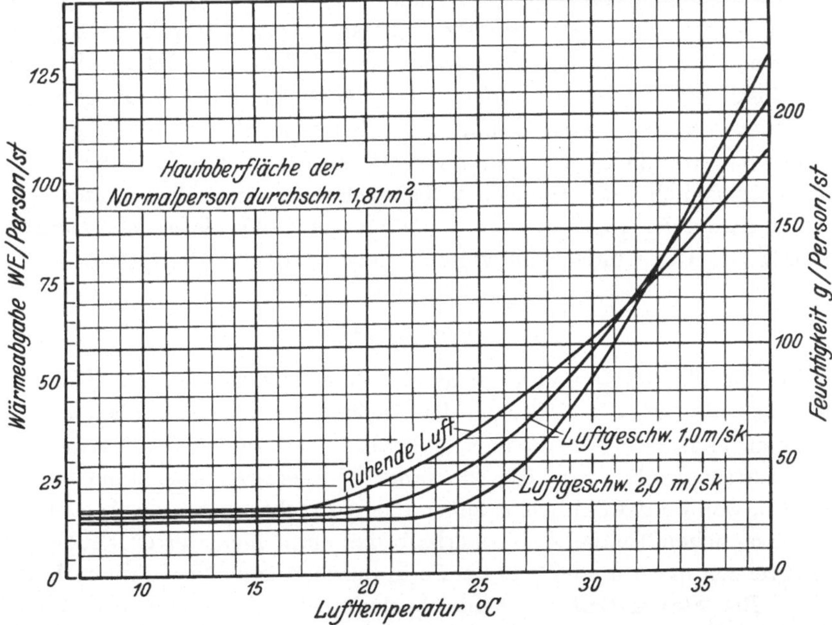

Abb. 122. Gewichtsverlust durch Feuchtigkeitsverlust (Houghten und Mitarbeiter[1]).

muß. (Diese Erkenntnis hat sich in Amerika außerordentlich verbreitet, die Anzahl der Luftumwälzventilatoren aller Größen in Geschäften, Büros, Speisehallen u. a. m. wirkt überraschend.)

Die für verschiedenartige Arbeits- und Bekleidungsverhältnisse höchste Behaglichkeit sichernden, wirksamen Temperaturen (w. T.) sind noch nicht endgültig festgelegt worden, sie werden aber meist nach Zahlentafel 26 gewählt.

Zahlentafel 26. Behaglichkeitstemperaturen.

Bei Ruhe oder sehr leichter Tätigkeit und normaler Bekleidung	18°	wirksame	Temperatur
Bei Leichtarbeit und bloßem Oberkörper (Hemdsärmel)	17°	„	„
Bei mäßiger Anstrengung und bloßem Oberkörper	16°	„	„
Bei Schwerarbeit und bloßem Oberkörper	15°	„	„

[1] Siehe Anm. 1, S. 140.

Für ruhende Personen wird deshalb eine Lüftungsanlage, die 18° wirksame Temperatur sichert, mit Rücksicht auf die Anforderungen von Wärme als vollkommen zu bewerten sein. Eine wirksame Temperatur von 37° C ist hingegen nur für sehr kurze Zeit auszuhalten und wäre deshalb als ungenügend zu bezeichnen. In der synthetischen Lufttafel ist diesem Zustand willkürlich der Gütegrad von 0,1 zugeteilt worden, wahrscheinlich um anzudeuten, daß ein derartiger Zustand zwar schädlich, aber nicht unbedingt tödlich ist und hieraus ergibt sich für Abweichungen von 0,21° w. T. von dem jeweils als günstigste wirksame Temperatur bezeichneten Wert (beispielsweise 18° w. T. für Ruhe) eine Verschlechterung des Gütegrades der Anlage um 0,01. Dies ergibt beispielsweise für abnehmende Temperaturen die Schlußfolgerung, daß etwa — 1° w. T. ebenso ungünstig bei normaler Bekleidung und Ruhe wirke wie die obere Grenze von 37° w. T. und nur für sehr kurze Dauer erträglich sei. So ist also beispielsweise eine Abweichung von 2,1° w. T. (z. B. 13,9° w. T. bei mäßiger Arbeit) wie 10 vH Herabsetzung des Gütegrades von vollkommener Lüftung zu werten.

c) Fremdstoffe.

Der Staub-, Ekel- und Geruchstoff-, Krankheitskeim- und Kohlendioxydgehalt der Luft sind nach der Ansicht der amerikanischen Fachwelt von etwas geringerer Bedeutung für die Bestimmung des Gütegrades einer Lüftungsanlage als die wirksame Temperatur, wohl auch schon deshalb, weil im gewöhnlichen Leben das Aufrechthalten einer bestimmten behaglichen Temperatur innerhalb der empfehlenswerten Feuchtigkeitsgrenzen meist diese Fremdstoffe in unschädlicher Verdünnung hält.

α) **Der Staubgehalt.** Der Staubgehalt der Luft macht sich durch Ansammlung in den Atmungsorganen, Reizung der Schleimhäute, Keimübertragung u. a. m. bemerkbar, ist also in gewisser Hinsicht mit dem Gehalt an Krankheitserregern verknüpft. Er wird durch eine eigene Mikroskopuntersuchung bestimmt[1, 2] und es werden bei einer bestimmten (achtzigfachen) linearen Vergrößerung wahrnehmbare 10000 Staubteilchen je Kubikfuß (etwa 350 Teilchen je Kubikdezimeter) als 1 vH Herabsetzung des Lüftungsgütegrades gewertet. Allerdings ist der so bestimmbare Staubgehalt der Luft beim derzeitigen Stand der Lüftungstechnik fast vollkommen vor Eintritt des Staubes in die Lüftungsanlage entfernbar, selbst wenn er, wie in vielen Industrie- und Großstädten, sehr hoch ist. Nach Versuchsergebnissen verschiedener Verfasser und auch Laboratorien

---

[1] The Aerologist **1930** behandelt die vorschriftsmäßigen Meßverfahren in der „Textbook Section“ (Leitfaden-Abschnitt).

[2] Hill, E. V. — „Aerology for Amateurs and Others“ beschäftigt sich vorwiegend mit lufttechnischen Messungen. Aerologist-Verlag, Chicago Ill. — 1931.

sind Luftfilter und Waschapparate fähig, bis zu 98 vH des durch die Staubmessung bestimmten Gehaltes an festen Teilchen festzuhalten.

Entgegen der in Europa gelegentlich üblichen Bestimmung des Staubgehaltes der Luft (nach Aitken), welche in einem Kubikzentimeter Luft Hunderttausende und sogar Millionen von Staubteilchen erwiesen haben soll, begnügt sich die amerikanische Fachwelt mit der Bestimmung von Teilchen, deren mittlerer Durchmesser etwa 0,1 mm, nicht aber unter 0,03—0,04 mm beträgt. Dieser „Staub" fällt in ruhender Luft beschleunigt unter dem Einflusse der Erdschwere und schwebt in bewegter Luft. Teilchen von etwa 0,015 mm mittleren Durchmessers bis höchstens 0,03 mm Durchmesser fallen auch in ruhender Luft nicht mehr beschleunigt, sondern unter dem Einflusse der Reibung gleichförmig. Sie werden als „Dunst" bezeichnet. Teilchen von sehr geringer Größe, die auch in ruhender Luft nicht fallen, sondern andauernd schweben und oft etwa nur 0,000015 mm Durchmesser haben, bezeichnet man als „Rauch".

Daß aber die Herabsetzung und Bestimmung des Staubgehaltes nach der vorerwähnten Methode für praktische Verhältnisse vollkommen ausreichend ist, ersieht man aus der Einwirkung von technisch gefilterter Luft auf die in Amerika alljährlich auftretende Heufieberepidemie. Es ist erwiesen worden, daß Patienten, die alljährlich an dieser Krankheit litten und nur durch Aufenthalt in staubfreier Bergluft (oft nur für die Dauer des Aufenthaltes) hiervon befreit werden konnten, durch Filterung der Raumluft durchwegs eine Besserung und häufig eine vollkommene Genesung verzeichnen konnten[1]. Es ist deshalb die Annahme berechtigt, daß die Messung des groben Staubgehaltes auch mittelbar ein Kriterium des „Dunst"- und „Rauch"-Gehaltes der Luft ist.

β) Gehalt an Geruchs- und Ekelstoffen. Die Geruchs- und Ekelstoffe in der Luft lassen überhaupt nur eine subjektive Mengenbestimmung zu; Zahlentafel 27 ist als willkürlicher Maßstab aufgestellt worden. (Die Bestimmung erfolgt durch Eintreten in den Raum möglichst unmittelbar aus dem Freien und durch Klassifikation des ersten Geruchseindruckes. Zur Unterstützung dient oft eine Gruppe von 6 „Riechflaschen" mit Gerüchen verschiedener Stärke, die Bestimmung der Geruchsklasse

Zahlentafel 27. Geruchsskala zur Bestimmung der Herabsetzung des Lüftungsgütegrades.

Geruchsstärke	Beeinträchtigung des Gütegrades in vH
Geruchlos	0,0
Kaum spürbarer Geruch .	0,75
Spürbarer Geruch	1,5
Merklicher Geruch	2,25
Merkbarer Geruch	3,00
Auffallender Geruch . . .	3,75
Sehr starker Geruch . . .	4,5

[1] Sitzgsber. d. Amer. Ges. zur Hebung d. Volksgesundheit (Amer. Public Health Assoc.), Chicago, 16. Oktober 1929.

ist aber auch dann noch sehr unvollkommen.) Aus der Zahlentafel 27 ersieht man, daß auch sehr starkem „Gestank“ nur eine verhältnismäßig geringfügige Herabsetzung des Gütegrades zugeteilt worden ist, die beispielsweise etwa 1° wirksamer Temperaturabweichung gleichkommt. Dies erklärt sich hauptsächlich aus der gänzlich individuellen Einwirkung des Geruches der Luft auf die Anwesenden und es ist bemerkenswert, daß die meisten Menschen sich sehr rasch an unangenehme Gerüche gewöhnen, ohne daß diese auch bei Daueraufenthalt in derartiger Luft eine sichtliche, unmittelbare Schädigung der Gesundheit zur Folge haben. Allerdings bedingen Ekelstoffe in der Atemluft gelegentlich eine Schädigung der Gesundheit durch zurückgehaltenes Atmen.

γ) **Ozonisierung der Raumluft.** Der Gehalt an Geruchs- und Ekelstoffen in einem Raum kann durch genügende Zufuhr von Außenluft in unmerkbarer Verdünnung gehalten werden. In vielen Fällen, besonders in gewerblichen Betrieben und Massenaufenthaltsräumen, würde dies den wirtschaftlichen Betrieb der Anlage stark beeinträchtigen. In diesen Anlagen ist die Ozonisierung der Raumluft durch Umlüftung — falls richtig ausgeführt — am Platze.

Entgegen den gelegentlichen Äußerungen in der Fachliteratur, daß die Anwendung von Ozon höchstens auf Sonderfälle zu beschränken sei[1], hat die neuere amerikanische Praxis auf Grund von im letzten Jahrzehnt angestellten Untersuchungen[2, 3], in weitgehendster Weise zur Ozonisierung der Luft auch in Schulen, Versammlungsräumen, Geschäftshäusern u. a. m. gegriffen, hauptsächlich angespornt durch die hierdurch erhöhte Möglichkeit weitgehender Besserung der Wärme- und Betriebswirtschaftlichkeit der Anlagen durch die Verbreitung der Umluftanlagen.

Der Ozongehalt der Luft im Raum sollte allerdings den Anteil von etwa 0,01 Volumteilen je Million nicht wesentlich überschreiten, falls er sich nicht durch seinen, in größeren Mengen unangenehmen Geruch und physiologischen Einflüsse wie Augenreizung, Schläfrigkeit u. a. m. bemerkbar machen soll. In diesen Verdünnungen ist er allerdings lediglich geruchtilgend, während die keimvernichtende Wirkung erst bei etwa 300 Vol.-T. je Mill. T. Luft von einiger Bedeutung wird.

Es wird aber empfohlen, die Ozonapparate derart groß zu wählen, daß sie etwa 0,05 Vol.-T. je Mill. T. der von der Anlage gelieferten Luftmenge entwickeln. Die Handhabung soll dann so erfolgen, daß

---

[1] Rietschel u. Brabbée: Leitfaden, 7. Aufl. — Dietz: Lehrbuch der Lüftungs- und Heizungstechnik, 2. Aufl.

[2] Hallet, E. S.: Journal A. S. H. V. E. **1922**, **1923**.

[3] Hill and Aeberly: Heating Ventilating. Mag. **1921**. — Hartman: Ice and Refrigeration **1924**.

während der Benutzung der Räume die zulässige Menge von 0,01 Vol.-T. je Mill. Vol.-T. erzeugt und den Räumen zugeführt wird, nach der Benutzung aber der Apparat für einige Zeit mit Höchstleistung arbeitet und eine gewisse zur Tilgung der noch verbliebenen Gerüche ausreichende Sättigung erzeugt, die dann durch die natürliche Lüftung vor Wiederbenutzung der Räume entsprechend verdünnt wird. Allerdings ist gewisse Vorsicht beim Betrieb derartiger Anlagen geboten, besonders falls diese nicht mit konstanter Frischluftförderung arbeiten. In der Praxis sollen sich die Anlagen meist sehr gut bewährt haben, was besonders bezüglich ihrer Anwendung in Schulen, Theatern, Kinos usw., hervorzuheben ist.

Die geruchtilgende Wirkung des Ozons beruht auf rascher Oxydierung gewisser, den Geruch bewirkender Dünste, Gase und Dämpfe, und eignet sich zu deren Tilgung nur, wenn nicht dieser Vorgang andere, noch stärker riechende Produkte auslöst wie beispielsweise in gewissen gewerblichen Betrieben, wo verschiedenartige Alkoholdämpfe vorkommen. In solchen Betrieben wird jeweils ein anderes Mittel zur Geruchtilgung zu verwenden sein. Es ist auch bemerkenswert, daß einzelne durch fehlerhafte oder unvollkommene Verbrennung geschaffene schädliche Gase durch Ozon unschädlich gemacht werden können, sofern es sich nicht um große Mengen handelt. Das führt auch unmittelbar die Tatsache mit sich, daß Ozon nicht zur Beseitigung der Kohlenmonoxydgefahr verwendet werden kann, da dieses Gas in einer Sättigung von 0,04 vH Vol.-T. noch unbeschadet eingeatmet werden kann, bei größerem Anteil aber äußerst schädlich, ja sogar tödlich wirkt. Zur Oxydation dieser Gasmengen und auch nur der Überschüsse derselben müßten die erwähnten zulässigen Ozonsättigungsgrenzen mehrere hundert Male überschritten werden, wodurch aber andere nicht weniger schädliche physiologische Einflüsse eingeleitet würden. Gegen Kohlenmonoxydgas hilft nur genügende Luftzufuhr, welche es in unschädlicher Verdünnung hält.

δ) Gehalt an Krankheitserregern. Der Gehalt an Krankheitserregern ist an sich sehr schwer zu bestimmen und auch bei Möglichkeit einer genauen Bestimmung durch die unendlich vielen Arten derselben wie auch deren verschiedenartiger Einfluß auf den Gesundheitszustand wäre kaum eine Festlegung der Herabsetzung des Gütegrades der Lüftung durch die verschiedenen Abarten durchführbar. Es wird deshalb auch mit Rücksicht auf die Schwierigkeit der Bestimmung der Gesamtgehalt der Luft an Keimen bzw. Bakterien, ohne Rücksichtnahme, ob diese schädlich oder harmlos sind, als Kriterium der Bewertung der Lüftung gewählt. Die Bestimmung des Gehaltes der Luft an Bakterien geschieht durch Aussetzen eines mit Nährflüssigkeit (Agar-Agar) gefüllten Petriglases von 10 cm Durchmesser während 2 Minuten der Einwirkung der zu prüfenden Raumluft und darauf folgendes Ausbrüten der sich ansetzenden Keime während 48 Stunden bei 36° C Bruttemperatur[1]. Je 10 wahrnehmbare Keimkolonien, die hierauf in dem Glase feststellbar sind, setzen den Gütegrad der Lüftung 1 vH herab.

Es ist derzeit nur eine einwandfreie Methode bekannt, die Luft möglichst keimfrei zu halten und das ist ausreichende Lüftung zwecks Verdünnung und höchste Reinlichkeit. Die Bakterien werden durch Gegenstände und auch größtenteils durch Staub und Feuchtigkeitstropfen übertragen. Häufige Sterilisierung und Desinfektion der Gegenstände, Gebrauchsartikel, Wäsche, Möbel u. a. m. in Krankenhäusern, einwandfreie Entstaubung, geringe Luftgeschwindigkeit der Luft in den Räumen und auch hohe (wenn auch nicht übermäßige) Feuchtigkeit der Luft sind die besten bekannten Mittel zwecks Einschränkung der Ausbreitung von Krankheitserregern. In Schulen, Anstalten und Asylen ist gute ärztliche Beaufsichtigung, äußerste Reinlichkeit in den Räumen, reichliche Lüftung und ausreichende, dauernd verwendbare (und auch verwendete) Wasch- und Duscheräume nötig. In dieser Beziehung hat man allerdings in Amerika viel geleistet, da hier eine Reihe von Duschebädern beispielsweise fast zur Normalausrüstung jedes Turnsaales, Sportplatzes und Heimes gehört, gleichgültig, ob diese aus öffentlichen oder privaten Mitteln errichtet werden (und das trotz der unglaublichen Anzahl von Wohnungsbädern).

ε) Der Kohlendioxydgehalt der Luft. Der Kohlendioxydgehalt der Luft ist in den in der Regel vorkommenden Sättigungsgraden nicht gesundheitsschädlich; bei Überschreiten gewisser Grenzen (0,4 vH Vol.-T.) kann er aber zu Kopfweh, Schwindelgefühl und sogar zum Tod führen. Allerdings kann aber der Unterschied des Kohlendioxydgehaltes zwischen Außen- und Raumluft leicht als Maßstab der Luftzufuhr verwendet werden. Während die europäische Praxis oft Sättigungen von 0,1—0,15 vH Vol.-T. Kohlendioxyd in der Raumluft als zulässig ansieht, geht die amerikanische Praxis selten über 0,07 bis 0,1 vH bei einer Außenluftsättigung von etwa 0,04vH Vol.-T., bei anderer Sättigung der Außenluft ändert sich die obere Grenze entsprechend. Die Herabsetzung des Gütegrades einer Lüftungsanlage durch das Vorhandensein dieses Gases beträgt 1 vH für je 0,0333 vH Vol.-T. Differenz zwischen Außen- und Raumluft, d. h. es wird beispielsweise bei 0,04 vH Vol.-T. Kohlendioxyd in der Außenluft und 0,1067 vH Vol.-T. im Raume die Herabsetzung des Gütegrades 2 vH betragen.

[1] In Ermangelung einer entsprechenden Brutmaschine kann der Prozeß auch bei Raumtemperatur, allerdings bei einer Brutdauer von 5 Tagen vorgenommen werden.

Die Kohlendioxydproben der Raumluft sind an mindestens 4 Punkten des Raumes für Grundflächenanteile von nicht über $20\,m^2$ zu nehmen. Der Mittelwert dieser Messungen dient, verglichen mit dem für die Außenluft ermittelten Wert, als Grundlage der vorerwähnten Bestimmung der Beeinträchtigung des Gütegrades durch den Gehalt an diesem Gase. Das Mittel der Differenz der Einzelwerte dieser Proben und des Mittelwertes, ausgedrückt in Prozenten des Kohlendioxydgehaltes der Raumluft, ergibt eine Grundlage der Bewertung der Verteilung und Durchwirbelung der Luft im Raume, und es wird je ein so bestimmter Anteil mit 0,3 seines Wertes als Herabsetzung des Gütegrades der Lüftung eingesetzt. Ergaben beispielsweise die Messungen Kohlendioxydgehalte von 0,06—0,064—0,066 und 0,07 vH Vol.-T., so ist deren Mittelwert 0,065 vH Teilen, die Abweichungen von diesem sind 0,005, 0,001, 0,001 und 0,005, deren Mittelwert ist 0,003 und die Herabsetzung des Lüftungsgütegrades durch schlechte Verteilung in vH ist:

$$\frac{0{,}3 \times 0{,}003 \times 100}{0{,}065} = 1{,}38\,.$$

Die Summe der durch die vorangeführten Messungen ermittelten Werte ergibt die Gesamtverschlechterung des Gütegrades der Lüftungsanlage, verglichen mit der vollkommenen mit 100 vH gewerteten Lüftung, die für einen bestimmten Zustand (Anstrengungsgrad, Luftgeschwindigkeit und Feuchtigkeit) die behagliche wirksame Temperatur ergibt und vollkommen staub-, keim- und geruchlose Raumluft mit der Außenluft gleichem Kohlendioxydgehalt in allen Punkten

Zahlentafel 28. Empfohlene Mindestgütegrade von Lüftungsanlagen. (Aufgebaut auf V. Hills Lufttafel.)

	Neuanlagen vH vollkommen	Bestehende Anl. vH vollkommen
a) Schulen:		
Klassen- (Schul-) Zimmer	95 (92)	90
Handarbeitszimmer	90	85
Hauswirtschaftsklassen	90	85
Versammlungshallen	90	85
Aborte und Toiletten	85	80
Gänge und Stiegenhäuser	85	80
b) Kirchen	85	80
c) Krankenhäuser:		
Krankenzimmer	95 (90)	90
Operationssäle	98 (95)	93
Andere Zimmer	90	85
d) Theater:		
Zuschauerraum	90 (85)	85
Ankleiden usw.	85	80
e) Tanz-, Vereins- und Versammlungshallen	88 (85)	83
f) Bürohäuser (bei ständiger Raumbesetzung)	90	85
g) Geschäfte und Warenhäuser	88	—
h) Fabriken	nach Bedarf	—

des Raumes sichert. Diese Verschlechterung des Gütegrades soll in der Regel nicht 20 vH übersteigen; die für verschiedene Arten von Gebäuden und Räumen von der A. S. H. V. E. als Mindestwert empfohlenen Werte der Gütegrade von Lüftungsanlagen sind in Zahlentafel 28 zusammengefaßt. In der ursprünglichen Fassung enthielten die Vorschriften beide in der Tafel enthaltenen Wertegruppen, d. h. Gütegrade für bereits vor Einführung der Vorschrift bestehende Anlagen und meist etwa 5 vH höher angesetzte Werte für Neuanlagen. In letzter Zeit[1] hat man aber die Vorschriften bezüglich bestehender Anlagen fallen gelassen und einzelne der für Neuanlagen gültigen Werte durch die eingeklammert beigefügten Werte ersetzt.

2. Empfehlungen über den Aufbau von Lüftungsanlagen.

Die in Zahlentafel 28 enthaltenen vorgeschriebenen Werte der Gütegrade von Lüftungsanlagen sind durch eine Zusammenstellung von verschiedenen die vorgeschriebenen Gütegrade mit einiger Sicherheit gewährleistenden Anordnungen zu ergänzen, falls sie nicht nur ein Prüfungs-, sondern auch ein Entwurfsbehelf werden sollen. Zahlentafel 29 enthält die von der amerikanischen Praxis empfohlenen Ausführungsformen, und es ist hierzu nur zu bemerken, daß eine vollkommene Lüftungsanlage mit 100 vH Gütegrad derzeit noch unausführbar ist, da weder die Temperatur noch die Feuchtigkeit einwandfrei auf der wirksamen Temperatureinstellung gehalten werden können und auch bei bester Reinigung der Luft Staubteilchen in der Raumluft unvermeidlich sind. Es sollen aber die erreichbaren Gütegrade bei Versuchen bis auf 99 vH gebracht worden sein.

Die Werte der Zahlentafel 29 sind aber nicht uneingeschränkt verwendbar, und dem entwerfenden Fachmann verbleibt die Bestimmung von sehr vielen Details. Die Vorschläge verschiedener Fachleute über die Lüftung von Gebäuden, deren Lüftungsgrad und Bedarf bereits durch vorangehende Erörterungen festgelegt ist, weichen auch stark voneinander ab; in Zahlentafel 30 sind mehrere Reihen derartiger Vorschläge und Erfahrungswerte zahlenmäßig ausgedrückt. Für genauere Berechnungen müssen allerdings alle zu berücksichtigende Faktoren zusammengefaßt und nach ihrem Einfluß für jeden Sonderfall getrennt behandelt werden.

Ist beispielsweise für eine Schule eine Lüftungsanlage zu berechnen, so wird diese einen Mindestgütegrad von etwa 92 vH aufweisen müssen und wird außer einer Zuluft- und Ablufteinrichtung auch

[1] The Code of Minimum Requirements for the Heating and Ventilation of Buildings (Bestimmungen über Mindestanforderungen von Gebäudeheizung und Lüftung), Aufl. 1929. A. S. H. V. E.

Luftbefeuchtung bzw. Kontrolle derselben und gute Temperaturregelung erhalten. Wird zwecks Luftbefeuchtung ein gut ausgeführter Luftwäscher eingebaut, so kann sein Wirkungsgrad derart geschätzt werden, daß unter Voraussetzung von Reinlichkeit im Gebäude selbst der Gütegrad der Lüftung durch Staubgehalt nicht mehr als um 1 vH beeinträchtigt wird[1]. Durch richtig gehandhabte Ozonisierung kann der unangenehme Geruch der Luft, der etwa aufkommen sollte, vollkommen beseitigt werden. Wird für die Herabsetzung des Gütegrades durch Keimgehalt 1 vH und desgleichen für die zu erwartende ungleichmäßige Verteilung der Luft 1 vH in Rechnung gesetzt, so verbleiben 5 vH Herabsetzung für unzulängliche wirksame Temperatur und Kohlendioxydgehalt. Wird nun die Temperatur der Luft selbsttätig geregelt, so ist zu erwarten, daß sie in Grenzen von $\pm 0{,}5^0$ C konstant gehalten werden kann, was einer Gütegradverschlechterung von etwa 2,50 vH gleich-

Zahlentafel 29. Empfohlene Anordnung von Lüftungsanlagen.

Gütegrad-Klasse (vH)	Zuluft	Abluft	Luft-befeuchtung	Luft-erwärmung	Reinigung	Luftverteilung
A 95—100	mechanisch 50 m^3/st je Kopf	mechanisch	mit selbsttätiger Regelung	mit selbsttätiger Regelung	tunlichst vollkommene Entstaubung	vorzüglich dichtes Netz, geringe Geschwindigkeiten
B 90—95	do.	Schwerkraft, gut verteilte Gitter	do.	do.	—	sehr gut, möglichst verteilte Auslässe
C 85—90	do.	do.	Ferngesteuert oder handgeregelt	do.	—	do.
D 80—85	do.	Schwerkraft	—	ferngesteuert oder handgeregelt	—	gut, strategisch angeordnete Auslässe
E 75—80	a) mechanisch	do.	—	falls durchführbar, durch Z-Kanäle u. a. m.	—	nach Möglichkeit
	b) Schacht (Schwerkraft)	do.	—		—	do.
	c) Fenster	Fenster	—		—	do.

[1] Dr. E. Vernon Hill berichtet, daß in modernen Schulen „Staubproben“ meist weniger als 350 Staubteilchen im dm^3 Luft, häufig sogar weniger als 200 Teilchen im dm^3 ergeben haben.

Zahlentafel 30. Erfahrungswerte des Lüftungsbedarfs verschiedener Gebäudearten.

Gebäude bzw. Raum	Mindestgrundfläche je Kopf	Mindestrauminhalt je Kopf	m³ Frischluft je Kopf und Stunde			Stundenwechsel		m³ Luft/st je m² Grundfläche
			Frischluftbetrieb	Umluftbetrieb mit Befeuchtung	Umluftbetrieb ohne Befeuchtung	Zuluft	Abluft	
a) Schulen und Internate:								
Klassenzimmer { Erwachsene	1,4	5,0	50	35	15—25	—	—	35—40
Klassenzimmer { Kinder	1,2	4,0	50	35	15—25	—	—	35—40
Versammlungsräume	0,6	2,5	25—35	20—25	15—25	—	—	25—30
Turnhallen	—	—	50	40	25—35	—	—	25—30
Speiseräume	—	—	—	—	—	10—20	—	25—30
Küchen	—	—	—	—	—	15—25	20—60	35—40
Gänge	—	—	—	—	—	—	5—10	8—10
Kleiderablagen	—	—	—	—	—	—	5—10	35—40
Aborte, Bäder u. a. m.	—	—	—	—	—	—	10—20	35—40
b) Theater und Kinos:								
Zuschauerraum	0,6	2,5	50—80	35—50	15—25	—	—	35—40
Aborte u. a. m.	—	—	—	—	—	—	10—20	35—40
Projektionszimmer	—	—	—	—	—	—	—	35—40
Umkleideräume	—	—	—	—	—	—	—	25—30
c) Krankenhäuser und Heime:								
Krankenzimmer	—	—	50—70	35—50	—	—	—	15—20
Speisezimmer	—	—	40	35	20	10—20	—	25—30
Küchen	—	—	—	—	—	15—30	20—60	70—75
Aborte	—	—	—	—	—	—	10—20	35—40
d) Hotels:								
Hallen, Säle usw.	0,6	2,5	40—50	30—35	20—25	—	—	35—40
Speisezimmer, Restaurants	—	—	—	—	—	10—15	—	25—30
Küchen	—	—	—	—	—	15—30	20—60	70—75
Wäschereien	—	—	—	—	—	—	20—60	70—100
e) Kirchen, Büchereien usf.	0,6	2,5	25—35	20—25	15—25	3—5	3—6	—
f) Büros	—	—	—	—	—	3—5	3—6	—
g) Fabriken, Werkstätten usw.	2,0—2,5	8,5—10	nach Bedarf		—	—	—	—

kommen dürfte, wenn es gelingt, die Luftfeuchtigkeit und Luftgeschwindigkeit konstant zu halten. Wird aber sicherheitshalber angenommen, daß schwankende Luftfeuchtigkeit auch noch 0,5 vH zusätzliche Gütegradverschlechterung ergeben würde, so wird bei 0,04 vH Vol.-T. von Kohlendioxyd in der zugeführten Luft höchstens 0,1067 vH Vol.-T. in der Raumluft (siehe Abschnitt *e*: Kohlendioxydgehalt der Luft) vorhanden sein dürfen, was annähernd einer Außenluftzufuhr von etwa 26 m³ je Kopf und Stunde unter Annahme von einer stündlichen Kohlendioxyderzeugung von 0,017 m³ je Kopf entspricht[1]. Die Bauverordnungen der einzelnen Staaten Nordamerikas setzen aber durchwegs nahezu die doppelte vorerrechnete Luftmenge als Zuluftmindestausmaß an und es wird deshalb die Anwendung von Umluftanlagen zur Erhöhung der Wirtschaftlichkeit von Schullüftungen oft der einzig begehbare Weg sein.

Das gesetzlich festgelegte Mindestausmaß der Zuluft hat aber eine gewisse Bedeutung für übermäßig besetzte Räume. Wird beispielsweise ein Raum mit einer stündlichen Wärmeabgabe von 5000 WE und einer Wärmeerzeugung durch die Beleuchtung von 4000 WE/st von 100 Personen bezogen, und beträgt die stündlich im Raume erzeugte bzw. abgegebene Wärmemenge (durch Vergleich von Abb. 119 mit Abb. 120) etwa 75 WE je Kopf, so wird aus dem Raum ein Überschuß von 65 WE je Kopf durch Lüftung abgeführt werden müssen. Es ist aber zu beachten, daß die Temperatur der eintretenden Luft höchstens 3° C niedriger sein sollte als die Luft in Atemzone, während die abgeführte Luft schätzungsweise etwa 3° C höher sein dürfte. Hieraus folgt die notwendige Zuluftmenge durch Umformung der Gleichung (3) zu:

$$L_0 = \frac{(1 + \alpha t_0) \times W}{0{,}31 \times (t_1 - t_0)}, \tag{3a}$$

woraus sich für 20° C Raumtemperatur etwa 37 m³/st Kühlluftmenge von 17° C ergibt. Allerdings kann auch in diesem Falle eine Umluftanlage zur Anwendung gelangen, weil gegen die Wiederverwendung der Abluft, falls sie durch Zumischung von Außenluft entsprechend gekühlt worden ist, hinsichtlich ihrer Kühlwirkung kein Einwand besteht.

Im Sommer werden die Verhältnisse allerdings wesentlich verschieden sein. Mit Rücksicht auf die leichtere Bekleidung (und auch auf die Gewöhnung des Körpers an etwas höhere Lufttemperatur) wird man eine höhere Lufttemperatur als Atemzonentemperatur festlegen müssen, also beispielsweise 23,8° C. Dies entspricht auch der im Sommer meist etwas geringeren relativen Luftfeuchtigkeit und etwas erhöhten üblichen Luftgeschwindigkeit, und ergibt für Annäherungsrechnungen

[1] Dies ist die von Houghten und Mitarbeitern (siehe Anm. 1, S. 140) als Mittelwert angesehene Kohlendioxydabgabe von Menschen.

zur Genüge genau die gleiche wirksame Temperatur wie etwa 20° C bei Winterverhältnissen. Es wirkt also der Unterschied zwischen Sommer- und Wintertemperatur fast lediglich als eine zum Ausgleich der verschiedenen Feuchtigkeits- und Bewegungsverhältnisse der Raumluft wie auch Bekleidung der Anwesenden notwendige Temperaturdifferenz zwecks Schaffung von konstanter, wirksamer Temperatur[1]. Es wird aber bei hohen Außentemperaturen schwierig, die Raumtemperatur konstant zu halten, was eine weit größere Außenluftmenge benötigt als im Winter. Wird beispielsweise in vorerwähntem Beispiele von einer Zuluftmenge von 60 m^3/st je Kopf ausgegangen, so wird diese genügen, um die Gütegradverschlechterung der Lüftung durch Kohlendioxydstauung auf etwa 1 vH herabzusetzen, was für die Schwankungen bzw. Abweichungen der wirksamen Temperatur vom Behaglichkeitszustand 4 vH erübrigt; unter der Annahme, daß die Zuluft eine Temperatur von 23° C aufweise und etwa um denselben Temperaturunterschied niedriger in den Raum eintreten als die Abluft diesen wärmer verlassen wird, so wird bei etwa 115 WE, die je Kopf stündlich abzuführen wären, und einer Temperaturdifferenz von 3,3° C, die notwendige Luftmenge aus Gleichung (2) gleich 120 m^3/st je Kopf.

In Schulen, Theatern mit mehrmonatlichen Sommerferien und allen, ähnliche Besuchs- und Aufenthaltsverhältnisse aufweisenden Gebäuden dürfte man allerdings selten derart strenge Anforderungen an die Lüftungsanlage stellen, da sie während der heißen Jahreszeit gesperrt sind. Außerdem gibt die Luftwaschanlage eine gute Gelegenheit zur Schaffung einer niedrigeren, wirksamen Temperatur in der Zuluftleitung durch Unterkühlung der Luft durch das Waschwasser. Anders gestalten sich aber die Verhältnisse in Versammlungsräumen, Speisehallen, Sport- und Ausstellungshallen u. a. m. Hier wird im Sommer zu einer künstlichen Kühlung der Luft gegriffen. Diese Kühlanlagen sind fallweise zu erwägen, und es wird von der Dauer der zu erwartenden Höchstbesetzung, Tageszeit der Benutzung, Art des Gebäudes und anderen Umständen abhängen, ob die Kühlanlage für Höchstleistung, d. h. zur Abführung der gesamten im Raume freigewordenen Wärme, oder aber nur für Teilleistung berechnet werden soll. Es ist kennzeichnend für die amerikanischen Verhältnisse, daß die geschäftliche Bedeutung der angenehm gekühlten Raumluft immer mehr erkannt wird; die Kühlung der Luft breitet sich rasch aus, trotzdem die Anlagen ein un-

---

[1] Yaglou u. Drinker stellen allerdings fest, daß für kontinentales Klima der Unterschied zwischen wirksamer Sommer- bzw. Wintertemperatur 3—4° w. T. betrage (The Summer Comfort Zone. Journal A. S. H. V. E. 1929) und W. H. Carrier erwähnt, daß derselbe von der maximalen Sommertemperatur und der täglichen Temperaturschwankung abhänge und in Sonderfällen bis 10° C betragen dürfte. (Siehe auch Journal A. S. H. V. E. 1932 — Feber.)

geheueres Anschaffungs- und Betriebskapital verschlingen. So wurde beispielsweise in Chicago eine Sport- und Ausstellungshalle für etwa 16000—200000 Zuschauer kürzlich errichtet, deren Kühlanlage über 2000000 WE/st abführen kann, und deren Zuluftventilatoren eine Leistung von etwa 1000000 m^3 Luft stündlich aufweisen. (Vergleichsweise sei nur erwähnt, daß die Erzeugung innerhalb 12 Stunden und die Erhaltung der künstlichen Eisfläche von nahezu 2000 m^2 bei einer Raumtemperatur von $+ 15^0$ C und einer Eistemperatur von etwa $- 12^0$ C leicht mit einer Kühlanlage von 20 vH der erwähnten Leistung erreicht wird.)

3. Die Bauelemente von Lüftungsanlagen.

a) Berechnung der Lüftungsrohrleitungen.

α) **Allgemeines.** Die außerordentliche Verbreitung der Kraftlüftungen hat auch zu einer weitgehenden Normung der Annahmen für die Projektierung und Berechnung der Lüftungsanlagen, welche die schon besprochenen Ausführungsgrundlagen ergänzen, geführt, ganz im Gegenteil zu dem im „Leitfaden“ (7. Auflage, 2. Band, S. 99, 1. Abschnitt) für deutsche Verhältnisse geprägten Grundsatz, „daß die Teilstrecken der Lüftungsanlage oft durch bauliche Bedingungen gegeben seien und von einer Annahme der Rohrleitungen abgesehen werden kann, wodurch die Berechnung auf die ‚Nachrechnung‘ derselben eingeschränkt wird“. In Amerika ist die Lüftungsanlage, falls sie überhaupt in Betracht gezogen wird, wegen ihrer Gestehungskosten, weiter wegen der zusätzlichen Baukosten, die sie bedingt, und nicht zu allerletzt wegen der Bedeutung, die sie für viele Anlagen hat, ein beigeordnetes und nicht anderen Erwägungen untergeordnetes Bauelement und wird in der Regel nicht als Lückenfüllung und Lückenbüßer, sondern als hervorragender Teil einer Einheit betrachtet.

Es ist allerdings mit Rücksicht auf die außerordentlich vielen in Erwägung kommenden Faktoren nicht möglich, für jeden Einzelfall die Anlage höchsten Gesamtwirkungsgrades herzustellen, und die festgelegten und auf praktischen Erwägungen aufgebauten Hilfstafeln zur Annahme von Geschwindigkeiten in den Rohrleitungen, Heizgruppen und anderen Bestandteilen der Anlage, wie auch die verschiedenen gebräuchlichen Berechnungsmethoden der Anlage je nach deren Bestimmung sind nur unvollkommene Hilfsmittel, sie geben aber dem Projektanten einen guten Anhalt, der ihn befähigt, mit einiger Erfahrung und Überlegung gute Entwürfe zu schaffen.

Die für die verschiedenen Teile einer Lüftungsanlage empfohlenen Luftgeschwindigkeiten sind in Zahlentafel 31 zusammengestellt. Man ersieht hieraus eine Hauptunterteilung der Werte in drei Gruppen:

Zahlentafel 31. Empfohlene Luftgeschwindigkeiten.

Meßstelle	Abluftgeschw. m/s		Zuluftgeschw. m/s	
	Öffentliche Geb., Schulen, Hotels u. a. m.[1]	Gewerbliche Betriebe	Öffentliche Gebäude[1]	Gewerbliche Betriebe
Laufradaustritt	13—15	18—19	10—12	10—15
Bläseraustrittsstutzen	8—10	10—12	6—8	8—10
Lufterhitzer	—	—	4—5	6—8
Horizontale Verteilungsleitung	6—7	8—12	3—5	6—8
Vertikale Abzweige	3—4	4—10	2—4	5—8
Gitter (Auslässe)	1—2,5	4—8	1—2	3—6
Luftentnahmeschacht	3,5—7	5—10	4—5	5—6
Luftwäscher	—	—	2,5	2,5
Hauptjalousieklappen	3—3,5	5—6	2,5—3	5—6

1. Anlagen für Schulen, Kirchen, Versammlungs- und Hörsäle u. a. m.

2. Anlagen für andere öffentliche Gebäude, Amts- und Bürohäuser, Hotels u. a. m.

3. Anlagen für gewerbliche Gebäude, Fabriken, Lagerhäuser u. a. m.

Diese Unterteilung erfolgt mit Rücksicht auf die Zwecke, denen die Gebäudegruppen dienen und die hieraus sich ergebenden Hauptmerkmale. Es ist leicht verständlich, daß in einem Schulzimmer, Vortragssaal oder Theater alle störenden Geräusche nach Möglichkeit ausgeschaltet werden müssen, was durch langsam laufende Maschinen, geringe Leitungs- und Austrittsgeschwindigkeiten geschieht, außerdem müssen die Geschwindigkeiten von Luftströmungen im Raum mit Rücksicht auf die Ruhe der Anwesenden, die leichte Bekleidung eines Teiles derselben und auf die Dauer des Aufenthaltes, der oft mehrere Stunden währt, möglichst herabgesetzt werden. Die niedrigen empfohlenen Austrittsgeschwindigkeiten (und teilweise auch Leitungsgeschwindigkeiten) führen zu großen Ventilationsgitter- und Leitungsausmaßen und oft, um diese zu vermeiden, zu einer weitgehenden Unterteilung und Verästelung des Netzes mit äußerst gleichmäßiger, angenehmer Raumlüftung.

In anderen öffentlichen Gebäuden, Hotels usw. ist zwar mit Rücksicht auf zu starke Luftströmungen und auch teilweise wegen Geräuschübertragung Sorgfalt in der Wahl der Luftgeschwindigkeiten geboten; die Frage der fühlbaren Luftströmungen ist aber nicht mehr so gewichtig, weil die Anwesenden mehr Bewegungsfreiheit haben und mit geringen Ausnahmen sich in den verschiedenen Räumen nur kurze Zeit aufhalten.

Die empfohlenen Luftgeschwindigkeiten in Anlagen für industrielle Betriebe u. a. m. werden die Wirtschaftlichkeit der Anlage zum Hauptziel haben, da Luftströmungen in den verschiedenen Räumen oft er-

[1] Die niedrigeren Werte sind empfohlene Werte und werden für Schulen und ähnliche Bauten nicht überschritten. Die oberen Werte sind noch zulässige Höchstwerte.

wünscht sind, eine Erscheinung, die teilweise auf Selbsttäuschung beruht, da häufig bloße Luftumwälzung als Lüftung empfunden wird.

Ähnlich der Unterteilung der empfohlenen Geschwindigkeiten und größtenteils hierdurch bedingt ist die Ausführung der Anlagen für verschiedene Zwecke.

β) **Lüftungsanlagen von Schulgebäuden.** Diese Anlagen bilden eine völlig abgetrennte Gruppe. Aus Zahlentafel 29 ersieht man, daß Lüftungsanlagen von Schulgebäuden in die Klasse „B", seltener in Klasse „C" der Lüftungen eingereiht werden sollen. Das bedingt mechanische Frischluftzuführung und mindestens eine Schwerkraftabluftanlage mit selbsttätiger Temperaturregelung und womöglich selbsttätiger Feuchtigkeitsregelung. Die Natur des Gebäudes bringt weiter mit sich, daß man die Steigstränge der Lüftung für jeden einzelnen Raum unabhängig vom Frischluftverteiler bzw. zum Abluftsammler hoch bringt, um Schall- und auch Luft- und Krankheitsübertragung durch die Lüftungsanlage zu vermeiden. Es wird deshalb in der Regel ein Frischluftverteiler und Abluftsammler genügenden Querschnittes vorgesehen, der dann „Plenum- (bzw. Füll-) Kammer" genannt wird und der Ausführung den Namen „Plenumlüftung" gegeben hat. Die Steigstränge werden dann durchweg mit etwa 3 m/s Luftgeschwindigkeit berechnet, während der Frischluftaustritt in den Raum, wie in Zahlentafel 31 angeführt, mit etwa 1 m/s und der Ablufteintritt mit etwas höherer Geschwindigkeit berechnet wird. Die Regelung der jedem Raume zukommenden Luftmenge geschieht häufig durch Einstellung einer Stellklappe am Fuße jedes Frischluft- und Kopfe jedes Abluftsteigrohres, ist somit der Willkür der Anwesenden völlig entzogen und höchst übersichtlich.

Es ist in diesen Anlagen Regel, die Frischluft zu reinigen und auf Raumtemperatur zu bringen. Wird diese erwärmte Luft durch die Ab luftanlage in einem Ausmaße von etwa zehnfachem Luftwechsel je Raum und Stunde, wie sich aus Zahlentafel 30 leicht errechnen läßt, ins Freie befördert, so folgt hieraus eine sehr erhebliche Brennstoffverschwendung. Man hat in einzelnen Gebieten deshalb, besonders durch die wirtschaftlichen Beschränkungen der Weltkriegsjahre gedrängt, zur Umluftlüftung gegriffen und sehr gute wirtschaftliche Erfolge ohne Schädigung der sonstigen Interessen erzielt. Durch passende Anordnung der Frischluft- und Umluftschächte und des Ventilators hat man oft die Weglängen und Widerstände im Netz sehr weit ausgleichen können, und da die Umluftanlage auch bei kältestem Wetter immer dieselbe Luftmenge durch die Leitungen fördert und deshalb die Geschwindigkeiten und Widerstände im Netze unveränderlich werden, so wurde diese Ausführungsform zur vorteilhaftesten hinsichtlich der Regelung, da die Gleichmäßigkeit der Lüftung höchstens durch sehr starken Windanfall und hierdurch bedingte erhöhte natürliche Lüftung oder durch das ohnedies verbotene Öffnen von Fenstern und Türen beeinträchtigt wird.

Die hygienischen Nachteile der Umluftlüftung sind, wie vielfach gezeigt worden sein soll, durch die in der Regel vorhandene Luftwaschung und zusätzliche Ozonisierung nahezu völlig behoben worden. Allerdings muß hier auf den seit Jahren wütenden erbitterten Kampf der Vertreter der natürlichen Lüftung, gleichgültig ob Fenster- oder Schachtlüftung in den Schulen, gegenüber der Kraftlüftung hingewiesen werden. Sonderbarerweise haben fast alle Versuche, Besuchskontrollen, Krankheitsstatistiken u. a. m., die seit 1914 zeitweilig in den verschiedensten Schularten und Schulbezirken vorgenommen worden sind, im besten Falle die Gleichwertigkeit, meist sogar die Minderwertigkeit der Kraftlüftung bewiesen[1, 2].

Wie weit diese Ergebnisse berechtigt sind, läßt sich nicht bestimmen, sie haben aber eine sehr starke Bewegung für die Durchsicht der verschiedenen Bestimmungen und Gesetze über die Lüftung von Gebäuden und Aufenthaltsräumen gezeitigt. Es ist zu erwarten, daß eine sorgfältige Revision oder Wiedervornahme von Versuchen ein für die Kraftlüftung günstigeres Ergebnis ergeben wird, aber trotzdem ist eine Änderung der amerikanischen Lüftungsbauordnung nicht zu verwerfen, da sie sich zwar mit einer quantitativen Festlegung der Lüftung um deren Ausbreitung verdient gemacht hat, seit mehreren Jahrzehnten

---

[1] Verfasser ist nach Durchsicht einer Reihe von Versuchsergebnissen verschiedener Verfasser über Schullüftung an verschiedenen Orten (Neuyork, Syracuse, Chicago u. a. m.) zu der streng persönlichen Ansicht gekommen, daß die gewählte Vergleichsbasis der verschiedenen Versuchsreihen falsch sei. Die Schulen mit „natürlicher" Lüftung waren meist alt und mit einer Feuerluftheizung ausgerüstet. Die Lüftung selbst bestand meist aus einem System über Dach geführter Abluftschächte. Die Schulen mit Kraftlüftung waren meist mit Niederdruckdampfheizungen versehen und die Zuluft wurde dampfgeheizt. Die typische Ausführung eines Feuerluftheizofens verlangt einen Luftbefeuchter, der in der Regel selbsttätig arbeitet. Die typische Ausführung einer Heizkammer mit Luftwäscher (die Berichte geben keine Anhaltspunkte hierüber) besteht aus Vorwärmer, Luftwäscher und Nachwärmer, der in der Regel zwei Drittel der Heizfläche der Lüftungsanlage enthält. Wird angenommen, daß die Luft in den Wäscher mit 8^0 C eintritt und mit Feuchtigkeit gesättigt wird, so wird sie im Nachwärmer auf 21^0 C erwärmt, und die relative Feuchtigkeit fällt unter 20 vH, also unter das hygienische Minimum, während der Feuerluftheizofen genügend Wasser verdampft, um den geringen Unterschied, der durch Zumischung der durch Fensterritzen und Wände eindringenden Kaltluft herabgesetzten Feuchtigkeit zu decken.

Es gibt nur eine Möglichkeit, die tatsächlichen Verhältnisse zu untersuchen, das heißt dieselbe Anlage mit künstlicher Lüftung muß während eines Winters mit und während eines anderen Winters ohne Lüftung arbeiten.

[2] Siehe Literaturnachweis S. 26.

aber den Fortschritt der Technik völlig unbeachtet ließ. Und es erscheint heute, wo die Industrialisierung der Städte und die hieraus folgende Luftverschlechterung ein ungeheures Ausmaß angenommen hat, eine gleichartige Behandlung der Schullüftung in einem staubfreien Badeort oder der in ständige Rauch- und Staubnebel getauchten Industriestadt mindestens unverständlich. Es ist vielfach gezeigt worden, daß gerade in Gebieten, wo sehr geringe gesetzliche Einschränkungen bestehen, beste Erfolge erzielt worden sind.

γ) **Die Lüftungsanlagen von Hotels, öffentlichen Gebäuden usw.** Bei der Ausführung von Lüftungsanlagen größerer Gebäude ist der entwerfende Ingenieur meist vor einen Komplex von Rücksichtnahmen gestellt, was nur bei gewisser Erfahrung auf dem Gebiete zu einer zufriedenstellenden Lösung der Aufgabe führt. Es dürfte von vornherein die Festlegung der mechanisch zu lüftenden Raumgruppen vorzunehmen sein, weiter der notwendige Luftwechsel bestimmt werden unter Berücksichtigen der zu empfehlenden Lüftungsweise, wie Zuluft, Abluft oder gar beider Arten, worauf dann die zulässigen Geschwindigkeiten der Luft in den Leitungen und Gittern angenommen werden müssen.

Als Regel ist zu beachten, daß alle Räume, in denen Dämpfe, Wrasen, Gerüche u. a. m. entstehen könnten, also Küchen, Wäschereien, Anrichten, Küchenlager, Kühlräume, Maschinenräume, Aborte, Schuhputzhallen, ferner Barbier- und Frisierstuben, Bäder und ähnliche Raumgruppen, falls sie mit genügender Fensterfläche oder sonstiger natürlichen Zuluftquelle ausgerüstet sind, entweder nur mit Abluftventilation oder vorwiegend mit dieser ausgestattet werden sollen. Speisezimmer und Aufenthaltsräume, die an Anrichten und Küchen angrenzen, erhalten einen Überschuß an Zuluft, jedoch müssen die Speisegerüche und Rauchschwaden unbedingt am Eindringen in Vorhallen und andere Räume verhindert werden. Es ist ferner große Sorgfalt zu verwenden, daß starke Lichtquellen, besonders wenn diese, wie neuerdings recht gebräuchlich ist, in den Wänden eingebaut oder eingenischt sind, genügende Ablüftung erhalten. Die Zuluft soll nach Möglichkeit von starken Lichtquellen entfernt in den Raum gebracht werden, da diese in der Nähe von Beleuchtungskörpern oft die heiße trockene Luft mitreißt, die dann höchst unangenehm empfunden wird. Barbierstuben, Frisiersalons, Bäder, Schuhputzhallen, Aborte, Kleiderablagen, Foyers und Räume, in denen viel geraucht wird, werden nach Möglichkeit von den angrenzenden Räumen, Vorhallen u. a. m. aus mit Zuluft versorgt. Jedenfalls ist man bestrebt, hier einen Unterdruck zu schaffen, der auch bei natürlichen Zugerscheinungen ein Austreten der Luft aus jenen Räumen in angrenzende Teile des Gebäudes mit Sicherheit verhindert. Vortragssäle, die eine unzertrennliche Begleiterscheinung von amerikanischen Hotels, Kaufhäusern und

Vereinsgebäuden geworden sind, werden meist mit Zu- und Abluft versehen.

Der für die einzelnen Gruppen von Räumen empfohlene Stundenluftwechsel ist an anderer Stelle eingehend besprochen worden.

Die Unterteilung der Lüftungsanlage spielt eine große Rolle in Hinsicht auf die Wirtschaftlichkeit und auf das einwandfreie Arbeiten der Anlage; für einzelne Raumgruppen werden nach Bedarf selbständige Ventilatoren aufgestellt, und man scheut nicht vor Einbau von mehreren Zu- oder Abluftsystemen für einen Raum, wenn diese Maßregel wirtschaftliche oder technische Vorteile bietet. Es wird beispielsweise ein Speisesaal mit einem Zuluft- und die angrenzende Küche lediglich mit einem Abluftsystem ausgerüstet oder aber in den Speisesaal ein sehr leistungsfähiges Zuluftnetz und geringfügiges Abluftnetz und in die Küche umgekehrt eingebaut. Das Speisezimmerabluftsystem wird dann beispielsweise lediglich in der Nähe der Eingänge absaugen, um ein Heraustreten der Speisengerüche in die Eintrittshallen und andere Teile des Gebäudes zu verhindern, während der Großteil der Abluft aus dem Speisesaal durch die Küche gesaugt wird. Diese Unterteilungen ergeben außerdem den Vorteil leichteren Einbaues der hierdurch bedeutend verringerten Leitungen und geben ein Mittel an die Hand, einzelne Teile des Raumes nach Bedarf zu lüften. Die Hauptunterteilung der Anlagen nach Raumgruppen soll den verschiedenen Anforderungen betreffs Benutzungszeit und Dauer gerecht werden, aber auch die Temperatur, Feuchtigkeit und andere Anforderungen der Räume unabhängig von anderen Raumgruppen machen.

Während beispielsweise die Zuluft für Maschinenräume, Transformatorenstellen u. a. m. entweder überhaupt nicht oder nur sehr wenig vorgewärmt wird, muß die Zuluft für Sport-, Spiel-, Küchen- und Wirtschaftsräume schon zwecks Vermeidung von Niederschlägen entsprechend vorgewärmt werden. Die Zuluft für Speisezimmer, Säle und Aufenthaltsräume wird etwas über Raumtemperatur geheizt, während sie für Sonderräume, wie Schwimmhallen, Bäder, Krankenhausfluchten (welche eine Normalausrüstung vieler Hotels und Kaufhäuser bilden) u. a. entsprechend höher erwärmt wird.

Die Berechnung der Rohrleitungen ist grundsätzlich auf denselben theoretischen Annahmen und Ableitungen aufgebaut wie etwa im „Leitfaden“ ausgeführt. Während aber dieser gelegentlich empfiehlt, die Geschwindigkeiten in den Hauptkanälen höher zu wählen als in den Abzweigen, ist dies in Amerika, außer wie vorerwähnt, zur Regel geworden. Die Abstufung erfolgt meist schrittweise, so daß beispielsweise in einem Zuluftnetz, in dem die Enden der Abzweige nach Zahlentafel 31 z. B. mit 3 m/s Luftgeschwindigkeit berechnet werden, während die letzte Teilstrecke der Hauptleitung am Ventilator aus derselben Tafel mit 7 m/s berechnet wird, die Teilstrecke auf halbem Wege zwischen Ventilator und Luftaustritt mit 5 m/s oder im letzten Viertel des Weges mit 4 m/s Luftgeschwindigkeit usf. eingesetzt wird. Diese Methode der „Annahme" der Rohrleitung ist am besten durch das in Abb. 123 dargestellte Strangschema eines einfachen Lüftungsnetzes erklärt, wo die Entfernung der äußersten Teilstrecken einfachheitshalber nicht als mittlere Entfernung, sondern als willkürlich angesetzte Entfernung zwischen dem ersten und letzten Abzweig als Berechnungsgrundlage dient. Wie schon erwähnt, ist diese Methode der Annahme nicht auf theoretischen Erwägungen aufgebaut, sondern Ergebnis der Erfahrung und soll lediglich als Anhalt dienen, ist aber genügend schmiegsam, um nach Bedarf etwas abgeändert zu werden[1].

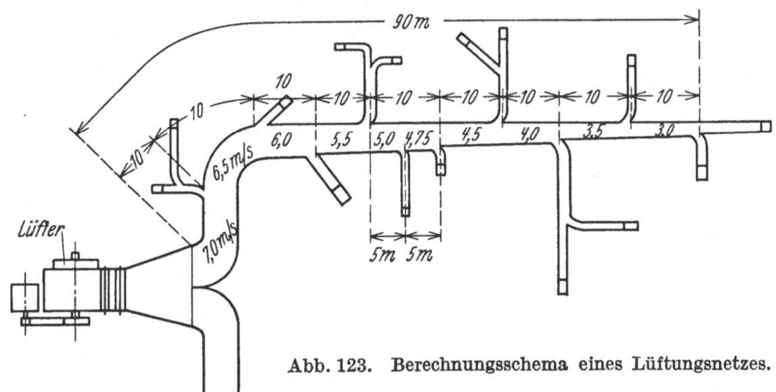

Abb. 123. Berechnungsschema eines Lüftungsnetzes.

In allerletzter Zeit hat man in „Hochhäusern[2], wo gelegentlich auf mechanische Lüftung des größten Teiles der Räume Wert gelegt wird, ein ganz neues Verfahren eingeschlagen. Aus den Berichten über dieses Verfahren ist zu entnehmen, daß es sich sehr gut bewährt. Man sieht von allen in der Zahlentafel empfohlenen Werten ab und entwirft ein Hochdruckzuluftnetz mit sehr hohen Luftgeschwindigkeiten. Geschwindigkeiten in den Hauptleitungen von 10 m/s und mehr sind nicht ungewöhnlich und ergeben ein sehr leicht zu unterbringendes Verteilungsnetz. Die geringen Querschnitte der Leitungen erlauben, diese gut zu versteifen, wodurch die rasselnden Geräusche, die gewöhnlich bei hohen Geschwindigkeiten in Blechkanälen entstehen, vermieden werden. Auch ist eine leichtere, dauerhaftere Befestigung und Abdichtung der Rohre zu erwarten. Bei solchen Anlagen wird von

[1] Ähnliche Abstufung erhält man durch konstanten Druckabfall je Längeneinheit; diese Methode kommt gelegentlich zur Anwendung. (Carrier und Madison: Fan Engineering. Buffalo: Buffalo Forge Co. 1925.)

[2] Engg. J. (Engineering Institute of Canada) **1931**, Feber.

Auslaßgittern völlig abgesehen und die warme Luft durch einen eigenen Austrittskopf (Abb. 124) in den Raum geblasen, der aus einer mit einer zylindrischen Bohrung versehenen, schweren Metallkugel in einer entsprechenden Fassung besteht. Durch Drehung der Kugel in der Fassung kann die austretende Luft in beliebiger Richtung in den Raum geblasen und auch teilweise oder völlig abgestellt werden. Das Gewicht und die Anordnung des Kopfes schließt jedes Geräusch durch Vibration des Kopfes aus. Von einer Abluftanlage wird häufig abgesehen und im Raume ein Überdruck erzeugt, der die Zugwirkung an Fenstern durch Herauspressen warmer Raumluft unterbindet. Diese Art von Anlagen ist dem Schiffsbau[1] entlehnt worden und breitet sich rasch aus[2].

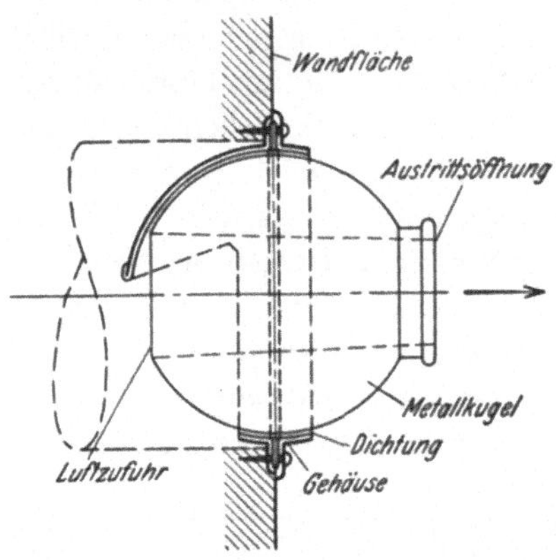

Abb. 124. Kugelgelenks-Lüftungsauslaß.

An dieser Stelle wäre auch die hervorragende Rolle, welche die Energieumwandlungen in der geförderten Luftströmung in der Lüftungstechnik spielen, zu erwähnen. Die Rohrleitungsberechnung und Praxis

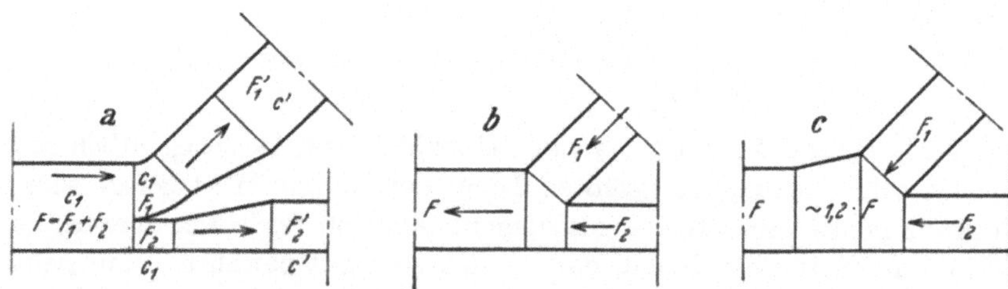

Abb. 125. Ausführungsformen von Lüftungsabzweigen.

stützen sich gleicherweise auf das Grundprinzip dieser Umwandlungen, das durch die Beziehung ausgedrückt werden kann:

$$H = p_s + \zeta \left(\frac{v_1^2}{2\,g} - \frac{v_2^2}{2\,g}\right) \gamma, \tag{32}$$

worin

H den statischen Druck am Austritt aus der Düse (Erweiterung oder Verengung) in mm WS,

p_s den statischen Druck bei Eintritt in die Düse in mm WS,

[1] Der Riesendampfer „Bremen“ und das „Graf-Zeppelin“-Luftschiff verwenden solche Anlagen.

[2] Ähnlichen Zwecken dient auch der düsenartige Zuluftauslaß, welchen Carriers Lufttechnische Gesellschaft in Amerika seit Jahren verwendet.

v_1 bzw. v_2 die Eintritts- bzw. Austrittsgeschwindigkeit in m/s,
γ das spez. Gewicht der geförderten Luft in kg/m³ und
ζ einen aus Abb. 126 oder 127 für einzelne Sonderfälle zu entnehmenden Beiwert bedeutet (Austrittszahl bzw. Wirkungsgrad).

Bei Umsetzung dieser Gleichung in die Praxis findet man, daß Abzweige in Zuluftleitungen mit Vorteil nach Abb. 125a ausgeführt werden, d. h. es wird der Kanalquerschnitt durch eine Schneide in zwei (oder mehrere) Arme geteilt und die nach Zahlentafel 31 etwa gewünschte Herabsetzung der Geschwindigkeit erst hier vorgenommen. Durch entsprechende Wahl der Geschwindigkeiten in den einzelnen Teilen des Netzes und Ausnutzung der Diffusorwirkung kann ein über das ganze System fast gleichbleibender statischer Druck mit verhältnismäßig wirtschaftlichem Betrieb erreicht werden. Ähnliche Verhältnisse werden in Abluftanlagen durch Ausführung der Abzweige nach Abb. 125b und c angestrebt; die Ausführung nach 125 c ist vorteilhafter im Betrieb, jedoch kostspieliger in der Anlage. In Anlagen, die möglichst billig erstellt werden sollen, kommen fast durchweg Abzweige nach Abb. 125b zur Verwendung; man hilft sich bei der Einregelung der Anlage durch Voreinstellklappen, allerdings auf Kosten der Betriebswirtschaftlichkeit.

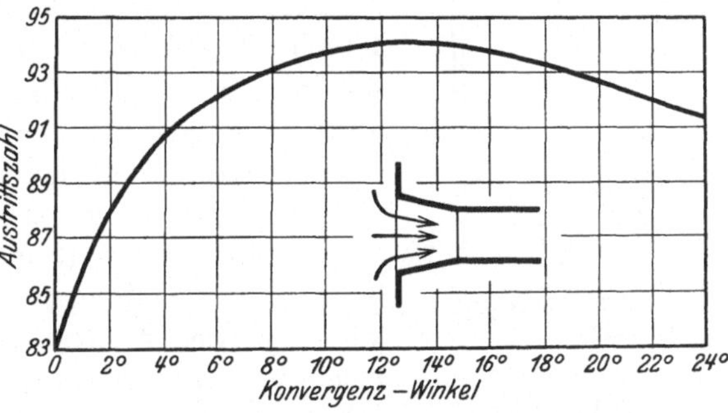

Abb. 126. Wirkungsgrad divergierender Düsen.

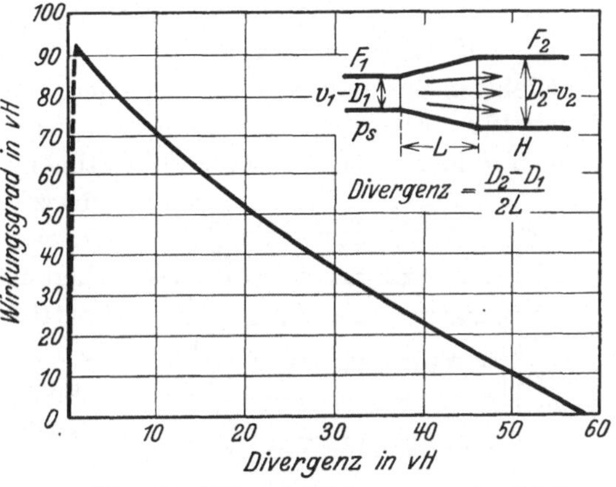

Abb. 127. Wirkungsgrad konvergierender Düsen.

d) Die Großraumlüftung und Heizung. Mit Rücksicht auf die außerordentlich rasche Entwicklung der Großraumlüftung und der Heizung in Deutschland unter der Leitung von Prof. Junkers, Rudolf Otto Meyer, Gebr. Sulzer u. a. m. ist in diesem Abschnitt aus der amerikanischen Praxis wenig Neues zu berichten. Auch hier wird von verschiedenen Seiten die Entwicklung nach zwei Richtungen geleitet und man unterscheidet:

1. Anlagen mit zentraler Luftzufuhr-, Heizungs- und Fördereinrichtung und einem Verteilungssystem,

2. Anlagen, die aus mehreren Teileinrichtungen ohne besonderes Verteilungssystem bestehen.

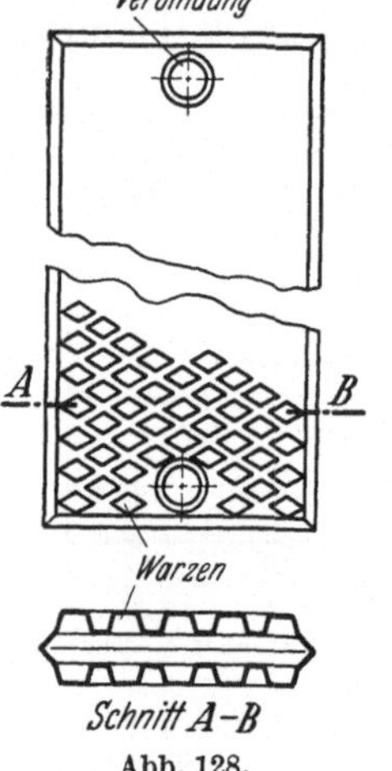

Abb. 128. Gußeiserner Luftheizkörper.

Beide Gruppen können weiter lediglich mit Frischluft oder aber teilweise mit Umluft betrieben werden; für sie gilt allgemein das für die Lüftungsanlagen bereits Vorerwähnte.

Die Großraumheizungs- und Lüftungsanlagen werden meist in gewerblichen Betrieben, Ausstellungs-, Sport- und Kaufhallen und ähnlichen Gebäuden Verwendung finden. Die Luftgeschwindigkeiten in den Anlagen sind deshalb weniger durch Rücksicht auf Geräusche als durch wirtschaftliche und hygienische Bedingungen festgelegt und somit weit höher als in Schulen, Anstalten u. a. m. Die verschiedenen verwendeten Heizflächen sind in Amerika allerdings auf gußeiserne, mit warziger vergrößerter Oberfläche ausgerüttelte Gliederheizkörper und auf Rippenheizkästen (meist aus Kupfer hergestellt), die einen beliebigen Zusammenbau ermöglichen, zusammengeschmolzen (Abb. 128 und 129). Allerdings sind die Ausführungsdetails sehr verschieden, und es wäre hier aus der Praxis zu erwähnen, daß Lötstellen an derartigen Heizflächen und Kästen überall dort zu vermeiden sind, wo sie mit stark herabgedrosselten Hochdruckdampf betrieben werden sollen, da die hierbei auftretenden Dampfüberhitzungen gelegentlich die Verbindungen lösen.

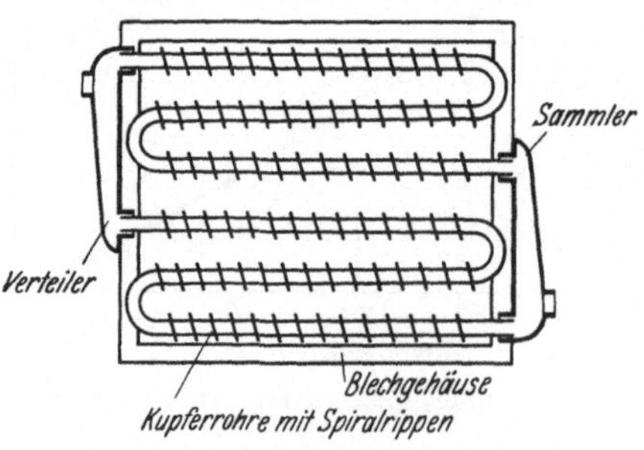

Abb. 129. Rippenrohrkasten-Lufterhitzer.

Trotz des weiten Arbeitsfeldes der Luftheizungsanlagen, besonders in der Industrie, das unter Berücksichtigung des Doppeldienstes (Heizung und Lüftung im Winter, Lüftung im Sommer) immer umfangreicher wird, ist in vielen Fällen Vorsicht geboten. In Anlagen, wo mit lokalen Heizflächen oft ohne besondere Luftbefeuchtung ausgekommen werden kann, wie Gießereien, Porzellan- und anderen Formereien wird bei Anwendung von Luftheizapparaten gelegentlich zusätzliche Luftbefeuchtung notwendig, welche die Gesamtwirtschaftlichkeit der Anlage beträchtlich herabsetzen kann. Auch ist in verschiedenen anderen Betrieben, wie Webereien, Färbereien, chemischen und anderen Fabriken gelegentlich bemerkt worden, daß Luftheizungsanlagen die Leistungsfähigkeit der Anlagen durch unerwünschte Entnebelung herabsetzten oder aber durch Staubdurchwirbelung und Verstaubung die Güte der Erzeugnisse sehr beeinträchtigten. Mit dem Wachstum der verschiedenen Industrien und auch der Anforderungen der Menschen allgemein werden alle Einzelfragen der Technik und Wirtschaft immer verwickelter; anscheinend fördern alle diese Einzelheiten eine weitgehende Spezialisierung.

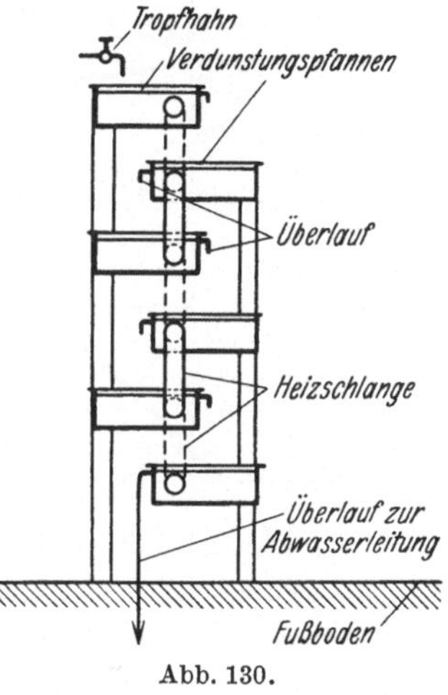

Abb. 130.

b) Ventilatoren.

Über die verschiedenen Bauarten der Lüftungsbläser geben die meisten Handbücher[1] genügend Aufschluß und ihre Besprechung erübrigt sich deshalb in diesem Zusammenhange. Mit Rücksicht auf die Eigenheiten der amerikanischen Heizungs- und Lüftungstechnik kann aber die Wahl eines Bläsers häufig nicht, wie im Leitfaden erwähnt, dem Lieferanten überlassen werden, sofern er gewisse Garantien betreffend dessen Leistung und Wirkungsgrad leistet, sondern die Entscheidung muß meist durch den entwerfenden Ingenieur getroffen werden. Dies wird durch sorgfältig vorbereitetes Zahlenmaterial über Leistung, Kraftbedarf, Ausblasegeschwindigkeit und Druck, aufgebaut auf genormten Leistungsprüfungen, ermöglicht.

Die Verwendung von Schraubenlüftern ist auf kleinere Leistungen mit geringem Gegendruck eingeschränkt; sie werden deshalb mit Vorliebe frei saugend und drückend angeordnet. Bei größeren Gegendrucken, also langen Saugstutzen, Druckleitungen oder hohen Einzelwiderständen sinkt die Leistung sehr rasch, wie aus Abb. 131 ersichtlich. Eine interessante Anwendung ist der Saugkopf mit Aushilfslüfter nach Abb. 132, der sich recht gut bewährt. Weiter ist auch die Verwendung des Schraubenlüfters in Heizapparaten für Großraumluftheizung mit lokalen Heizgruppen nach Abb. 133 völlig unbestritten. Allerdings sind in diesen die Luftwege kurz und die Widerstände trotz der engen Spalte zwischen den Heizgliedern nicht übermäßig hoch.

Die in der Lüftungstechnik weitaus bedeutendste Bauart der Bläser ist der Fliehkraftlüfter, der entweder mit geraden, radialen

[1] Rietschel u. Brabbée: Leitfaden. — Dietz: Lehrbuch.

oder aber vorwärts oder rückwärts gekrümmten Laufradschaufeln ausgeführt wird. Der Lüfter mit radialen Laufradschaufeln (Abb. 134) wird heute nur noch selten angewandt, da er bei gleicher Größe und

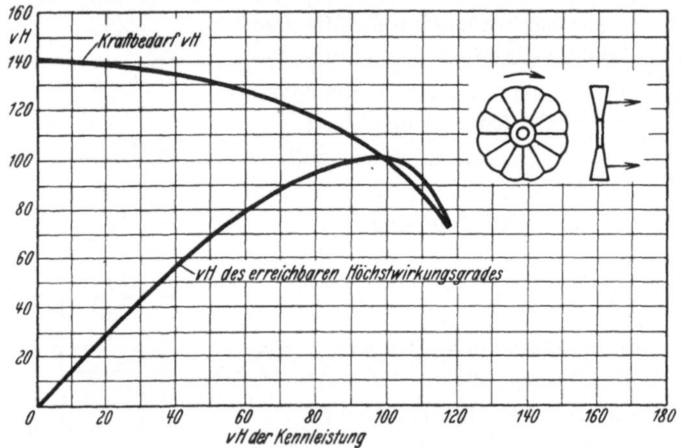

Abb. 131. Charakteristik eines Flügel- oder Schraubenlüfters.

Umdrehungszahl den Lüftern mit gekrümmten Schaufeln in Leistung und Wirkungsgrad nachsteht. Er bewährt sich besonders in gewerblichen Betrieben für Späne-, Asche- oder Staubförderung.

Die Fliehkraftlüfter mit vorwärts gekrümmten Laufradschaufeln eignen sich für die meisten Aufgaben der Lüftungstechnik. Aus Abb. 135 ersieht man, daß sie bei zunehmender Fördermenge einen nahezu konstanten statischen Druck im Ausblasestutzen aufweisen, während der Kraftbedarf von Leerlauflast ab stetig nahezu gleichförmig mit der Förderung wächst. Die Umdrehungszahlen bei gleicher Leistung sind kleiner als bei anderen Bauarten; dieser Lüfter schließt bei etwas Vorsicht in der Aufstellung meist jede Schallbelästigung aus. Wird ein

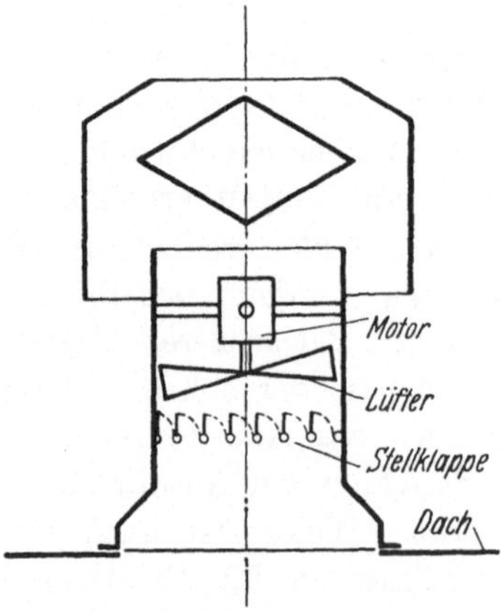

Abb. 132. Saugkopf mit Kraftbetrieb.

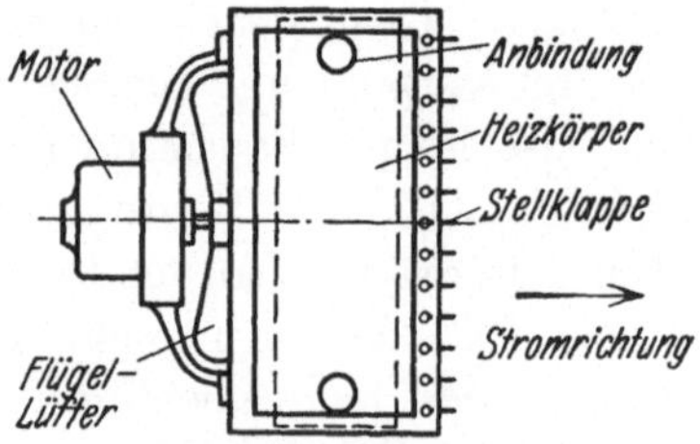

Abb. 133. Einzel-Lufterhitzer.

derartiger Ventilator auf seinen Wirkungsgrad untersucht, so ergibt sich für einen bestimmten Fall ein Höchstwert, der bei Zu- oder Abnahme der Fördermenge sinkt. Im Betrieb soll nun der Normal-

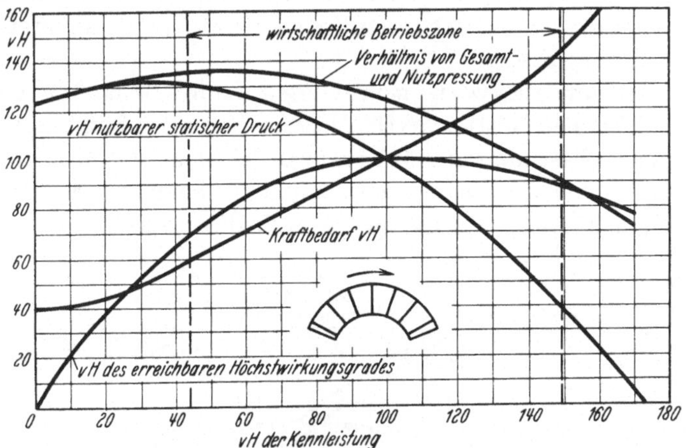

Abb. 134. Charakteristik des Fliehkraftlüfters mit radialen Laufradschaufeln.

wirkungsgrad des Lüfters nicht unter 75 vH des so ermittelten Höchstwertes fallen, da sonst die Anlage unwirtschaftlich arbeitet. Die

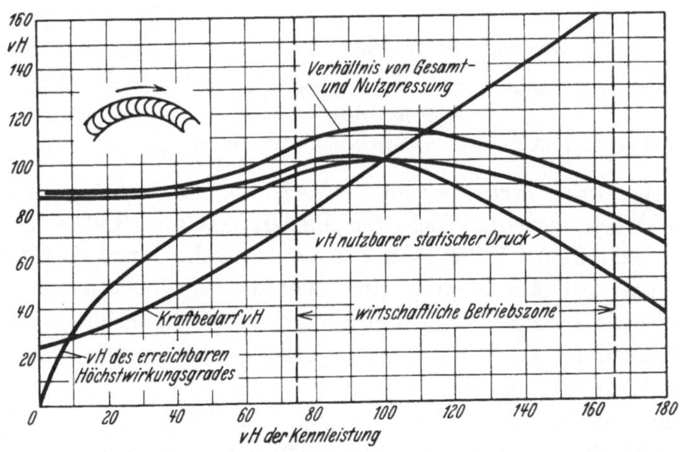

Abb. 135. Charakteristik des Fliehkraftlüfters mit vorwärts gebogenen Laufradschaufeln.

zulässigen Arbeitsgrenzen, die hierdurch festgelegt sind, wurden in Abb. 134—136 aufgenommen. Es wäre zwar wünschenswert, den Lüfter derart zu wählen, daß er mit dem Höchstwirkungsgrad arbeiten würde, dies ist aber nur durch Zufall erreichbar, da eine derart genaue Widerstandsberechnung der Lüftungsanlage, welche dies ermöglichen würde, noch nicht denkbar ist. Die Leistungstafeln der Lüfter, für alle (amerikanischen) Normalerzeugnisse auf einheitlicher Prüfungsbasis[1] von den erzeugenden Firmen aufgestellt, enthalten beispielsweise alle Werte, die innerhalb der vorerwähnten Wirkungsgradgrenzen fallen, in hervorstehendem Druck, und erleichtern so nicht nur die Wahl des Lüfters, sondern auch einen einwandfreien Vergleich mit anderen Bauarten oder Erzeugnissen.

Die Lüfter mit rückwärts gekrümmten Laufradschaufeln ergeben völlig verschiedene Leistungsverhältnisse. Vorerst nimmt die zum Erreichen einer bestimmten Fördermenge bei gleichen Ausmaßen des Lüfters notwendige Umdrehungszahl mit der Abnahme des Neigungswinkels α (nach Abb. 136) zu, so daß sich diese Maschinen zum un-

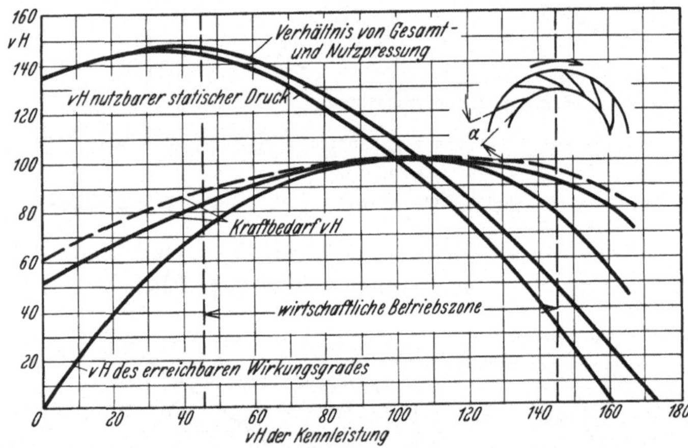

Abb. 136. Charakteristik des Fliehkraftlüfters mit rückwärts gebogenen Laufradschaufeln.

mittelbaren Motorantrieb eignen. Auch die Fördermenge und der statische Druck verhalten sich verschieden von dem Lüfter mit vorgeneigten Schaufeln. Es ist nämlich der statische Druck bei Leerlauf am höchsten und fällt ständig mit zunehmender Förderung, während der Kraftbedarf beim Höchstwirkungsgrad ein Maximum erreicht. Mit zunehmender Verflachung des Neigungswinkels α verflacht sich auch die Linie des Kraftbedarfs und erreicht schließlich eine Form, bei welcher der Kraftbedarf von Leerlauf bis Vollast und Überlastung nahezu gleichbleibt, wie in Abb. 136 gestrichelt veranschaulicht ist. Bei gleicher Fördermenge und Größe des Lüfters wird die Umdrehungszahl des Laufrades oft ein Vielfaches eines Rades mit vorgeneigten Schaufeln, die Antriebsmaschine ist aber gegen Überlastung vollkommen geschützt. Diese Bauart wird häufig auch noch mit Leitschaufeln an der Saugseite ausgerüstet; trotzdem hierdurch die Fördermenge bei sonst unveränderten Verhältnissen etwas herabgesetzt erscheint, be-

[1] A. S. H. V. E. „Lüfterprüfungsnormen". Mai 1923.

währen sich diese Lüfter, da der mechanische Wirkungsgrad der Anlage durch Herabsetzung von Wirbel- und Rückstauerscheinungen am Fuße der Laufschaufeln erheblich gebessert wird[1]. Diese Lüfter haben besonders dort eine große Bedeutung angenommen, wo die Lüftungsanlage veränderliche Luftmengen oder gegen veränderliche Drucke fördert, weiter in Anlagen, die nur eine zeitweilige Aufsicht der Maschinen zulassen und auch überall dort, wo die Ventilatoren an schwer zugänglichen Stellen angeordnet werden müssen.

Die Geschwindigkeit, mit der die Luft den Ventilator verläßt, wird nur in den seltensten Fällen den Empfehlungen der Fachverbände und auch den verschiedenen wirtschaftlichen Rücksichten entsprechen. Meist wird es nötig sein, die Geschwindigkeit nach Austritt aus dem Lüfter herabzusetzen, man wird hierbei die größte Vorsicht walten lassen müssen, um die auftretenden Verluste auf ein Mindestmaß einzuschränken. Man wird also die Erweiterung des Ausblasestutzens ohne plötzliche Querschnittänderung in Einklang mit Abb. 127 ausführen, den Neigungswinkel des Stutzens innerhalb der wirtschaftlichen Grenzen halten und Richtungsänderungen nach Möglichkeit vermeiden oder wenigstens durch Leitbleche, selbst bei Anwendung von Bögen zwecks Herabsetzung der Widerstände, beeinflussen.

Der Antrieb der Lüfter erfolgt immer mehr durch Elektromotoren; der Dampfmaschinen- bzw. Dampfturbinenantrieb, der vor nicht langer Zeit sehr verbreitet war, ist heute nur mehr auf Sonderanlagen, beispielsweise Saugzuglüfter für Kesselanlagen u. a. m., eingeschränkt. In den letzten Jahren macht sich auch das Bestreben bemerkbar, den unmittelbaren Antrieb durch gekuppelten Motor nach Möglichkeit zu beseitigen. Diese Antriebsform hat zwar den Vorteil geringen Platzbedarfes, benötigt aber meist schwere, teuere, langsamlaufende Motoren. Der Keilriemenantrieb, der mit einfach oder mehrfach angeordnetem Riemen immer größere Beliebtheit erfährt, vereinigt die Vorzüge des unmittelbaren und des Riemenantriebes in hervorragender Wiese. Die zulässige kurze Scheibenentfernung ermöglicht eine viel günstigere Aufstellung des Motors als bei unmittelbarem Antrieb; die Gleitverluste des Riemenantriebes werden auf ein Mindestmaß herabgesetzt; die Möglichkeit einer nachträglichen Änderung der Fördermenge, die häufig von ausschlaggebender Bedeutung und einen der Hauptvorteile des Riemenantriebes darstellt, wird voll beibehalten.

c) Schutzvorrichtungen.

Außer den verschiedenen Vorschriften über den Bau von Lüftungsanlagen enthalten die Bauverordnungen einzelner Staaten auch Vor-

[1] Fan Engineering, siehe Anm. 1, S. 161.

schriften über besondere Schutzvorrichtungen an Lüftern, die Abluft von Küchen, Lackierereien u. a. m. fördern. Zwei Arten dieser Schutzmaßnahmen sind in den Abb. 137 und 138 wiedergegeben, die eine dient der Absperrung des Lüfters und Maschinenraumes bei Ausbruch von Feuer im Kanal, was durch eine durch ein schmelzbares Glied gesteuerte Klappe geschieht, während die andere Vorrichtung bei Feuer durch Öffnen eines Hahnes den Abluftkanal durch einen Dampfschleier vom Arbeitsraume trennt[1].

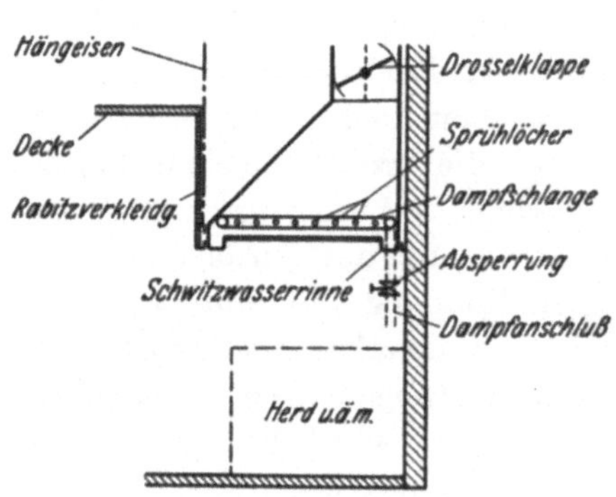

Abb. 137. Brandschadenschutz in Wrasenhauben.

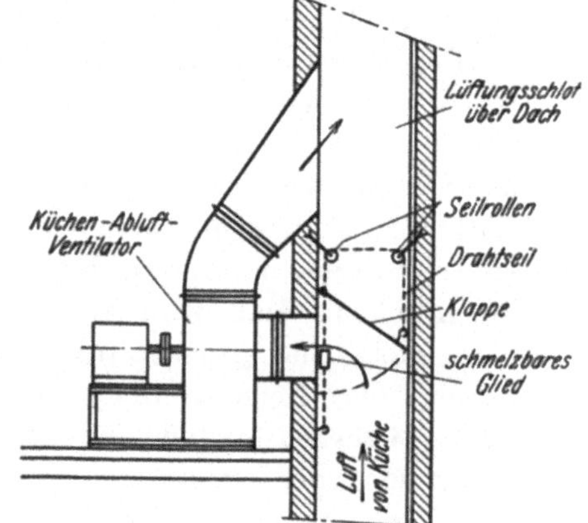

Abb. 138. Brandschadenschutz an Küchenlüftern.

d) Einrichtungen zur Reinigung der Luft.

Für Lüftungsanlagen kommen die Luftwasch- und Luftfilteranlagen in Betracht. Die Grundlagen der beiden Arten von Anlagen sind allgemein bekannt, sodaß sich ihre Besprechung erübrigt, da wenig Neues auf diesem Gebiete zu vermerken ist. Es ist allerdings auch hier die Normung und Herstellung der Bestandteile in größeren Mengen von den verschiedenen Firmen im Rahmen ihrer Erzeugnisse sehr weit getrieben worden, und es werden nicht, wie in Europa gelegentlich üblich, derartige Anlagen nach Bedarf und verfügbarem Raume besonders hergestellt, sondern es hat der Fachmann die Wahl aus einer langen Reihe von sorgfältig durchgearbeiteten, äußerst leistungsfähigen Bauarten.

e) Kühlung der Luft.

Die Kühlung der Luft hat zwar eine große Bedeutung angenommen; man bedient sich hierbei entweder der Luftwaschanlagen, besonderer Kühlmaschinen oder, wie bereits erwähnt, in Ausnahmefällen der in unterirdischen Kanälen abgekühlten Luft (Untergrund-Lastverkehrsnetz in Chicago u. a. m.). Die Grundlagen dieser Anlagen sind allgemein bekannt.

[1] Andere solche Schutzvorrichtungen werden durch verschiedene Versicherungsgesellschaften (National Fire Underwriters Association u. a. m.) vorgeschrieben.

D. Einfluß der Sammelheizung auf die Volksgesundheit.

Aus den vorstehenden Abschnitten könnte gefolgert werden, daß die Verbreitung der Sammelheizung und Lüftung in Amerika, die mehrfach betont worden ist, dem Lande nur Gutes gebracht habe. Dies ist aber nicht ganz richtig. Auch die Zentralheizung hat gewisse Schattenseiten. Verfasser hat von vielen Seiten und Kreisen, besonders aber von ärztlicher Seite, Klagen hierüber gehört. Dies vielleicht weniger aus amerikanischen als aus ausländischen Quellen. So hat vor wenigen Jahren Dr. R. D. Humphfries aus Sydney, Australien, auf die Schädigung der Gesundheit der breiten Schichten der Bevölkerung durch Sammelheizung hingewiesen; und erst vor kurzer Zeit hat F. A. Combe, einer der bekanntesten kanadischen beratenden Ingenieure die Behauptung aufgestellt, daß die unschöne amerikanische (erstaunlich verbreitete) Gewohnheit, Kaugummi oder ähnliche Mittel andauernd zu kauen, auf Selbsthilfe des Organismus gegen die Auswirkung der landesüblichen, hygienisch unzulänglichen Zentralheizung beruhe.

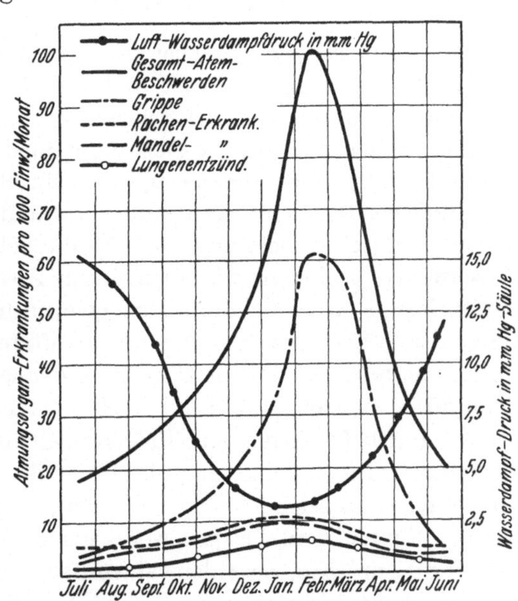

Abb. 139. Monatsanteil an Atmungsorganerkrankungen in Neuyork. (Aerologist 1931.)

Diese Behauptung wird auch durch Erhebungen des Staatsamtes für Volksgesundheit bestätigt; in Abb. 139 ist eine charakteristische Zusammenstellung der Verteilung von Atemorganerkrankungsfällen auf die einzelnen Monate des Jahres für Neuyork gegeben, die zeigt, daß während der Wintermonate eine durch klimatische Verhältnisse nur teilweise gerechtfertigte, große Zunahme von solchen Erkrankungen zu verzeichnen ist. In welchem Verhältnis die verschiedenen Faktoren, wie klimatische Verhältnisse, Mangel an Leibesübungen oder unrichtige Beheizung, Lüftung u. a. m. an diesem Ergebnis beteiligt sind, läßt sich allerdings nicht bestimmen, es wird aber von vielen Seiten der Heizungstechnik ein Großteil der Schuld aufgebürdet.

Diese Behauptung ist allerdings insofern zu berichtigen, als die Schuld für alle diese Schädigungen der Gesundheit weniger die Sammelheizung selbst als die Bewohner trifft, da es sich oft lediglich um Folgeerscheinungen von übermäßiger Trockenheit der Luft handelt. Es ist zu bemerken, daß, je mehr die Räume im Winter, besonders bei strenger Kälte, gelüftet werden, desto mehr die Trockenheit zunimmt, da die warme Luft nach außen geht und dort einen Teil der Feuchtigkeit als Niederschlag abgibt; wird dann die eindringende kalte Luft erwärmt, so sinkt deren relative Feuchtigkeit unter das hygienisch empfehlenswerte Ausmaß.

Wird beispielsweise Luft von $\pm 0^0$ C und 80 vH relativer Feuchtigkeit auf $+ 20^0$ C erwärmt, so sinkt die relative Feuchtigkeit unter 20 vH.

Der hygienisch empfehlenswerte Feuchtigkeitsgehalt der Luft liegt für gewöhnlich zwischen 40 vH und 70 vH. In sehr reiner, staubfreier Luft kann auch noch 20 vH relative Feuchtigkeit als einwandfrei angesehen werden, es handelt sich dann aber allenfalls um Ausnahmezustände. Luft von sehr geringer Feuchtigkeit nimmt diese aus allen im Raume enthaltenen Gegenständen auf und bringt weitere Unannehmlichkeiten durch Trocknung von Staubteilchen, die dann in der Luft zu schweben beginnen, wie auch durch Austrocknung von Stoff- und Gewebefasern u. a. m., die dann gelegentlich zerstäuben. Beschränkung der Lüftung von natürlich gelüfteten Wohnräumen ist nicht von Bedeutung, da die natürliche Lüftung von Wohnhäusern etwa einen 10—12fachen Mindestluftwechsel in 24 Stunden erreicht. Es ist deshalb Luftbefeuchtung eine für Sammelheizungen unbedingt gebotene Maßnahme. Die Verdunstungsoberfläche der überall angebrachten Luftbefeuchter muß reichlich bemessen sein, wie eine einfache Berechnung ergibt. Nimmt man beispielsweise ein Zimmer von 5 m Länge, 3 m Breite und 3 m Höhe, so werden bei zehnfachem Luftwechsel in 24 Stunden, bei einer Außentemperatur von $\pm 0^0$ C, $+ 20^0$ C Raumtemperatur und 50 vH relativer Feuchtigkeit im Raum und außerhalb des Raumes etwa 2700 g Wasser im Raum verdampfen müssen, um die erwähnte relative Feuchtigkeit konstant zu erhalten. Es ist deshalb ein Luftbefeuchter nur von Nutzen, wenn er täglich nachgefüllt wird, oder wenn er selbsttätig arbeitet und reichliche Oberfläche aufweist.

Solche selbsttätige Luftbefeuchter werden meist nur in Verbindung mit Feuerluftheizungen verwendet und bestehen aus einem in der Luftleitung passend angeordneten, durch ein Schwimmerventil gesteuerten flachen Behälter. Hierin liegt auch eine der Hauptursachen der ausgedehnten Anwendung der Feuerluftheizung; sie sichert in den meisten marktgängigen Ausführungen eine angenehme Raumluft. Neuerdings wurden auch ungesteuerte Befeuchter eingeführt, die aus einigen flachen Pfannen mit Heizschlangen bestehen, das Wasser wird andauernd durch einen Tropfhahn zugeführt, während das überschüssige Wasser durch einen Überlauf zur Abwasserleitung geführt wird (Abb. 130).

In der ungenügenden Berücksichtigung der notwendigen Luftbefeuchtung liegen auch viele Ursachen für Klagen über ungenügende und schlechte Lüftung selbst bei reichlich bemessenen Lüftungsanlagen[1].

Andere Ursachen der Schädigung der Gesundheit haben allerdings zwei Seiten und beruhen auf der Möglichkeit der Beheizung untergeordneter Räume, wie Gänge, Stiegenhäuser u. a. m. Es ist zwar in einem Familienhaus recht angenehm, auch die Stiegenhäuser und Verbindungsräume auf Raumtemperatur beheizt zu finden, so daß man unbeschadet der Gesundheit ohne Notwendigkeit besonderer Vorsichtsmaßregeln im Hause herumwandern kann. Diese Ausführung läßt die sehr vorteilhafte Zwischenstufe zwischen Außen- und Raumluft, die in den bei Einzelofenheizung meist nur temperierten Vorräumen bestand, verschwinden. Es ist eine allgemein bekannte Tatsache, daß der menschliche Organismus keine plötzliche Änderung von Luftdruck unbeschadet verträgt, die plötzliche Änderung von Lufttemperatur wird aber meist unbeachtet gelassen. Es ist deshalb immer nach einer zwischen Außen- und Raumluft gelegenen Zwischentemperaturzone bei dem Entwurf von Heizungsanlagen zu streben; diese Vorsichtsmaßnahme wird aber in letzter Zeit immer weniger beachtet.

Weitere beachtenswerte Punkte der Heizungspraxis, die auf die Gesundheit einwirken, sind die schon erwähnten Bestrebungen nach Herabsetzung der Temperaturen in den oberen und deren Erhöhung in den unteren Zonen des Raumes, sei es durch entsprechend gebaute Heizflächen, Verkleidungen und auch Gebäude selbst, sei es durch gerichtete Luftströmungen im Raume.

Es ist aber für die gesunde Entwicklung der Heizungstechnik unerläßlich, daß auch die weiteren Kreise in den Grundlagen derselben unterrichtet werden, da nur hierdurch die Bedeutung dieses Faches in volkswirtschaftlicher und gesundheitstechnischer Hinsicht die verdiente Beachtung findet.

[1] Anm. 1, S. 158.

Hier wäre als Beispiel das bahnbrechende Vorgehen des Innenministeriums von Kanada zu erwähnen, das eine öffentliche Aufklärungsdienststelle vor mehreren Jahren errichtet hat, die unter anderem kurzgefaßte Abschnitte der Volkswirtschaft in passender Form veröffentlicht und unentgeltlich verbreitet[1]. Solche Aufsätze und Flugschriften (von 20—40 kleinen Druckseiten), wenn sie von der Regierung mit dem Siegel der Parteilosigkeit versehen, in die Hände der Bevölkerung gelangen und in leichtverständlicher Form die Bedeutung richtiger Wärmewirtschaft hervorheben, machen sich sicherlich in kurzer Zeit bezahlt.

[1] Malory, G. D.: Why should you insulate your Home. 1927 — Martindale, E. S.: Humidity in House Heating; the Cause and Control of Air Dryness in House Heating, 1930. u. a. m. Herausgegeben im Vereine mit dem staatlichen Brennstoffamte.

Druck von C. G. Röder A.-G., Leipzig.

***H. Rietschels Leitfaden der Heiz- und Lüftungstechnik.** Neunte, verbesserte Auflage von Professor Dr.-Ing. **Heinrich Gröber**, Vorsteher der Versuchsanstalt für Heizungs- und Lüftungswesen an der Technischen Hochschule Berlin. Mit einem Abschnitt über Hygiene von Professor Dr. med. J. Bürgers, Vorsteher des Hygienischen Instituts der Universität Königsberg. Mit 299 Textabbildungen, 20 Zahlentafeln und den Hilfstafeln I—VII. XV, 293 Seiten. 1930. Gebunden RM 36.—

Als steter Wegweiser in der Heizungs- und Lüftungsbranche zeigt die vorliegende neunte Auflage bereits die letzten Arbeiten des deutschen Normenausschusses, soweit sie für das Heizungsfach in Betracht kommen, aufgenommen. Es sind dies die neuen „Regeln für die Berechnung des Wärmebedarfes von Gebäuden und für die Berechnung der Kessel- und Heizkörpergrößen von Heizungsanlagen" sowie die Anpassung der Hilfstafeln zur Ermittlung der Rohrdurchmesser für die neu genormten Rohrdimensionen. Auch sonst weist die Neuauflage viele Änderungen gegenüber der letzten auf, entsprechend dem heutigen Stande der Forschung. So in dem Teil über Dampfheizungen, bei dem Abschnitt über hygienische Anforderungen der Lüftungsanlagen, im Tabellenteil u. a. m.
An Inhalt, Art, Form der Beispiele und an Ausstattung zeigt dieses Standardwerk wie bisher seinen anerkannten Ruf. „Sparwirtschaft".

***Die Heiz- und Lüftungsanlagen in den verschiedenen Gebäudearten** einschließlich Warmwasserversorgungs-, Befeuchtungs- und Entnebelungsanlagen. Von **M. Hottinger**, Dozent für Heizung und Lüftung an der Eidgenössischen Technischen Hochschule, Zürich, und **W. v. Gonzenbach**, Professor für Hygiene an der Eidgenössischen Technischen Hochschule, Zürich. IX, 191 Seiten. 1929. RM 8.50; gebunden RM 10.—

... Das vorliegende Buch ist aus den Erfahrungen der Praxis aufgebaut und bildet eine wertvolle Ergänzung zu H. Rietschels „Leitfaden der Heiz- und Lüftungstechnik". Der Inhalt des Buches ist jedoch nicht nur dem Heizungs- und Lüftungsfachmann, sondern namentlich auch dem Bau- und Betriebsfachmann bestens zum Studium zu empfehlen. „Schweizerische Technische Zeitschrift".

***Lüftung und Heizung im Schulgebäude.** Von Dr. **M. Rothfeld**, Stadtschularzt in Chemnitz. (Heft 6 der Sammlung „Zwanglose Abhandlungen aus den Grenzgebieten der Pädagogik und Medizin".) Mit 38 Textabbildungen. VI, 124 Seiten. 1916. RM 4.80

***Ergebnisse von Versuchen für den Bau warmer und billiger Wohnungen** an den Versuchshäusern der Norwegischen Technischen Hochschule. Von Professor **Andr. Bugge**, Architekt. Nebst einem Ergänzungskapitel: Beiträge zur Wärmebedarfsberechnung (k-Zahlen) von Dipl.-Ing. **Alf Kolflaath**, Assistent beim Wärmekraftlaboratorium der Norwegischen Technischen Hochschule. Deutsche Übersetzung von Herbert Frhr. Grote. IV, 124 Seiten. 1924. RM 6.60

***Die Berechnung der Anheizung und Auskühlung ebener und zylindrischer Wände** (Häuser und Rohrleitungen). Theorie und vereinfachte Rechenverfahren. Von Dr.-Ing. **W. Esser**, M.-Gladbach, und Dr.-Ing. **O. Krischer**, Darmstadt. Mit 22 Textabbildungen und 2 Tafeln. IV, 88 Seiten. 1930. RM 15.—

---

* Auf alle vor dem 1. Juli 1931 erschienenen Bücher wird ein Notnachlaß von 10% gewährt.

***Einführung in die Lehre von der Wärmeübertragung.** Ein Leitfaden für die Praxis. Von Dr.-Ing. **Heinrich Gröber.** Mit 60 Textabbildungen und 40 Zahlentafeln. X, 200 Seiten. 1926. Gebunden RM 12.—

***Die Wärmeübertragung.** Ein Lehr- und Nachschlagebuch für den praktischen Gebrauch. Von Prof. Dipl.-Ing. **M. ten Bosch,** Zürich. Zweite, stark erweiterte Auflage. Mit 169 Textabbildungen, 69 Zahlentafeln und 53 Anwendungsbeispielen. VIII, 304 Seiten. 1927. Gebunden RM 22.50

Luftbehandlung in Industrie- und Gewerbebetrieben. Be- und Entfeuchten, Heizen und Kühlen. Von Dipl.-Ing. **L. Silberberg.** Mit 96 Abbildungen im Text und einer Tafel. VI, 174 Seiten. 1932. RM 16.50; gebunden RM 18.—

***Schädliche Gase,** Dämpfe, Nebel, Rauch- und Staubarten. Von **Ferdinand Flury** und **Franz Zernik** in Würzburg. Mit autorisierter Benutzung des Werkes: Noxious Gases von Henderson und Haggard. Mit 80 Abbildungen. XII, 637 Seiten. 1931. RM 66.—; gebunden RM 69.—

***Die Ventilatoren.** Berechnung, Entwurf und Anwendung. Von Dr. sc. techn. **E. Wiesmann,** Ingenieur. Zweite, verbesserte und erweiterte Auflage. Mit 227 Abbildungen, 23 Zahlentafeln und zahlreichen Berechnungsbeispielen. VIII, 309 Seiten. 1930. Gebunden RM 24.—

***Zentrifugal-Ventilatoren,** ihre Berechnung und Konstruktion. Von Ingenieur **Erich Gronwald.** Mit 108 Textabbildungen. VIII, 178 Seiten. 1925. Gebunden RM 12.60

***Das Trocknen mit Luft und Dampf.** Erklärungen, Formeln und Tabellen für den praktischen Gebrauch. Von Baurat **E. Hausbrand †.** Fünfte, stark vermehrte Auflage. Mit 6 Textfiguren, 9 lithographischen Tafeln und 35 Tabellen. VIII, 185 Seiten. 1920. Unveränderter Neudruck 1924. Gebunden RM 10.—

***Theorie der Heißlufttrockner.** Ein Lehr- und Handbuch für Trocknungstechniker, Besitzer und Leiter von gewerblichen Anlagen mit Trockenvorrichtungen. Für den Selbstunterricht bearbeitet von **W. Schule.** Mit 34 Textfiguren und 9 Tabellen. IV, 174 Seiten. 1920. Unveränderter Neudruck 1921. RM 5.50

---

* Auf alle vor dem 1. Juli 1931 erschienenen Bücher wird ein Notnachlaß von 10% gewährt.

Die Trockentechnik. Grundlagen, Berechnung, Ausführung und Betrieb der Trockeneinrichtungen. Von Dipl.-Ing. **M. Hirsch,** Beratender Ingenieur V.B.I. Zweite, verbesserte und vermehrte Auflage. Mit 336 Textabbildungen, einer schwarzen und 2 zweifarbigen i-x-Tafeln für feuchte Luft. XVI, 484 Seiten. 1932. Gebunden RM 36.—

***Die Lehre vom Trocknen in graphischer Darstellung.** Von **Karl Reyscher,** Ingenieur. Zweite, verbesserte Auflage. Mit 34 Textabbildungen. IV, 74 Seiten. 1927. RM 4.50

***Verdampfen, Kondensieren und Kühlen.** Von **E. Hausbrand** †. Siebente Auflage, unter besonderer Berücksichtigung der Verdampfanlagen vollständig neu bearbeitet von Dipl.-Ing. **M. Hirsch,** Beratender Ingenieur V. B. I. Mit 218 Textabbildungen. XVI, 359 Seiten. 1931. Gebunden RM 29.—

***Kälteprozesse.** Dargestellt mit Hilfe der Entropie-Tafel. Von Professor Dipl.-Ing. **P. Ostertag,** Winterthur. Mit 58 Textabbildungen und 3 Tafeln. II, 118 Seiten. 1924. Gebunden RM 6.80

***Ix-Tafeln feuchter Luft** und ihr Gebrauch bei der Erwärmung, Abkühlung, Befeuchtung, Entfeuchtung von Luft, bei Wasserrückkühlung und beim Trocknen. Von Dr.-Ing. **M. Grubenmann,** Zürich. Mit 45 Textabbildungen und 3 Diagrammen auf zwei Tafeln. IV, 46 Seiten. 1926. RM 10.50

***Die Entropietafel für Luft** und ihre Verwendung zur Berechnung der Kolben- und Turbo-Kompressoren. Von Professor Dipl.-Ing. **P. Ostertag,** Winterthur. Dritte, verbesserte Auflage. Mit 21 Textabbildungen und 2 Diagrammtafeln. IV, 48 Seiten. 1930. RM 6.—

***Abwärmeverwertung** zu Heiz-, Trocken-, Warmwasserbereitungs- und ähnlichen Zwecken. Von Ing. **M. Hottinger,** Privatdozent, Zürich. Mit 180 Abbildungen im Text. X, 240 Seiten. 1922. RM 8.—; gebunden RM 10.—

***Die Abwärmeverwertung im Kraftmaschinenbetrieb** mit besonderer Berücksichtigung der Zwischen- und Abdampfverwertung zu Heizzwecken. Eine wärmetechnische und wärmewirtschaftliche Studie. Von Dr.-Ing. **Ludwig Schneider.** Vierte, durchgesehene und erweiterte Auflage. Mit 180 Textabbildungen. VIII, 272 Seiten. 1923. Gebunden RM 10.—

* Auf alle vor dem 1. Juli 1931 erschienenen Bücher wird ein Notnachlaß von 10% gewährt.

***Kraft- und Wärmewirtschaft in der Industrie.** In 2 Bänden.

Erster Band: **Allgemeine Grundlagen der Kraft- und Wärmewirtschaft in der Industrie.** Von Dr.-Ing. **Ernst Reutlinger,** Vorstand der Ingenieurgesellschaft für Wärmewirtschaft A.-G., Köln, unter Mitwirkung von Oberbaurat Ing. **M. Gerbel,** beh. aut. Zivilingenieur für Maschinenbau und Elektrotechnik, Wien. Gleichzeitig dritte, vollständig erneuerte und erweiterte Auflage von Urbahn-Reutlinger, Ermittlung der billigsten Betriebskraft für Fabriken. Mit 109 Textabbildungen und 53 Zahlentafeln. V, 264 Seiten. 1927. Geb. RM 16.50

Zweiter Band: **Spezielle Kraft- und Wärmewirtschaft in den einzelnen Industrien.** Von Oberbaurat Ing. **M. Gerbel,** beh. aut. Zivilingenieur für Maschinenbau und Elektrotechnik, Wien, unter Mitwirkung von Dr.-Ing. **Ernst Reutlinger,** Vorstand der Ingenieurgesellschaft für Wärmewirtschaft A.-G., Köln. Gleichzeitig dritte, vollständig erneuerte und erweiterte Auflage von Gerbel, Kraft- und Wärmewirtschaft in der Industrie (Abfallenergie-Verwertung). Mit 102 Textabbildungen und 33 Zahlentafeln. VII, 338 Seiten. 1930. Gebunden RM 20.—

***Einführung in die technische Behandlung gasförmiger Stoffe.** Von Dipl.-Ing. Dr. phil. **W. Bertelsmann** und Dr.-Ing. **F. Schuster.** Mit 288 Abbildungen im Text. X, 411 Seiten. 1930. RM 38.—; gebunden RM 40.—

Das Buch zeigt dem Techniker der Praxis die in den verschiedenen Industrien angewandten Mittel und Wege zur Behandlung der gasförmigen Materie, also die Arbeitsverfahren zur Erreichung gewisser technologischer Zwecke und soll den technischen Nachwuchs zum vergleichenden technologischen Denken anregen.

***Waeser-Dierbach, Der Betriebs-Chemiker.** Ein Hilfsbuch für die Praxis des chemischen Fabrikbetriebes. Von Chemiker Dr.-Ing. **Bruno Waeser.** Vierte, ergänzte Auflage. Mit 119 Textabbildungen und zahlreichen Tabellen. XI, 340 Seiten. 1929. Gebunden RM 19.50

Das Werk soll dem von der Hochschule kommenden jungen Chemiker die Einfühlung in den praktischen Betrieb erleichtern. Es schildert daher alles, was dem Betriebschemiker in seinem neuen Wirkungskreise in erster Linie ins Auge fällt.

***Berl-Lunge, Taschenbuch für die anorganisch-chemische Großindustrie.** Herausgegeben von Prof. Ing. Chem. Dr. phil. **E. Berl,** Darmstadt. Siebente, umgearbeitete Auflage. 1930.

Erster Teil: Text. Mit 19 Textabbildungen. XIX, 402 Seiten. Gebunden.

Zweiter Teil: Nomogramme. Mit einem Lineal. 4 Seiten Text und 31 Tafeln. In Mappe. Text und Nomogramme zusammen RM 37.50

Die siebente Auflage des „Taschenbuches" weist eine ganz wesentliche Erweiterung auf: es wurde ein zweiter Teil hinzugefügt, der auf 31 Tafeln Nomogramme für die verschiedensten Hilfsrechnungen enthält. Für viele, oft notwendige Berechnungen, wie Umwandlung von Grad Celsius in Fahrenheit, Zurückführung von Gasvolumen auf Normalbedingungen, Berichtigung der Dichte von Schwefelsäuren nach der Temperatur u. a., sind Darstellungen mit Doppelleitern benutzt, die ohne weiteres geläufig sind. Außerdem sind Dreileiternomogramme und Berechnungen mit Hilfe des Gibbs'schen Dreiecks aufgenommen. Auch der Textteil des Taschenbuches ist erheblich erweitert worden. Die Angaben im Sonderteil, z. B. Schwefelsäureherstellung, Sodaherstellung, Salpeterherstellung u. a., sind vermehrt und praktischer gestaltet worden. Diese Erweiterungen machen das Buch außerordentlich wertvoll für den Gebrauch im Fabrikbetrieb und in den Laboratorien.

„Zeitschrift des Vereins Deutscher Ingenieure."

* Auf alle vor dem 1. Juli 1931 erschienenen Bücher wird ein Notnachlaß von 10% gewährt.